21世纪高等学校计算机
专业实用规划教材

Oracle数据库实践教程

◎ 刘荣辉　何宗耀　主编
苏靖枫　副主编

U0326165

清華大學出版社
北京

内 容 简 介

Oracle 数据库系统是经典数据库系统之一,在整个数据库市场中占有大部分的份额。本书基于当前流行的 Oracle 11g 大型关系数据库系统,从实践应用的角度出发,系统地介绍了 Oracle 数据库系统的管理和使用。本书不对数据库理论进行比较深入的探讨,重点突出 Oracle 的实用性,在每章都提供了许多可操作性较强的实例,试图让读者更好地掌握和使用 Oracle 数据库。

本书将数据库理论知识和实例结合起来,一方面跟踪 Oracle 数据库发展,适应市场需求,精心选择内容,突出重点,强调实用;另一方面,设计典型的案例,将案例融入知识的讲解中,使知识与实例相辅相成,既有利于学生学习知识,又有利于指导学生实践。

图书在版编目(CIP)数据

Oracle 数据库实践教程/刘荣辉,何宗耀主编. —北京:清华大学出版社,2018
(21 世纪高等学校计算机专业实用规划教材)
ISBN 978-7-302-48835-4

Ⅰ. ①O… Ⅱ. ①刘… ②何… Ⅲ. ①关系数据库系统—高等学校—教材 Ⅳ. ①TP311.138

中国版本图书馆 CIP 数据核字(2017)第 285928 号

责任编辑:贾 斌 薛 阳
封面设计:刘 键
责任校对:时翠兰
责任印制:丛怀宇

出版发行:清华大学出版社
 网 址:http://www.tup.com.cn,http://www.wqbook.com
 地 址:北京清华大学学研大厦 A 座　　　　　　**邮 编:**100084
 社 总 机:010-62770175　　　　　　　　　　**邮 购:**010-62786544
 投稿与读者服务:010-62776969,c-service@tup.tsinghua.edu.cn
 质量反馈:010-62772015,zhiliang@tup.tsinghua.edu.cn
 课件下载:http://www.tup.com.cn,010-62795954
印 刷 者:北京富博印刷有限公司
装 订 者:北京市密云县京文制本装订厂
经 销:全国新华书店
开 本:185mm×260mm　　**印 张:**16.5　　　　**字 数:**405 千字
版 次:2018 年 8 月第 1 版　　　　　　　　　**印 次:**2018 年 8 月第 1 次印刷
印 数:1~1500
定 价:49.00 元

产品编号:076200-01

出 版 说 明

　　随着我国改革开放的进一步深化,高等教育也得到了快速发展,各地高校紧密结合地方经济建设发展需要,科学运用市场调节机制,加大了使用信息科学等现代科学技术提升、改造传统学科专业的投入力度,通过教育改革合理调整和配置了教育资源,优化了传统学科专业,积极为地方经济建设输送人才,为我国经济社会的快速、健康和可持续发展以及高等教育自身的改革发展做出了巨大贡献。但是,高等教育质量还需要进一步提高以适应经济社会发展的需要,不少高校的专业设置和结构不尽合理,教师队伍整体素质亟待提高,人才培养模式、教学内容和方法需要进一步转变,学生的实践能力和创新精神亟待加强。

　　教育部一直十分重视高等教育质量工作。2007 年 1 月,教育部下发了《关于实施高等学校本科教学质量与教学改革工程的意见》,计划实施"高等学校本科教学质量与教学改革工程(简称'质量工程')",通过专业结构调整、课程教材建设、实践教学改革、教学团队建设等多项内容,进一步深化高等学校教学改革,提高人才培养的能力和水平,更好地满足经济社会发展对高素质人才的需要。在贯彻和落实教育部"质量工程"的过程中,各地高校发挥师资力量强、办学经验丰富、教学资源充裕等优势,对其特色专业及特色课程(群)加以规划、整理和总结,更新教学内容、改革课程体系,建设了一大批内容新、体系新、方法新、手段新的特色课程。在此基础上,经教育部相关教学指导委员会专家的指导和建议,清华大学出版社在多个领域精选各高校的特色课程,分别规划出版系列教材,以配合"质量工程"的实施,满足各高校教学质量和教学改革的需要。

　　本系列教材立足于计算机专业课程领域,以专业基础课为主、专业课为辅,横向满足高校多层次教学的需要。在规划过程中体现了如下一些基本原则和特点。

　　(1) 反映计算机学科的最新发展,总结近年来计算机专业教学的最新成果。内容先进,充分吸收国外先进成果和理念。

　　(2) 反映教学需要,促进教学发展。教材要适应多样化的教学需要,正确把握教学内容和课程体系的改革方向,融合先进的教学思想、方法和手段,体现科学性、先进性和系统性,强调对学生实践能力的培养,为学生知识、能力、素质协调发展创造条件。

　　(3) 实施精品战略,突出重点,保证质量。规划教材把重点放在公共基础课和专业基础课的教材建设上;特别注意选择并安排一部分原来基础比较好的优秀教材或讲义修订再版,逐步形成精品教材;提倡并鼓励编写体现教学质量和教学改革成果的教材。

　　(4) 主张一纲多本,合理配套。专业基础课和专业课教材配套,同一门课程有针对不同层次、面向不同应用的多本具有各自内容特点的教材。处理好教材统一性与多样化,基本教材与辅助教材、教学参考书,文字教材与软件教材的关系,实现教材系列资源配套。

　　(5) 依靠专家,择优选用。在制定教材规划时要依靠各课程专家在调查研究本课程教材建设现状的基础上提出规划选题。在落实主编人选时,要引入竞争机制,通过申报、评审确定主题。书稿完成后要认真实行审稿程序,确保出书质量。

　　繁荣教材出版事业,提高教材质量的关键是教师。建立一支高水平教材编写梯队才能保证教材的编写质量和建设力度,希望有志于教材建设的教师能够加入到我们的编写队伍中来。

21 世纪高等学校计算机专业实用规划教材

联系人:魏江江 weijj@tup. tsinghua. edu. cn

前　言

  Oracle 是由美国 Oracle 公司所开发，是目前世界上最流行的关系数据库管理系统。Oracle 数据库系统兼容性强，可移植性好，使用方便，功能强大，适用于各类大、中、小、微机环境，是一种高效率、可靠性好、适应高吞吐量的数据库解决方案。

  Oracle 系统采用标准 SQL 作为用户的主要接口，给用户的使用带来很大方便，因而受到用户青睐，应用广泛，占有超过一半的数据库市场。

  本书以教学为目的，并结合应用开发的需要而撰写。全书以应用技术能力培养为主线，采用典型案例进行编写，融"教、学、做"为一体，注重基本知识与基本技术的讲解，并给出具有实用价值的案例供学生学习。全书体系完整、例题丰富、可操作性强，所有的例题全部通过调试，内容涵盖了设计一个数据管理系统所要用到的主要知识。

  全书共分为 12 章，各章主要内容如下。

  第 1 章　Oracle 数据库概述、Windows 环境下 Oracle 11g 的安装、配置等。

  第 2 章　Oracle 体系结构中的物理存储结构、逻辑存储结构、实例结构以及数据字典。

  第 3 章　SQL * Plus 工具的使用以及常用的一些 SQL * Plus 操作命令。

  第 4 章　表空间的创建、扩展，数据文件的移动及状态的修改。

  第 5 章　SQL 基础，具体包括语句分类、常用 DDL、基本语法结构、常用语句的使用、事务的特性以及基本函数的使用。

  第 6 章　连接查询，在 WHERE 子句和 HAVING 子句中使用子查询，以及关联子查询和嵌套子查询。

  第 7 章　Oracle 函数分类，常用函数的使用，主要包括 SELECT 语句使用函数、单行函数、多行函数、字符函数和转换函数。

  第 8 章　PL/SQL 程序块的结构，数据类型及用法以及游标的使用、控制结构、异常处理的方法等。

  第 9 章　存储过程、函数与触发器的基本特点、创建、修改、调用及删除的方法等。

  第 10 章　Oracle 11g 数据库的安全管理机制，具体包括用户管理、权限管理、角色管理、概要文件管理、数据库审计等。

  第 11 章　数据库的备份、恢复配置，主要包括数据库的备份与恢复、数据库的失败类型、实例恢复、可恢复性的设置等。

  第 12 章　闪回技术的作用及分类、闪回数据库、闪回表以及闪回查询的使用。

  本书由刘荣辉、何宗耀任主编，苏靖枫任副主编。主编负责全书的策划、校对与编者分工工作，全书由何宗耀完成校对，并审定全部书稿；副主编协助主编做策划和审稿工作。参编人员及分工如下：第 1～4 章由苏靖枫编写，第 8、9 章由洛阳师范学院柳菊霞编写，第 11、

12 章由蔡照鹏编写,第 5～7 章、12 章由刘荣辉编写。

　　面对 Oracle 数据库系统的新发展和新应用,要编写一本具有普适性的高水平教材难度很大,加之编者理论水平有限且时间仓促等因素,书中难免有疏漏之处,恳请广大专家、学者和读者给予批评和指正。

编　者

2018 年 03 月

目　　录

VII

XI

目　录

第1章 Oracle 数据库概述

学习目标：

Oracle 数据库是当前应用最广泛的大型关系数据库管理系统，在数据库市场占据主导地位。本章主要介绍 Oracle 数据库的发展、Oracle 11g 的新特性、Windows 环境下 Oracle 11g 的安装、Oracle 11g 的基本服务、创建 Oracle 数据库以及启动和停止数据库的方法等。通过对本章的学习，读者可以了解 Oracle 11g 数据库的特性、基本服务、安装方法，掌握创建、启动和停止 Oracle 数据库的方法。

1.1 Oracle 数据库简介

1.1.1 Oracle 数据库的应用现状

Oracle 数据库系统是 Oracle(甲骨文)公司于 1979 年发布的世界上第一个关系数据库管理系统。经过三十多年的发展，Oracle 数据库系统已经应用于各个领域，在数据库市场占据主导地位。Oracle 公司也成为当今世界上最大的数据库厂商和商用软件供应商，向遍及全球 145 个国家和地区的用户提供数据库、工具和应用软件，以及相关的咨询、培训和支持服务。Oracle 数据库产品是当前市场占有率最高的数据库产品，约为 49%。Oracle 数据库客户遍布工业、金融、商业、保险等各个领域，从大型企业(如 AT&T、雪铁龙、通用电气等)到纯粹的电子商务公司(如亚马逊、eBay 等)。在当今世界 500 强企业中，70%的企业使用的都是 Oracle 数据库，世界十大 B2C 公司全部使用 Oracle 数据库，世界十大 B2B 公司中有 9 家使用的也都是 Oracle 数据库。在所有的 IT 认证中，Oracle 公司的 Oracle 专业认证 (Oracle Certified Professional，OCP)是数据库领域最热门的认证。如果取得了 OCP，就会在激烈的市场竞争中获得显著的优势。对 Oracle 数据库有深入了解并具有大量实践操作经验的 Oracle 数据库管理员(Database Administrator，DBA)和开发人员，很容易获取一份环境优越、待遇丰厚的工作。

Oracle 之所以得到广大用户的青睐，其主要原因如下。

(1) 支持多用户的高性能事务处理。Oracle 数据库是一个大容量、多用户的数据库系统，可以支持 20000 个用户同时访问，支持数据量达百吉字节的应用。

(2) 提供标准操作接口。Oracle 数据库遵守数据存取语言、操作系统、用户接口和网络通信协议的工业标准，是一个开放系统。

(3) 实施安全性控制和完整性控制。Oracle 通过权限设置限制用户对数据库的访问，通过用户管理、权限管理限制用户对数据的存取，通过数据库审计、追踪等方法监控数据库的使用情况。

（4）支持分布式数据库和分布处理。Oracle 为了充分利用计算机系统和网络，允许将处理分为数据库服务器和客户应用程序，所有共享的数据管理由数据库管理系统的计算机处理，而运行数据库应用的工作站集中于解释和显示数据。通过网络连接的计算机环境，Oracle 将存放在多台计算机上的数据组合成一个逻辑数据库，可被全部网络用户存取。

（5）具有可移植性、可兼容性和可连接性。Oracle 产品可运行于很宽范围的硬件与操作系统平台上，可以安装在 70 种以上不同的大、中、小型计算机上，可在 VMS、DOS、UNIX、Windows 等多种操作系统下工作。Oracle 应用软件从一个平台移植到另一个平台时，不需要修改或只需修改少量的代码。Oracle 产品采用标准 SQL，并经过了美国国家标准技术所（NIST）的测试，能与多种通信网络相连，支持各种网络协议（如 TCP/IP、DECnet、LU6.2 等）。

1.1.2 Oracle 数据库的发展

从 1979 年 Oracle 数据库产品 Oracle 2 的发布，到 Oracle 11g 的推出，Oracle 功能不断完善和发展，性能不断提高，其安全性、稳定性也日趋完善。

1979 年，Oracle 公司推出了世界上第一个基于 SQL 标准的关系数据库系统 Oracle 2。它是使用汇编语言在 Digital Equipment 计算机 PDP-11 上开发成功的。Oracle 2 的出现当时并没有引起人们太多的关注。

1983 年 3 月，Oracle 公司发布了 Oracle 3。由于该版本采用 C 语言开发，因此 Oracle 产品具有了可移植性，可以在大型计算机和小型计算机上运行。此外，Oracle 3 还推出了 SQL 语句和事务处理的"原子性"，引入非阻塞查询等方法。

1984 年 10 月，Oracle 公司发布了 Oracle 4。这一版增加了读取一致性（Read Consistency），确保用户在查询期间看到一致的数据。也就是说，当一个会话正在修改数据时，其他的会话将看不到该会话未提交的修改。

1985 年，Oracle 公司发布了 Oracle 5。这是第一个可以在 Client/Server（客户/服务器）模式下运行的 RDBMS 产品。这意味着运行在客户机上的应用程序能够通过网络访问数据库服务器。1986 年发布的 Oracle 5.1 版还支持分布式查询，允许通过一次性查询访问存储在多个位置上的数据。

1988 年，Oracle 公司发布了 Oracle 6。该版本支持行锁定模式、多处理器、PL/SQL 过程化语言、联机事务处理（Online Transaction Process，OLTP）。

1992 年，Oracle 公司发布了基于 UNIX 版本的 Oracle 7，从此，Oracle 正式向 UNIX 进军。Oracle 7 采用多线程服务器体系结构 MTS（Multi-Threaded Server），可以支持更多用户的并发访问，数据库性能显著提高。同时，该产品增加了数据库选件，包括过程化选件、分布式选件、并行服务器选件等，具有分布式事务处理能力。

1997 年 6 月，Oracle 公司发布了基于 Java 的 Oracle 8。Oracle 8 支持面向对象的开发及 Java 工业标准，其支持的 SQL 关系数据库语言执行 SQL3 标准。Oracle 8 的出现使得 Oracle 数据库构造大型应用系统成为可能，其对 OFA（Optimal Flexible Architecture）文件目录结构组织方式、数据分区技术和网络连接的改进，使 Oracle 更加适用于构造大型应用系统。

1998 年 9 月，Oracle 公司正式发布 Oracle 8i。Oracle 8i 是随 Internet 技术的发展而产生的网络数据库产品，全面支持 Internet 技术。Oracle 公司的产品发展战略由面向应用转向面向网络计算。Oracle 8i 为数据库用户提供了全方位 Java 支持，完全整合了本地 Java 运行时的环境，用 Java 就可以编写 Oracle 的存储过程。同时，Oracle 8i 中还添加了 SQLJ（一种开放式标准，用于将 SQL 数据库语句嵌入客户机或服务器的 Java 代码）、Oracle InterMedia（用于管理多媒体内容）和 XML 等特性。此外，Oracle 8i 极大地提高了伸缩性、扩展性和可用性，以满足网络应用需要。

2001 年 6 月，Oracle 公司发布了 Oracle 9i。Oracle 9i 实际上包含三个主要部分：Oracle 9i 数据库、Oracle 9i 应用服务器及集成开发工具。作为 Oracle 数据库的一个过渡性产品，Oracle 9i 数据库在集群技术、高可用性、商业智能、安全性、系统管理等方面都实现了突破，借助真正应用集群技术实现无限的可伸缩性和总体可用性，全面支持 Java 与 XML，具有集成的先进数据分析与数据挖掘功能及更自动化的系统管理功能，是第一个能够跨越多个计算机的集群系统。使用户能够以前所未有的低成本，更容易地构建、部署和管理 Internet 应用，同时有效降低了系统构建的复杂性。

2003 年 9 月，Oracle 公司发布了 Oracle 10g。Oracle 10g 由 Oracle 10g 数据库、Oracle 10g 应用服务器和 Oracle 10g 企业管理器组成。Oracle 10g 数据库是全球第一个基于网格计算（Grid Computing）的关系数据库。网格计算帮助客户利用刀片服务器集群和机架安装式存储设备等廉价的标准化组件，迅速而廉价地建立大型计算能力。Oracle 10g 数据库引入了新的数据库自动管理、自动存储管理、自动统计信息收集、自动内存管理、精细审计、物化视图和查询重写、可传输表空间等特性。此外，Oracle 10g 数据库在可用性、可伸缩性、安全性、高可用性、数据库仓库、数据集成等方面得到了极大提高。Oracle 10g 数据库产品的高性能、可靠性得到市场的广泛认可，已经成为大型企业、中小型企业和部门的最佳选择。

2007 年 7 月 11 日，Oracle 公司发布了 Oracle 11g。Oracle 11g 是 Oracle 公司 30 年来发布的最重要的数据库版本，根据用户的需求实现了信息生命周期管理（Information Lifecycle Management）等多项创新，大幅提高了系统性能安全性，全新的 Data Guard 最大化了可用性。利用全新的高级数据压缩技术降低了数据存储的支出，明显缩短了应用程序测试环境部署及分析测试结果所花费的时间，增加了对 RFID Tag、DICOM 医学图像、3D 空间等重要数据类型的支持，加强了对 Binary XML 的支持和性能优化。

1.1.3 Oracle 11g 数据库的新特性

2007 年 7 月 12 日，Oracle 公司在美国纽约宣布推出 Oracle 11g 数据库，这是迄今为止 Oracle 公司推出的所有产品中最具创新性和质量最高的软件。Oracle 11g 数据库增强了 Oracle 数据库独特的数据库集群、数据中心自动化和工作量管理功能，可以在安全的、高度可用的、可扩展的、由低成本服务器和存储设备组成的网格上，满足最苛刻的交易处理、数据仓库和内容管理应用。

1. 自助式管理和自动化能力

Oracle 11g 的各项管理功能可用来帮助企业轻松管理企业网格，并满足用户对服务级别的要求。Oracle 11g 数据库引入了更多的自助式管理和自动化功能，帮助客户降低系统管理成本,同时提高客户数据库应用的运行性能、可扩展性、可用性和安全性。Oracle 11g 数据库新的管理功能包括:自动 SQL 和存储器微调;新的划分顾问组件自动向管理员建议,帮助确定如何对表和索引进行分区以提高性能;增强的数据库集群性能诊断功能。另外,Oracle 11g 数据库还具有新的支持工作台组件,其易于使用图形界面向管理员呈现与数据库健康有关的差错以及迅速消除差错的信息。Oracle 11g 数据库提供了高运行性、高伸展性、高可用性、高安全性,并能更方便地在由低成本服务器和存储设备组成的网格上运行。Oracle 11g 数据库还可方便地部署在任何服务器上,从小型刀片服务器到最大型的 SMP 服务器皆可。

2. Oracle Data Guard 组件

Oracle 11g 数据库的 Oracle Data Guard 组件可帮助客户利用备用数据库,以提高生产环境的性能,并保护生产环境免受系统故障和大面积灾难的影响。利用 Oracle Data Guard 组件可以同时读取和恢复单个备用数据库,这种功能是业界独一无二的,因此 Oracle Data Guard 组件可用于生产数据库的报告、备份、测试和“滚动”升级。通过将工作量从生产系统卸载到备用系统,Oracle Data Guard 组件还有助于提高生产系统的性能,并形成一个更经济的灾难恢复解决方案。

3. 数据分区和压缩功能

Oracle 11g 数据库具有极新的数据分区和压缩功能,可实现更经济的信息生命周期管理和存储管理。很多原来需要手工完成的数据分区工作在 Oracle 11g 数据库中都实现了自动化,Oracle 11g 数据库还扩展了已有的范围、散列和列表分区功能,增加了间隔、索引和虚拟卷分区功能。另外,Oracle 11g 数据库还具有一套完整的复合分区选项,可以实现以业务规则为导向的存储管理。Oracle 11g 数据库以成熟的数据压缩功能为基础,可在交易处理、数据仓库和内容管理环境中实现先进的结构化和非结构化数据压缩。采用 Oracle 11g 数据库中先进的压缩功能,所有数据都可以实现 2~3 或更大的压缩比。

4. 全面回忆数据变化

Oracle 11g 数据库具有 Oracle 全面回忆(Oracle Total Recall)组件,可帮助管理员查询在过去某些时刻指定的表中的数据。管理员可以利用这种简单实用的方法为数据增加时间维度,以跟踪数据变化、实施审计并满足法规要求。

1.1.4 Oracle 的 网 格 计 算

网格计算是指把分布在世界各地的计算机连接在一起,并且将各地的计算机资源通过高速的互联网组成充分共享的资源集成,通过合理调度,不同的计算环境被综合利用并共享。目前,各种企业、组织内部的计算孤岛使资源利用率非常低,系统运行缓慢且维护管理费用昂贵。网格计算正好提供了一个解决方案,将企业的有限资源整合起来构成一个资源池,提高了资源利用率,降低了管理成本与运营成本,并能按照企业的优先级动态调整分配资源。

Oracle 11g 是一个基于网格计算的产品,其网格基础架构由 Oracle 数据库网格、应用服务器网格和 Oracle 企业管理器网格控制三部分组成。

1. Oracle 数据库的网格

Oracle 11g 数据库网格是基于下列数据库特性架构的。

1) 真正应用集群

Oracle 真正应用集群（Real Application Cluster，RAC）使单个数据库能够跨网格中的多个集群化的节点运行，从而能够集中几台标准计算机的处理资源。Oracle 11g 数据库在跨计算机供应工作负荷的能力方面具备独特的灵活性，因为它是唯一不需要随着工作进程对数据进行分区和分配的数据库技术。在 Oracle 11g 数据库中，当数据库获得了从一个数据库到另一个数据库的重新供应时，数据库能够利用新的处理容量立即开始跨一个新的节点均衡工作负荷，并且当不再需要某台计算机时，能够释放它——这就是按需提供容量。而其他数据库则不能在运行时增长和收缩，因此，不能尽可能有效地利用硬件。Oracle 11g 数据库中的新的集成集群件消除了购买、安装、配置和支持第三方集群件的要求，从而使组成集群变得容易，可以轻松地将服务器添加到一个 Oracle 集群中（或从中删除），且不产生停机时间。Oracle 11g 数据库拥有唯一为所有操作系统都提供了集群件的数据库技术，显著地减少了在一个集群化环境中出现故障的可能性。

2) 自动存储管理

自动存储管理简化了 Oracle 11g 数据库的存储管理。通过存储管理的细节抽象化，Oracle 利用先进的数据供应改善了数据访问性能，且不需要 DBA 的额外工作。Oracle DBA 仅管理少量的磁盘组，而不管理数据库文件。一个磁盘组是一组磁盘设备的集合，Oracle 将其作为单个逻辑单元来管理。管理员可以定义一个特别的磁盘组作为数据库的默认磁盘组，Oracle 自动为该数据库分配存储资源，以及创建或删除与该数据库对象相关的文件。自动存储管理还提供了存储技术方面的好处。Oracle 能够跨磁盘组中的所有设备均衡来自多个数据库的 I/O，并且通过实施条带化和镜像来改善 I/O 性能和数据可靠性。此外，Oracle 能够从节点到节点或从集群到集群重新分配磁盘，并自动重新配置磁盘组。因为自动存储管理可将多个物理磁盘组合起来一起工作，所以它实现了比一般的虚拟化存储解决方案更好的性能。

3) 信息供应

除了跨多个节点供应工作和跨多个磁盘供应数据之外，Oracle 11g 还有另一种类型的供应——信息自身的供应。根据信息的容量和访问的频率，可能必须将数据从它目前所处的位置转移，或者跨多个数据库共享数据。Oracle 11g 数据库包含的各种工具提供对信息随时随地按需访问，从而使信息提供者和信息请求者相互配合。这些工具中最细粒化和实时化的是 Oracle Streams，它可以将数据从一个数据库移植到另一个数据库，两个数据库同时保持在线。在某些环境中，可能更适宜进行批量数据传输，Oracle 为这些环境提供了数据传输和传输表空间。在 Oracle 11g 数据库中，所有的信息供应工具都能够将数据转移到运行在不同操作系统上的数据库中，这在将数据库移植到一个网格环境中时特别有用。

4) 自管理数据库

利用自管理数据库，数据库网格减少了需要由管理员执行的维护和调整任务。Oracle 11g 数据库网格包含智能的数据库基础架构，该基础架构生成重要的统计和工作负荷数据的快照，并进行分析以执行自调整，并为管理员提供建议。Oracle 数据库网格可修补某些诊断出来的问题，并向 DBA 提供简单的纠正方法的建议。

2. Oracle 应用服务器的网格

Oracle 11g 应用服务器（Oracle Application Server）可以在计算网格中运行企业应用程

序。通过从软件供应、用户供应、应用程序管理与监控、工作负载管理、系统管理和监控等方面入手实施网格计算功能,Oracle 11g 应用服务器能够大幅度降低建立、使用信息技术基础架构所需的高昂成本。Oracle 11g 应用服务器提供了许多功能,用于改善和自动处理计算网格中的应用程序监控和管理,同时,它还用于实现运行在网格上的应用程序的整个生命周期管理的自动化。当用户在网格中访问企业应用程序时,Oracle 11g 应用服务器已经集成了实用工具,这些实用工具用于监控和调整应用程序,为终端用户提供最优化的性能。通过这些实用工具,Oracle 11g 应用服务器不仅能够帮助用户减少人力成本和人为错误,还能够提高计算网格的应用性能和可用性。为了降低系统管理成本并有效地使用系统容量,Oracle 11g 应用数据库的自动管理特性体现在可以自动处理许多低级系统管理任务,而在以前处理这些任务会占用管理员很多时间。另外,通过将 Oracle 11g 应用服务器和 Oracle 11g 企业管理器的网格控制集成在一起,用户就能实现对许多服务器的统一监控与管理。如前所述,过剩的计算容量、昂贵的容量扩展和高额管理成本是造成构建和使用信息技术基础架构的成本居高不下的关键因素。为此,Oracle 11g 应用服务器有针对性地提出以下三点。

(1) 通过自动工作负载管理分配工作负载,有效地使用空闲计算容量。

(2) 通过快速有效的软件供应,随时使用低成本标准单元增加计算容量。

(3) 通过自动管理系统,减少高成本、有错误倾向的人为干涉,并且通过跨越多个系统的自动软件供应和管理大幅度降低管理成本。

通过这些做法,Oracle 11g 应用服务器可以在大幅度降低系统和应用程序监控及管理成本的同时,以非常高的运行性能、可伸缩性和可用性在低成本服务器和存储器集合上运行企业应用程序。

3. Oracle 企业管理器的网格控制

网格控制是实现高度集成的集中式管理架构的核心技术,该管理架构使网络环境中的跨系统集合的管理任务实现自动化,网格控制通过自动化和基于策略的标准化来帮助降低管理成本。利用 Oracle 网格控制,IT 专业人员能够将多个硬件节点、数据库、应用服务器和其他对象分组为单个逻辑实体。通过跨一组对象执行作业、实施标准策略、监控性能和使许多其他的任务自动化,网格控制使得 IT 工作人员能够随着不断成长的网格对其进行扩展。利用网格控制,可使跨多个节点的应用服务器和数据库服务器的安装、配置和克隆实现自动化。Oracle 企业管理正是基于网络控制的集成管理框架,允许管理员按需创建、配置、部署和使用新的服务器。这个框架不仅可以用来供应新的系统,还可以用来补丁和升级现有的系统。

1.2 Oracle 11g 的安装

1.2.1 Oracle 的硬件要求

Oracle 11g 有两种安装方式:高级安装和基本安装。两种安装方式对硬件的要求也不相同。另外,Oracle 11g 非常大,对硬件配置的要求相当高,表 1-1 列出了在 Windows 环境下安装 Oracle 11g 所必需的硬件配置。

表 1-1　Oracle 11g 对硬件的要求

系统要求	说　　明
CPU	最低主频 550MHz 以上（Windows Vista 系统要求最低主频 800MHz）
物理内存	1GB 以上
虚拟内存	物理内存的两倍
磁盘空间	基本安装需要 4.55GB，高级安装需要 4.92GB

1.2.2　在 Windows 环境下的安装过程

服务器的计算机名称对于安装完 Oracle 11g 后登录到数据库非常重要。如果在安装完数据库后，再修改计算机名称，可能造成无法启动服务，也就不能使用 OEM。如果发现这种情况，只需将计算机名称重新修改回原来的计算机名称便可。因此，在安装 Oracle 数据库前，就应该配置好计算机名称。

（1）运行安装文件夹中的 setup.exe，启动 Oracle 安装程序，打开 Oracle Universal Installer 窗口。Oracle 安装程序快速检查一次计算机的软、硬件安装环境，如果不满足最小需求，则返回一个错误并异常终止。

（2）当 Oracle 安装程序检测完软、硬件环境之后，自动打开如图 1-1 所示窗口。在该窗口中选择安装方法。

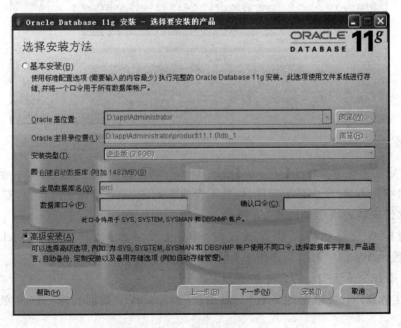

图 1-1　选择安装方法

（3）在如图 1-1 所示窗口中选中【高级安装】单选按钮后单击【下一步】按钮，在弹出的窗口中选择安装类型。Oracle 11g 有如下安装类型。

① 企业版：面向企业级应用，应用于对安全性要求较高并且任务至上的联机事务处理（On-Line Transaction Processing，OLTP）和数据仓库环境。

② 标准版：适用于工作组或部门级别的应用，也适用于中小企业。提供核心的关系数

据库管理服务和选项。

③ 个人版：个人版数据库只提供基本数据库管理服务，适用于单用户开发环境，对系统配置的要求也比较低，主要面向开发技术人员。

④ 定制：允许用户从可安装的组件列表中选择安装单独的组件。还可以在现有的安装中安装附加的产品选项，如要安装某些特殊的产品或选项就必须启用此选项。定制安装需要用户非常熟悉 Oracle 11g 的组成。

（4）这里选择安装企业版。选中【企业版】单选按钮，单击【下一步】按钮，打开如图 1-2 所示窗口。在这里指定 Oracle 的安装位置。

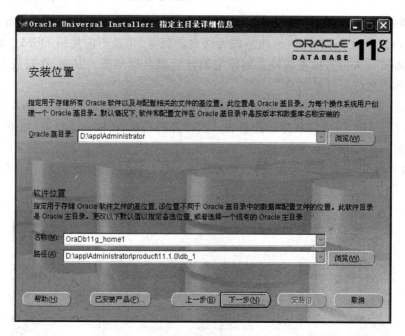

图 1-2　指定安装位置

（5）指定安装位置后单击【下一步】按钮，Oracle 再次检查软件安装环境。例如，检查是否存在磁盘空间不足、缺少补丁程序、硬件不合适等问题，如果不能通过检查，安装可能会失败。检查软件安装环境结果如图 1-3 所示。

（6）当检查安装环境总体为通过时，单击【下一步】按钮打开【Oracle Universal Installer：选择配置选项】窗口，如图 1-4 所示。

图 1-4 中各个单选按钮的含义如下。

① 创建数据库：可以创建具有"一般用途/事务处理""数据仓库"或"高级"配置的数据库。

② 配置自动存储管理（ASM）：此单选按钮表示只在单独的 Oracle 主目录中安装自动存储管理（Automatic Storage Management，ASM）。如果需要，还可以提供 ASM SYS 口令，接下来系统将提示创建磁盘组。

③ 仅安装软件：此单选按钮表示只安装 Oracle 数据库软件，用户可以在以后再配置数据库。

（7）在图 1-4 中采用默认设置，单击【下一步】按钮，在弹出窗口中选择要创建的数据库

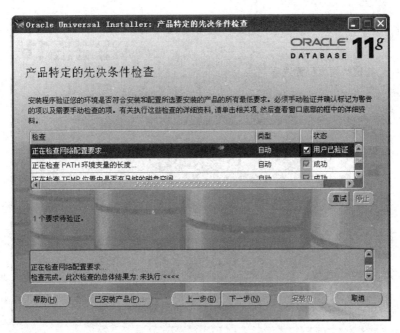

图 1-3　检查软件安装环境结果

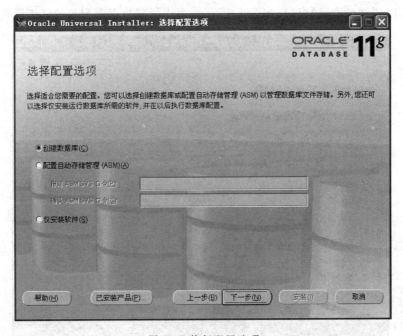

图 1-4　执行配置选项

类型，也就是【一般用途/事务处理】【数据仓库】或【高级】中的一种。这里选择【一般用途/事务处理】。

　　（8）单击【下一步】按钮，打开【Oracle Universal Installer：指定数据库配置选项】窗口，如图 1-5 所示。

　　（9）在图 1-5 中，采用默认设置，单击【下一步】按钮，打开【Oracle Universal Installer：

Oracle 数据库概述

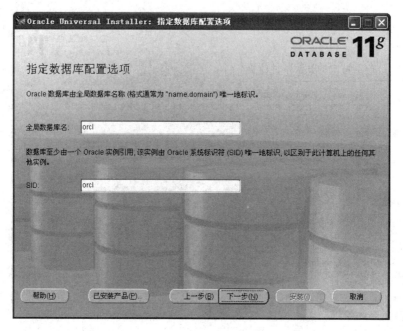

图 1-5　指定数据库配置选项

指定数据库配置详细资料】窗口,如图 1-6 所示,用于指定数据库配置的详细资料。

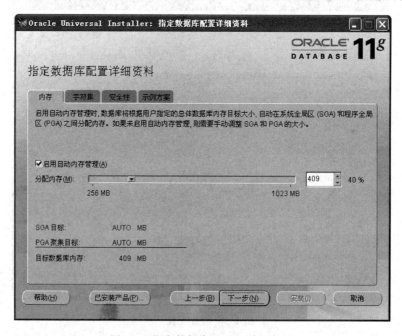

图 1-6　指定数据库配置的详细资料

　　【内存】选项卡用于指定要分配给数据库的物理内存。Oracle 安装程序将自动计算和调节内存分配的默认值。用户可以根据需求指定分配内存的大小。

　　图 1-6 中的【启用自动内存管理】复选框,用来动态分配系统全局区(System Global Area,SGA)与程序全局区(Program Global Area,PGA)之间的内存。如果启用此复选框,

则窗口中内存区的配置状态显示为 AUTO；如果禁用此复选框，则内存分配的 SGA 与 PGA 在内存区之间的分配比例取决于所选择的数据库配置。一般用途/事务处理类型的数据库的 SGA 为 75％，PGA 为 25％；数据仓库类型的 SGA 为 60％，PGA 为 40％。

【字符集】选项卡用于确定在数据库中要支持哪些语言组，这里选中【使用 Unicode (AL32UTF8)】单选按钮采用字符集 UTF-8。

【安全性】选项卡用于指定是否要在数据库中禁用默认安全设置。Oracle 增强了数据库的安全设置；启用审计功能以及使用新的口令概要文件都属于增强的安全设置。这里采用默认设置。

【示例方案】选项卡用于指定是否要在数据库中包含示例方案。这里启用【创建带样本方案的数据库】复选框，创建示例方案。

（10）单击【下一步】按钮，在打开的窗口中选择数据库管理选项，如图 1-7 所示。这里采用默认设置。

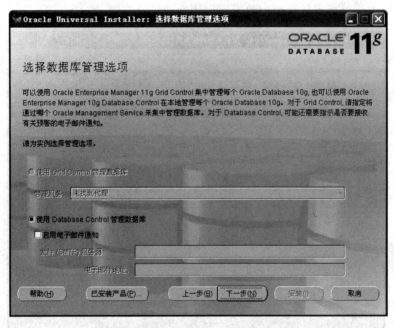

图 1-7　选择数据库管理选项

Oracle 从 10g 开始已经支持网格运算，因此除了使用 Oracle Enterprise Manager Database Control 来管理数据库外，用户还可以选择使用 Oracle Enterprise Manager Grid Control。无论是使用 Grid Control 还是使用 Database Control，用户都可以执行相同的数据库管理任务，但使用 Database Control 只能管理一个数据库。

Grid Control 提供了集中式界面来管理和监视环境内多个主机上的多个目标。目标包括 Oracle 数据库安装、应用程序服务器和 Oracle Net 监听程序。使用 Grid Control，必须安装 OEM 10g，并且系统中必须有正在运行的 Oracle Management Agent，否则不能使用 Grid Control。不过，可以在安装 Oracle 数据库之后安装 Oracle Management Agent，这样就可以使用 Grid Control 来集中管理系统上的数据库和其他目标。

Database Control 提供的数据库管理功能与 Grid Control 提供的相同，但是不包含管理此系统或其他系统上的其他目标的功能。如果选择使用 Database Control 来管理数据库，则还可以使用 OEM 在发生特定的数据库事件时发送电子邮件通知，这需要选中【启用电子邮件通知】复选框，并需要指定 SMTP 服务器和电子邮件地址。

(11) 单击【下一步】按钮，在弹出的对话框中指定数据库存储选项。Oracle 11g 提供了以下两种存储方法。

① 文件系统。Oracle 将使用操作系统的文件系统存储数据文件。在 Windows 系统上，默认目录的路径为 ORACLE_BASE\oradata，其中，ORACLE_BASE 为选择在其中安装产品的 Oracle 主目录的父目录。

② 自动存储管理。如果要将数据库文件存储在自动存储管理磁盘组中，则选择此选项。通过指定一个或多个由单独的 Oracle 自动存储管理实例管理的磁盘设备，可以创建自动存储管理磁盘组。自动存储管理可以最大化提高 I/O 性能。

(12) 采用默认值，指定使用【文件系统】，单击【下一步】按钮，打开如图 1-8 所示的窗口。在该窗口中可以指定是否要为数据库启用自动备份功能。

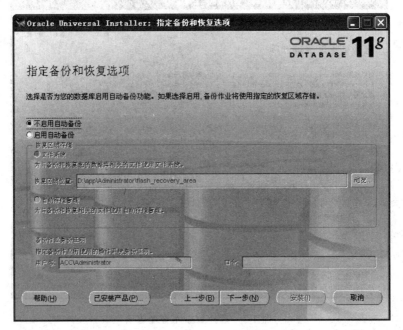

图 1-8　指定备份和恢复选项

如果启用自动备份，OEM 将在每天的同一时间对数据库进行备份。在默认情况下，备份作业安排在凌晨 2:00 运行。采用自动备份需要在磁盘上为备份文件指定名为"快速恢复区"的存储区域。可以将文件系统或自动存储管理磁盘组用于快速恢复区。备份文件所需的磁盘空间取决于用户选择的存储机制，一般必须指定至少 2GB 的磁盘存储位置。OEM 使用 Oracle Recovery Manager 来执行备份。

(13) 在图 1-8 中，采用默认设置，也就是【不启用自动备份】。单击【下一步】按钮，打开如图 1-9 所示的窗口。在这里可以为每个账户（尤其是管理账户，如 SYS、SYSTEM、SYSMAN、DBSNMP）指定不同的口令。

(14) 在图 1-9 中，为了简单好记，这里选中【所有的账户都使用同一个口令】单选按钮，

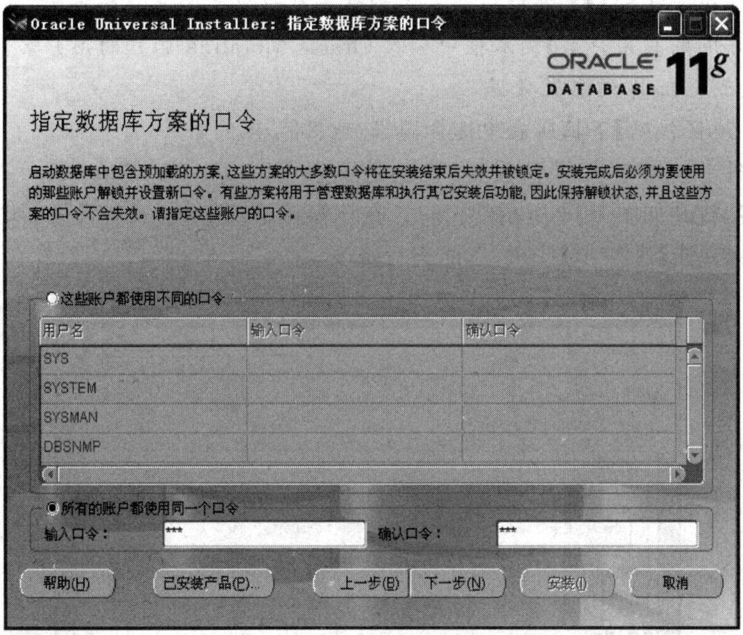

图 1-9　指定数据库方案的口令

输入口令和确认口令后，单击【下一步】按钮，经过短暂的处理，将打开【Oracle Universal Installer：Oracle Configuration Manager 注册】窗口，如图 1-10 所示。

图 1-10　Oracle Configuration Manager 注册

如果不启用 Oracle Configuration Manager，则 Oracle 会安装它，但不会对其进行配置。若启用它则需要进行如下配置。

在【客户标识号(CSI)】文本框中输入用于唯一标识自己的客户服务号。

在【Metalink 账户用户名】文本框中输入 Oracle Metalink 账户的用户名,此用户名用于标识正在上载到 Oracle 的配置数据。

在【国家/地区代码】下拉列表中选择国家/地区代码。

(15) 在图 1-10 中采用默认设置,也就是不启用 Oracle Configuration Manager,单击【下一步】按钮,打开如图 1-11 所示的窗口。在该窗口中,显示了安装设置,如果需要修改某些设置,则可以单击【上一步】按钮,返回进行修改。

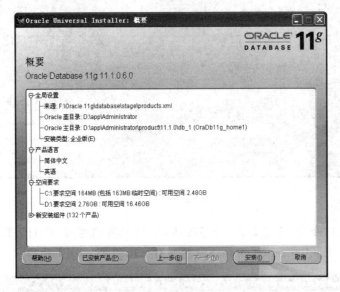

图 1-11 安装概要

(16) 确认无误后,单击【安装】按钮,将正式开始安装 Oracle 11g 数据库,如图 1-12 所示。

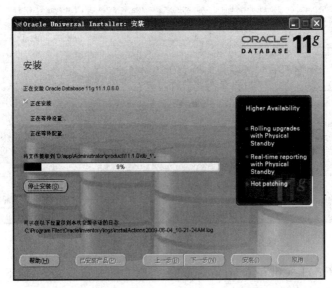

图 1-12 Oracle 数据库安装

（17）创建数据库完毕后，将自动打开如图 1-13 所示的对话框。单击该对话框中的【口令管理】按钮打开【口令管理】对话框，可以进行用户口令设置，如图 1-14 所示。

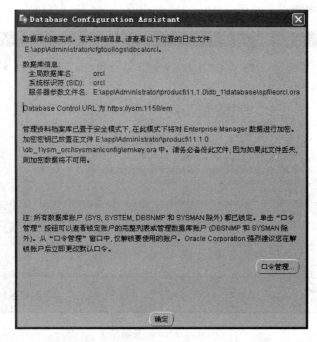

图 1-13　Database Configuration Assistant

图 1-14　口令管理

（18）在图 1-13 中单击【确定】按钮将进入如图 1-15 所示的安装结束界面，单击【退出】按钮弹出退出对话框，在退出对话框中单击【是】按钮退出 Oracle 11g 的安装。

数据库创建完毕后，需要设置数据库的默认用户。Oracle 中为管理员预置了两个用户，分别是 SYS 和 SYSTEM。同时，Oracle 为程序测试提供了一个普通用户 scott，在口令管理中，可以对数据库用户设置密码，设置是否锁定。Oracle 客户端使用用户名和密码登录

Oracle 系统后才能对数据库操作。默认的用户中，SYS 和 SYSTEM 用户是没有锁定的，安装成功后可以直接使用，scott 用户默认为锁定状态，因此不能直接使用，需要把 scott 用户设定为非锁定状态才能正常使用。

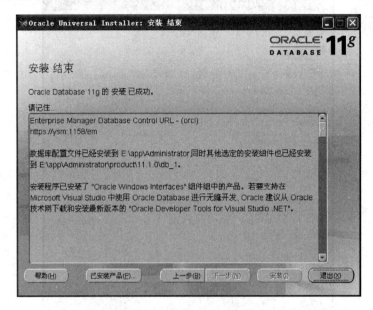

图 1-15　Oracle 安装结束

1.3　Oracle 11g 的基本服务

Oracle Database 11g 安装完成后，在 Windows 操作系统中选择【开始】→【控制面板】→【管理工具】→【服务】命令，打开"服务"窗口，在该窗口中可以查看 Oracle 服务信息，如图 1-16 所示。Oracle 服务随着数据库服务器安装与配置的不同而有所不同，下面对几项主要的 Oracle 服务进行介绍。

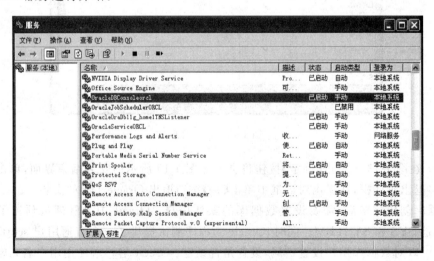

图 1-16　【服务】窗口中的 Oracle 服务

（1）OracleServiceORCL：数据库服务（数据库实例），是 Oracle 的核心服务，是数据库启动的基础，只有该服务启动，Oracle 数据库才能正常启动。

（2）OracleOraDb11g_home1TNSListener：该服务是服务器端为客户端提供的监听服务，只有该服务在服务器上正常启动，客户端才能连接到服务器。该监听服务接收客户端发出的请求，然后将请求传递给数据库服务器。一旦建立了连接，客户端和数据库服务器就能直接通信了。

（3）OracleDBConsoleorcl：在 Oracle 9i 之前，Oracle 提供了一个基于图形界面的企业管理器（EM），从 Oracle 10g 开始，Oracle 提供了一个基于 B/S 的企业管理器，在操作系统的命令行中输入命令：emctl start dbconsole，就可以启动 OracleDbConsole 服务。

（4）OracleJobSchedulerORCL：提供数据库作业调度服务的定时器服务。

Oracle 服务的启动类型分为"自动""手动"和"禁用"三类，如果启动类型为"自动"，则操作系统启动时该服务也启动。由于 Oracle 服务占用较多的内存资源，会导致操作系统启动变慢，因此，如果不经常使用 Oracle，可以把这些服务由"自动"启动改为"手动"启动。

1.4 Oracle 数据库的创建、启动和停止

1.4.1 使用 DBCA 创建 Oracle 数据库

如果在安装 Oracle 数据库服务器系统时，选择仅安装 Oracle 数据库服务器软件，而不创建数据库，在这种情况下要使用 Oracle 系统还必须创建数据库。如果在系统中已经存在 Oracle 数据库，为了使 Oracle 数据库服务系统充分利用服务器的资源，建议不要另创建一个数据库。

在 Oracle 11g 中，创建数据库有两种方式：一种是利用图形界面的 DBCA（数据库配置向导）进行创建；另一种是脚本手工创建。本节将介绍如何使用数据库配置助手创建数据库。

DBCA（Database Configuration Assistant）是 Oracle 提供的一个具有图形化用户界面的工具，数据库管理员（DBA）通过它可以快速、直观地创建数据库。DBCA 中内置了几种典型的数据库模板，通过使用数据库模板，用户只需要做很少的操作就能够完成数据库创建工作。

使用 DBCA 创建数据库时只需要选择【开始】→【程序】→Oracle - OraDb11g_home1→【配置和移置工具】→Database Configuration Assistant 命令，打开如图 1-17 所示的 DBCA 界面。用户只需要根据 DBCA 的提示逐步进行设置，就可以根据相应的配置创建数据库。

1.4.2 启动 Oracle 数据库

从 Oracle 8i 以后，Oracle DBA 启动和关闭 Oracle 数据库，可以直接通过 SQL * Plus 来完成，而不再需要 Server Manager。另外也可通过图形用户工具（Graphical User Interface，GUI）的 Oracle Enterprise Manager 来完成数据库的启动和关闭，图形用户界面 Instance Manager 非常简单，这里不再介绍。

要启动和关闭数据库，必须要以具有 Oracle 管理员权限的用户登录，通常也就是以具有 SYSDBA 权限的用户登录。在 SQL * Plus 中通常使用 SYS 用户来启动和关闭数据库。

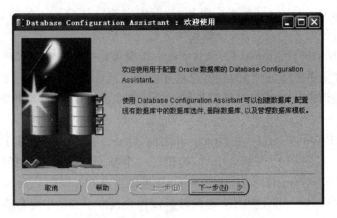

图 1-17 DBCA 界面

启动一个数据库通常需要以下三个步骤来完成。

1. 启动与数据库对应的实例

在启动实例时,将为实例创建一系列后台进程和服务进程,并且在内存中创建 SGA 区等内存结构。在实例启动的过程中只会使用到初始化参数文件,数据库是否存在对实例的启动没有影响。如果初始化参数设置有误,实例将无法启动。

2. 为实例加载数据库

加载数据库时实例将打开数据库的控制文件,从控制文件中获取数据库名称、数据文件的位置和名称等有关数据库物理结构的信息,为打开数据库做好准备。如果控制文件损坏,则实例将无法加载数据库。在加载数据库阶段,实例并不会打开数据库数据文件和重做日志文件。

3. 将数据库设置为打开状态

打开数据库时,实例将打开所有处于联机状态的数据文件和重做日志文件。控制文件中的任何一个数据文件或重做日志文件无法正常打开,数据库都将返回错误信息,这时需要进行数据库恢复。

只有将数据库设置为打开状态后,数据库才处于正常状态,这时普通用户才能够访问数据库。在很多情况下,启动数据库时并不是直接完成上述三个步骤,而是逐步完成的,然后执行必要的管理操作,最后才使数据库进入正常运行状态。所以,才有了各种不同的启动模式用于不同的数据库维护操作。Oracle 在启动数据库时有 5 个常用选项:nomount、mount、open、restrict、force。

1) startup nomount

这种启动模式只会创建实例,并不加载数据库,Oracle 仅为实例创建各种内存结构和服务进程,不会打开任何数据文件。在 nomount 模式下,只能访问那些与 SGA 区相关的数据字典视图,包括 V\$PARAMETER、V\$SGA、V\$PROCESS 和 V\$SESSION 等,这些视图中的信息都是从 SGA 区中获取的,与数据库无关。在这种模式下可以创建数据库、重建控制文件等。

2) startup mount

这种启动模式将为实例加载数据库,但保持数据库为关闭状态。因为加载数据库时需要打开数据库控制文件,但数据文件和重做日志文件都无法进行读写,所以用户还无法对数据库进行操作。在 mount 模式下,只能访问那些与控制文件相关的数据字典视图,包括 V＄THREAD、V＄CONTROLFILE、V＄DATABASE、V＄DATAFILE 和 V＄LOGFILE 等,这些视图都是从控制文件中获取的。在这种模式下可以改变数据库的归档模式、执行数据库的完全恢复操作、重命名数据文件等。

3) startup open

这种启动模式完成启动数据库实例、加载数据和打开数据库三个步骤,此时所有合法的数据库用户都可连到数据库,并可执行所允许的数据存取操作。在这种模式下 Oracle 检查所有的数据文件和联机重做日志文件是否可以被打开,并检查数据库的一致性。对于一些可以自动恢复的错误,后台进程 SMON 在数据库打开之前将执行恢复操作,对于那些不能自动恢复的错误,打开数据库将失败并报错。在 SQL＊Plus 中,启动数据库命令如图 1-18 所示。

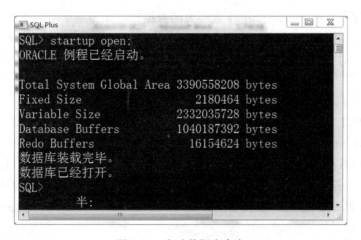

图 1-18　启动数据库命令

4) startup restrict

这种启动模式将成功打开数据库,但仅允许一些特权用户(具有 DBA 角色的用户)使用数据库。这种模式常用来对数据库进行维护,如在数据的导入/导出操作时不希望有其他用户连接到数据库存取数据。

5) startup force

这种启动模式一般仅在关闭数据库遇到问题不能关闭数据库时采用,相当于强行关闭数据库(shutdown abort)和启动数据库(startup)两条命令的一个综合。

1.4.3　停止 Oracle 数据库

停止一个 Oracle 数据库通常需要以下三个步骤完成。

1. 关闭数据库

Oracle 首先把高速缓冲区和重做日志缓冲区中的内容分别写入数据文件和联机日志文件,然后关闭所有联机数据文件和日志文件,这时控制文件仍处于打开状态。

2. 卸载数据库

停止数据库的第二步是从实例卸载数据库。从一个实例卸载数据库,之后 Oracle 关闭

Oracle 数据库概述

控制文件,但实例依然存在。

3. 停止实例

Oracle 关闭警告文件和跟踪文件,释放 SGA,终止后台进程,彻底关闭数据库。

Oracle DBA 为了执行不同的数据库管理操作,可能会选择不同的关闭模式。Oracle 在停止数据库时有三个常用选项:normal、immediate、abort。

1) shutdown normal

用该种方式关闭数据库,关闭进程取消所有用户访问数据库,等待直至所有用户完成请求并与服务器脱离,清除缓冲区和重做日志文件并更新数据文件和联机重做日志文件,打开文件锁,完成正在进行的事务,更新文件头,关闭线程,打开数据库实例锁,使控制文件和数据文件同步。简言之,使用 normal 选项可关闭数据库,卸装数据库,并完全关闭实例。该选项是关闭数据库时经常建议的选项。

2) shutdown abort

当紧急情况发生时,可以用 abort 选项关闭数据库。如当某个后台进程终止后,可能导致无法用 normal 或 immediate 选项关闭数据库,这时就要用到 abort 选项。当使用 abort 选项关闭数据库时,当前 SQL 语句立即停止,且未提交的事务不回滚,下次启动时要进行实例恢复。

3) shutdown immediate

在特定条件下,关闭数据库时可能要选择 immediate 选项。例如,DBA 可能决定在初始化文件中增加 processes 参数,如果这需要立即完成,则 DBA 使用 immediate 选项。如果使用该选项关闭数据库,则 Oracle 正在处理的当前 SQL 语句立即被终止,任何未提交的事务被回滚,数据库被关闭。使用这一选项的唯一缺点是 Oracle 不等待当前用户断开与数据库的连接,但数据库是连续的,且在下次启动时不需要恢复。在 SQL * Plus 中,停止数据库命令如图 1-19 所示。

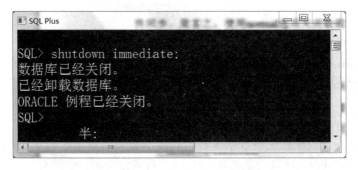

图 1-19　停止数据库命令

小　　结

本章主要介绍了 Oracle 数据库的应用现状和发展、Oracle 11g 在 Windows 环境下的安装、Oracle 数据库的创建、启动和停止的方法。

习 题

一、选择题

1. 启动 Oracle 数据库时，为实例加载数据库，但保持数据库为关闭状态的启动模式是（　　）。

    A. startup nomount   B. startup mount

    C. startup open   D. startup restrict

2. 关闭 Oracle 数据库使用（　　）选项，在下次启动数据库时需要进行实例恢复。

    A. normal   B. immediate   C. abort   D. restrict

二、简答题

1. Oracle 11g 的基本服务有哪些？

2. 简述 Oracle 11g 在 Windows 环境下的安装过程。

3. 启动一个 Oracle 数据库需要哪几个步骤完成？

第2章

Oracle 的体系结构

学习目标：

Oracle 数据库的体系结构是指 Oracle 数据库服务器的主要组成以及这些组成部分之间的联系和操作方式。通过介绍 Oracle 数据库的体系结构能够清楚地理解 Oracle 的工作机制和过程，对以后的数据库操作有非常大的帮助。本章将详细介绍数据库体系结构中的物理存储结构、逻辑存储结构和实例结构，最后还将对数据字典做进一步的讲解。通过本章学习，读者应掌握 Oracle 数据库的物理存储结构，特别是数据文件、控制文件和重做日志文件的作用，掌握逻辑存储结构中表空间、段、区和数据块之间的关系。理解进程结构中的主要进程的作用以及数据字典对数据库管理的重要性。

2.1 物理存储结构

Oracle 中的物理存储结构并不是独立存在的，它是由存储在磁盘中的操作系统文件组成的。数据库物理存储结构主要包括三类物理文件：数据文件、控制文件和重做日志文件，在运行 Oracle 时会用到这些文件。

2.1.1 数据文件

数据文件(Data File)是在物理上保存数据库中数据的操作系统文件。例如，表中的记录和索引等都存在数据文件中。数据文件具有下列特征。

(1) 一个数据文件仅与一个数据库联系。

(2) 一个表空间由一个或多个数据文件组成。

(3) 数据文件可以通过设置其自动扩展参数，实现其自动扩展的功能。

数据文件中的数据在需要时可以读取并存储在 Oracle 内存的数据缓冲区中。例如，用户要存取数据库中一数据表的某些数据，如果请求信息不在数据库的内存存储区内，则从相应的数据文件中读取并存储在内存。在存储数据时，用户修改或添加的数据会先保存在内存的数据缓冲区中，不必立刻写入数据文件，然后由 Oracle 的后台进程 DBWn 决定如何将数据写入数据文件。这样的存取方式减少了磁盘的 I/O 总数，提高了系统的响应性能。

在 Oracle 中可以通过数据字典 dba_data_files 查看数据文件的基本信息。

```
SQL > select file_name, status, blocks from dba_data_files where tablespace_name = 'SYSTEM';
FILE_NAME                                      STATUS       BLOCKS
---------------------------------------------- ----------   -----
D:\APP \ORADATA\ORCL\SYSTEM01.DBF              AVAILABLE    104960
```

其中,FILE_NAME 表示数据文件的名称以及存放路径；STATUS 表示数据文件的状态；BLOCKS 表示数据文件所占用的数据块数。

如果要查询数据文件的动态信息,可以通过数据字典视图 v$datafile 来查看。

```
SQL > select name,checkpoint_change# from v$datafile;
NAME                                        CHECKPOINT_CHANGE#
-----------------------------------------   --------------------
D:\APP \ORADATA\ORCL\SYSTEM01.DBF           1253400
D:\APP \ORADATA\ORCL\SYSAUX01.DBF           1253400
D:\APP \ORADATA\ORCL\UNDOTBS01.DBF          1253400
D:\APP \ORADATA\ORCL\USERS01.DBF            1253400
D:\APP \ORADATA\ORCL\EXAMPLE01.DBF          1253400
```

2.1.2 控制文件

控制文件(Control File)是一个很小的二进制文件,用于描述和维护数据库的物理结构。在 Oracle 数据库中,控制文件相当重要,它存放有数据库中数据文件和日志文件的信息,例如,数据库名、数据文件和日志文件的名字和位置、数据库建立日期。每次 Oracle 数据库实例启动时都需要访问控制文件,当数据库的物理组成更改、数据恢复时,也需要访问控制文件。由此可见,一旦控制文件受损,数据库将无法正常工作。为了安全起见,控制文件经常镜像。

通过数据字典 v$controlfile,可以了解控制文件的相关信息,例如,控制文件的名称和物理路径。

```
SQL > select name from v$controlfile;
NAME
--------------------------------
D:\APP \ORADATA\ORCL\CONTROL01.CTL
D:\APP \ORADATA\ORCL\CONTROL02.CTL
D:\APP \ORADATA\ORCL\CONTROL03.CTL
```

2.1.3 重做日志文件

重做日志文件主要用于记录数据库中所有修改信息的文件,简称日志文件。通过使用日志文件,不仅可以保证数据库安全,还可以实现数据库备份与恢复。为了确保日志文件的安全,在实际应用中,允许对日志文件进行镜像。

一个日志文件和它的所有镜像文件构成一个日志文件组,它们包含相同的信息。同一组中的日志文件最好保存到不同的磁盘中,这样可以防止由磁盘物理损坏所带来的麻烦。一个数据库中至少要有两个日志组文件,一组写完后再写另一组,即轮流写。每个日志组中至少有一个日志成员,一个日志组中的多个日志成员是镜像关系。在一个日志文件组中的日志文件的镜像个数受参数 maxlogmembers 限制,最多可以有 5 个。

Oracle 有联机日志文件和归档日志文件两种日志文件类型。联机日志文件是 Oracle 用来循环记录数据库改变的操作系统文件；归档日志文件是指为避免联机日志文件重写时丢失重复数据而对联机日志文件所做的备份。

Oracle 的体系结构

Oracle 有两种归档日志模式，Oracle 数据库可以采用其中任何一种模式。

（1）NOARCHIVELOG：不对日志文件进行归档。这种模式可以大大减少数据库备份的开销，但可能会导致数据的不可恢复。

（2）ARCHIVELOG：在这种模式下，当 Oracle 转向一个新的日志文件时，将以前的日志文件进行归档。为了防止出现历史"缺口"的情况，一个给定的日志文件在它成功归档之前是不能重新使用的。归档的日志文件，加上联机日志文件，为数据库的所有改变提供了完整的历史信息。

如果需要了解系统当前正在使用哪个日志文件组，可以通过数据字典 v$log 来查询。

```
SQL> select group#, status from v$log;
GROUP#              STATUS
----------          ----------------
    1               INACTIVE
    2               CURRENT
    3               INACTIVE
```

如果 STATUS 字段值为 CURRENT，则表示系统当前正在使用该字段对应的日志文件组。从查询结果来看，系统当前正在使用的日志文件组是第二日志文件组。

2.1.4 其他文件

除了上面介绍的数据文件、控制文件和重做日志文件，Oracle 服务还需要参数文件、备份文件、归档重做日志文件、口令文件，以及警告、跟踪文件。

1. 参数文件

参数文件用于记录 Oracle 数据库的基本参数信息，主要包括数据库名和控制文件所在路径等。参数文件分为文本参数文件（Parameter File，PFILE）和服务器参数文件（Server Parameter File，SPFILE）。

2. 备份文件

文件受损时，可以借助于备份文件对受损文件进行恢复。对文件进行还原的过程，就是用备份文件替换该文件的过程。

3. 归档重做日志文件

归档重做日志文件用于对写满的日志文件进行复制并保存，具体功能由归档进程 ARCn 实现，该进程负责将写满的重做日志文件复制到归档日志目标中。

4. 口令文件

口令文件用于存放所有以 sysdba 或者 sysoper 权限连接数据库的用户的口令，如果想以 sysdba 权限远程连接数据库，必须使用口令文件，否则不能连上，因为 sys 用户在连接数据库时必须以 sysdba or sysoper 方式，也就是说 sys 用户要想连接数据库必须使用口令文件。

5. 警告、跟踪文件

当一个进程发现了一个内部错误时，它可以将关于错误的信息存储到它的跟踪文件中。而警告文件则是一种特殊的跟踪文件，它包含错误事件的说明，而随之产生的跟踪文件则记录该错误的详细信息。

2.2　逻辑存储结构

在 Oracle 中,对数据库的所有操作都会涉及逻辑存储结构,是 Oracle 数据库存储结构的核心内容,Oracle 数据库的逻辑存储结构是从逻辑的角度分析数据库的构成,即创建数据库后形成的逻辑概念之间的关系。逻辑存储结构是面向用户的,用户使用 Oracle 开发应用程序使用的就是逻辑存储结构。Oracle 的逻辑结构是一种层次结构,主要包括表空间、段、区和数据块。其中,表空间由多个段组成,段由多个区组成,区由多个数据块组成。逻辑存储单元从小到大依次是数据块、区、段和表空间。图 2-1 显示了各个逻辑存储单元之间的关系。

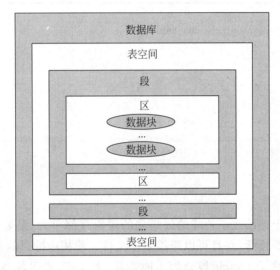

图 2-1　Oracle 数据库逻辑存储结构

2.2.1　表空间

表空间是在 Oracle 中用户可以使用的最大的逻辑存储结构,用户在数据库中建立的所有内容都被存储在表空间中,所有表空间大小的和就是数据库的大小。表空间相当于操作系统中的文件夹,是数据库逻辑结构与物理文件之间的一个映射,表空间的大小等于构成表空间的所有数据文件大小的总和。在 Oracle 数据库中,存储结构管理主要是通过对表空间的管理实现的。

在创建 Oracle 数据库时,Oracle 数据库系统一般会自动创建一系列表空间,这些表空间可以通过数据字典视图 DBA_TABLESPACES 来查看,如表 2-1 所示。

表 2-1　Oracle 数据库自动创建的表空间

表空间	说　明
sysaux	辅助系统表空间,存储数据库组件等信息,用于减少系统表空间的负荷,提高系统的作业效率。该表空间由 Oracle 系统内部自动维护,一般不用于存储用户数据
system	系统表空间,用于存储表空间名称、控制文件、数据文件等系统管理信息,系统数据字典,模式对象(如表,索引,同义词,序列)的定义信息等

表空间	说　　明
temp	临时表空间,用于存储临时的数据,例如存储排序时产生的临时数据。一般情况下,数据库中的所有用户都使用 temp 作为默认的临时表空间
undotbs1	撤销表空间,用于在自动撤销管理方式下存储撤销信息。在撤销表空间中,除了回退段以外,不能建立任何其他类型的段。所以,用户不可以在撤销表空间中创建任何数据库对象
users	用户表空间,用于存储永久性用户对象和私有信息。每个数据块都应该有一个用户表空间,以便在创建用户时将其分配给用户
example	示例表空间,存放示例数据库的方案对象信息及其培训资料

```
SQL > select tablespace_name from dba_tablespaces;
TABLESPACE_NAME
 --------------
SYSTEM
SYSAUX
UNDOTBS1
TEMP
USERS
EXAMPLE
```

2.2.2　段

段是由一个或多个连续或不连续的区组成的逻辑存储单元,是表空间的组成单位。段内包含的数据区可以不连续,并且可以跨越多个文件。使用段的目的是用来保存特定对象。按照段中储存数据的特征,Oracle 段分为 4 种类型:数据段、索引段、临时段和回滚段。

(1) 数据段:数据段也称为表段,它包含数据并且与表相关。当创建一个表时,系统自动创建一个以该表的名字命名的数据段。

(2) 索引段:用于存储表中的索引信息。一旦建立索引,系统自动创建一个以该索引的名字命名的索引段。

(3) 临时段:它是 Oracle 在运行过程中自行创建的段。当一个 SQL 语句需要临时工作区时,由 Oracle 建立临时段。一旦语句执行完毕,临时段的区间便退回给系统。

(4) 回滚段:用于存储用户数据被修改前的值,在数据库恢复期间使用,以便为数据库提供读入一致性和回滚未提交的事务,即用来回滚事务的数据空间。当一个事务开始处理时,系统为之分配回滚段,回滚段可以动态创建和撤销。

2.2.3　区

区是 Oracle 数据库存储空间分配的逻辑单位,一个区由一组连续的数据块组成,当一个表、回滚段或临时段创建或需要附加空间时,系统总是为之分配一个新的数据区。

一个数据区不能跨越多个文件,因为它包含连续的数据块。使用区的目的是用来保存特定数据类型的数据,也是表中数据增长的基本单位。在 Oracle 数据库中,分配空间就是以数据区为单位的。一个 Oracle 对象包含至少一个数据区。设置一个表或索引的存储参数包含设置它的数据区大小。

每个段在定义时有许多存储参数来控制区的分配,主要是 STORGAE 参数,主要包括如下几项。

INITIAL:分配给段的第一个区的字节数,默认为 5 个数据块。

NEXT:分配给段的下一个增量区的字节数,默认为 5 个数据块。

MAXEXTENTS:最大扩展次数。

PCTINCREASE:每一个增量区都在最新分配的增量区上增长,这个百分数默认值为 50%。

区在分配时,遵循如下分配方式。

(1) 初始创建时,分配 INITIAL 指定大小的区。

(2) 空间不够时,按 NEXT 大小分配第二个区。

(3) 再不够时,按 NEXT ＋ NEXT×PCTINCREASE 分配。

2.2.4 数据块

数据块是 Oracle 最小的逻辑存储单位,Oracle 数据存放在"块"中。一个块占用一定的磁盘空间。特别需要注意的是,这里的"块"是 Oracle 的"数据块",不是操作系统的"块",Oracle 数据块大小一般是操作系统"块"的整数倍。

Oracle 每次请求数据的时候,都是以块为单位。也就是说,Oracle 每次请求的数据是块的整数倍。如果 Oracle 请求的数据量不到一块,Oracle 也会读取整个块。所以说,"块"是 Oracle 读写数据的最小单位或者最基本的单位。

块的标准大小由初始化参数 DB_BLOCK_SIZE 指定。具有标准大小的块称为标准块(Standard Block)。块的大小和标准块的大小不同的块叫非标准块(Nonstandard Block)。

操作系统每次执行 I/O 的时候,是以操作系统的块为单位;Oracle 每次执行 I/O 的时候,都是以 Oracle 的块为单位。

块中存放表的数据和索引的数据,无论存放哪种类型的数据,块的格式都是相同的,块由块头、表目录、行目录、行空间和空闲空间 5 部分组成,如图 2-2 所示。

图 2-2　Oracle 数据块的结构

(1) 块头:存放块的基本信息,如块的物理地址,块所属的段的类型(是数据段还是索引段)。

(2) 表目录:存放表的信息,即如果一些表的数据被存放在这个块中,那么,这些表的相关信息将被存放在"表目录"中。

(3) 行目录:如果块中有行数据存在,则这些行的信息将被记录在行目录中。这些信息包括行的地址等。

(4) 行空间:是真正存放表数据和索引数据的地方。这部分空间是已被数据行占用的空间。

(5) 空闲空间:空闲空间是一个块中未使用的区域,这片区域用于新行的插入和已经存在的行的更新。

块头、表目录和行目录这三部分合称为头部信息区。头部信息区不存放数据,它存放的是整个块的信息。头部信息区的大小是可变的。一般来说,头部信息区的大小为 84～107B。

2.3   内 存 结 构

内存结构是 Oracle 数据库体系结构中非常重要的组成部分,也是影响数据库性能的主要因素之一。在数据库运行时,内存主要用于存储各种信息,如执行的程序代码、连接到数据库的会话信息、数据库共享信息、程序运行期间所需要的数据以及存储在外存储上的缓冲信息等。

当用户发出一条 SQL 命令时,服务器进程会对该 SQL 语句进行语法分析并执行它,然后将数据从磁盘的数据文件中读取出来,存放在系统全局区的数据缓冲区中。如果用户进程对缓冲区中的数据进行了修改,则修改后的数据将由进程 DBWn 写入到磁盘数据文件中。

在 Oracle 数据库系统中内存结构主要分为系统全局区(SGA)和程序全局区(PGA),其结构如图 2-3 所示。

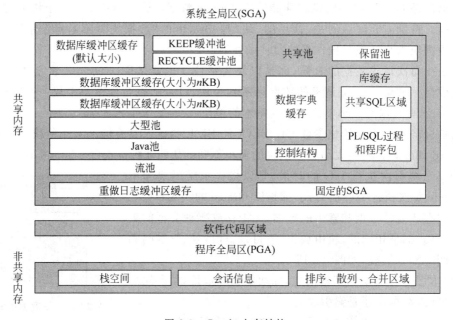

图 2-3   Oracle 内存结构

2.3.1   系 统 全 局 区

系统全局区(System Global Area,SGA)是一组为系统分配的共享的内存结构,可以包含一个数据库实例的数据或控制信息。如果多个用户连接到同一个数据库实例,在实例的 SGA 中,数据可以被多个用户共享,当数据库实例启动时,SGA 的内存被自动分配;当数据库实例关闭时,SGA 内存被回收。SGA 是占用内存最大的一个区域,同时也是影响数据库性能的重要因素。

SGA 由许多不同的区域组成,在为 SGA 分配内存时,控制 SGA 不同区域的参数是动态变化的,但 SGA 区域的总内存大小由参数 sga_max_size 决定,可使用 SHOW

PARAMETER 语句查看该参数的信息,其操作如下。

```
SQL> show parameter sga_max_size;
NAME                    TYPE            VALUE
------------            --------        ------
sga_max_size            big integer     512M
```

SGA 按其作用不同,可以分为数据缓冲区、日志缓冲区、共享池、Java 池、大型池。

1. 数据缓冲区

数据缓冲区用于存放最近访问的数据块信息,供所有用户共享。当用户向数据库请求数据时,如果所需的数据已经位于数据缓冲区,则 Oracle 将直接从数据缓冲区提取数据并返回给用户,而不必再从数据文件中读取数据。由于系统读取内存的速度要比读取磁盘快得多,所以数据缓冲区的存在可以提高数据库的整体效率。

数据缓存区的大小由 db_cache_size 参数决定,可以通过 show parameter 语句查看该参数的信息。

```
SQL> show parameter db_cache_size;
NAME                    TYPE            VALUE
------------            --------        ------
db_cache_size           big integer     24M
```

2. 日志缓冲区

日志缓冲区用于存储数据库的修改操作信息。当日志缓冲区中的日志数据达到一定的限度时,由日志写入进程 LGWR 将日志数据写入到磁盘重做日志文件。

日志缓冲区的大小由参数 log_buffer 决定,可以通过 show parameter 语句查看该参数的信息。

```
SQL> show parameter log_buffer;
NAME                    TYPE            VALUE
------------            --------        ------
log_buffer              integer         5653504
```

3. 共享池

共享池用于保存最近执行的 SQL 语句、PL/SQL 程序的数据字典信息,它是对 SQL 语句和 PL/SQL 程序进行语法分析、编译和执行的内存区域。共享池包括执行计划及运行数据库的 SQL 语句的语法分析树。在第二次运行(由任何用户)相同的 SQL 语句时,可以利用 SQL 共享池中可用的语法分析信息来加快执行速度。共享池主要包括以下两种缓冲区。

(1)库缓冲区(Library Cache):用于保存 SQL 语句的分析码和执行计划。在库缓冲区中,不同的数据库用户可以共享相同的 SQL 语句。

(2)数据字典缓冲区(Data Dictionary Cache):用于保存数据字典中得到的表、列定义和权限。

共享池的大小可以通过初始化参数文件中的 shared_pool_size 参数决定。共享池是活动非常频繁的内存结构,会产生大量的内存碎片,所以要确保它尽可能足够大。查看共享池大小可通过 show parameter 语句来实现,操作如下。

```
SQL> show parameter shared_pool_size;
```

```
NAME                    TYPE              VALUE
-------------           --------          ------
shared_pool_size        big integer       12M
```

4. Java 池

Java 池用于在数据库中支持 Java 的运行。例如,使用 Java 编写一个存储过程,这时 Oracle 的 Java 虚拟机(Java Virtual Machine,JVM)就会使用 Java 池来处理用户会话中的 Java 存储过程。其大小由参数 java_pool_size 决定,可以通过 show parameter 语句查看该参数的信息。

5. 大型池

大型池(Large Pool)是一个可选内存区。如果使用线程服务器选项或频繁执行备份/恢复操作,只要创建一个大型池,就可以更有效地管理这些操作。大型池将致力于支持 SQL 大型命令。利用大型池,就可以防止这些 SQL 大型命令把条目重写入 SQL 共享池中,从而减少再装入到库缓存区中的语句数量。其大小由参数 large_pool_size 决定,可以通过 show parameter 语句查看该参数的信息。

2.3.2 程序全局区

程序全局区(Program Global Area,PGA)是 Oracle 系统分配给一个进程的私有内存区域,包含单个用户或服务器数据和控制信息。它在用户进程连接到 Oracle 数据库并创建一个会话时,由 Oracle 自动分配。程序全局区的大小由参数 pga_aggregate_target 决定,通过 show parameter 语句可以查询该参数的信息。

```
SQL > show parameter pga_aggregate_target;
NAME                    TYPE              VALUE
-------------           --------          ------
pga_aggregate_target    big integer       20M
```

2.4 进 程 结 构

2.4.1 进程结构的介绍

Oracle 进程结构包括用户进程和 Oracle 进程两类,而 Oracle 进程中又分为服务器进程和后台进程,每个系统进程的大部分操作都是相互独立的,互不干扰。

用户进程运行在客户端,是用户连接数据库执行一个应用程序(例如 SQL * Plus)时创建的,用来完成用户所指定的任务。在 Oracle 数据库中与用户进程相关的两个概念是连接与会话。连接是指用户进程与数据库实例之间的一条通信路径。该路径由硬件线路、网络协议和操作系统进程通信机制构成;会话是指用户到数据库的指定连接。

服务器进程由 Oracle 自身创建,是用户进程与服务器交互的桥梁,它可以与 Oracle 服务器直接交互。用于处理连接到数据库实例的用户进程所提出的请求。当一个客户端连接到服务器时,我们会在服务器的进程上看到多了一个进程,这个进程就是服务器进程。服务器进程主要完成以下任务。

（1）解析并执行用户提交的 SQL 语句和 PL/SQL 语句。

（2）在 SGA 的高速缓冲区中搜索用户进程所需要访问的数据,如果数据不在缓冲区中,则需要从硬盘数据文件中读取所需的数据,再将它们复制到缓冲区中。

（3）将查询或执行后的结果数据返回给用户进程。

后台进程是 Oracle 数据库为了保证在任意一个时刻都可以处理多用户的并发请求、进行复杂的数据操作、优化系统性能,而启用的一些相互独立的附加进程。数据库的物理结构与内存结构之间的交互通过后台进程来完成。后台进程主要完成以下任务。

（1）在内存与磁盘之间进行 I/O 操作。

（2）监视各个服务器的进程状态。

（3）协调各个服务器进程的任务。

（4）维护系统性能和可靠性。

2.4.2 后台进程

Oracle 数据库启动时,会启动多个 Oracle 后台进程,后台进程是用于执行特定任务的可执行代码块,在系统启动后异步地为所有数据库用户执行不同的任务。通过查询数据字典 v＄bgprocess,可以了解数据库中启动的后台进程信息。Oracle 数据库实例的后台进程主要有：DBWn 进程、LGWR 进程、CPKT 进程、SMON 进程、PMON 进程、ARCn 进程。

1. DBWn 进程

DBWn(Database Writer,数据库写入)进程,是 Oracle 中采用 LRU(Least Recently Used,最近最少使用)算法将数据缓冲区中的数据写入数据文件的进程。当数据缓冲区中的数据被修改后,就标记为 dirty,DBWR 进程将数据缓冲区中的"脏"数据写入数据文件,保持数据缓冲区的"干净"。由于数据缓冲区的数据被用户修改并占用,空闲数据缓冲区会不断减少,当用户进程要从磁盘读取数据块到数据缓冲区却无法找到足够的空闲数据缓冲区时,DBWn 将数据缓冲区内容写入磁盘,使用户进程总可以得到足够的空闲数据缓冲区。DBWn 的主要作用如下。

（1）管理数据缓冲区,以便用户进程总能够找到足够的空闲缓冲区。

（2）将所有修改后的缓冲区数据写入数据文件。

（3）使用 LRU 算法保持缓冲区数据是最近经常使用的。

（4）通过延迟写来优化磁盘 I/O 读写。

DBWn 进程的工作流程如下。

（1）当一个用户进程产生后,服务器进程查找内存缓冲区中是否存在用户进程所需要的数据。

（2）如果内存中没有需要的数据,则服务器进程从数据文件中读取数据。这时,服务器进程会首先从 LRU 中查找是否有存放数据的空闲块。

（3）如果 LRU 中没有空闲块,则将 LRU 中的 DIRTY 数据块移入 DIRTY LIST。

（4）如果 DIRTY LIST 超长,服务器进程将会通知 DBWn 进程将数据写入磁盘,刷新缓冲区。

（5）当 LRU 中有空闲块后,服务器进程从磁盘的数据文件中读取数据并存放到数据缓冲区中。

2. LGWR 进程

LGWR(Log Writer,日志写入)进程将日志数据从日志缓冲区写入磁盘日志文件组。数据库在运行时,如果对数据库进行修改则产生日志信息,日志信息首先产生于日志缓冲区。当日志达到一定数量时,由 LGWR 将日志数据写入到日志文件组,再经过日志切换,由归档进程(ARCN)将日志数据写入归档日志文件(数据库运行在归档模式下)。数据库遵循写日志优先原则,即在写数据之前先写日志。

使用 LGWR 进程将日志缓冲区中的日志信息写入到磁盘日志文件的情况主要有以下几种。

(1) 当用户进程提交事务。

(2) 每隔 3s。

(3) 当日志缓冲区使用达到 1/3。

(4) 当 DBWn 为检查点进程清除缓冲区。

日志缓冲区是一个循环缓冲区。当 LGWR 将日志缓冲区的日志项写入日志文件后,服务器进程可将新的日志项写入到该日志缓冲区。LGWR 通常写得很快,可确保日志缓冲区总有空间可写入新的日志项。

3. CPKT 进程

CKPT(Check Point,检查点或检验点)进程,一般在发生日志切换时自动产生,用于向 DBWn 发送将数据缓冲区里的脏数据写回数据文件的信号,然后更新控制文件和数据文件的标题信息,从而反映最近成功的 SCN(System Change Number,系统更改号)。检查点出现在以下情况。

(1) 在每个日志切换时产生。

(2) 上一个检查点之后又经过了指定时间。

(3) 从上一个检查点之后,当预定义数量的日志块被写入磁盘之后。

(4) 数据库关闭。

(5) 当表空间设置为 OFFLINE 时。

检查点频繁出现、日志频繁切换或数据库有很多数据文件时,该进程可以减少 LGWR 的工作量。在初始化参数中 LOG_CHECKPOINT_INTERVAL 和 LOG_CHECKPOINT_TIMEOUT 用来改变检查点出现的频率。设置这两个参数时要小心,多检查点虽然能使 LGWR 进程工作量下降,但是过多的检查点会导致系统处理时间和 I/O 时间浪费在不必要的开启和关闭检查点的执行上。

4. SMON 进程

SMON(System Monitor,系统监控)进程在实例开始时执行必要的恢复。SMON 还负责清理不再使用的临时段和在字典管理的表空间中合并临近的空闲区段。SMON 进程的主要功能如下。

(1) 执行实例恢复(Instance Recovery),当数据库不正常中断后再度开启时,SMON 会自动执行该项,也就是将在线重做日志中的数据写到数据文件里。

(2) 收集空间,将表空间内相邻的空间进行合并,但该表空间必须是数据库字典管理模式。

5. PMON 进程

PMON(Process Monitor,进程监控)进程,主要用于清除失效的用户进程,用户进程出现故障时执行进程恢复操作,负责清理内存存储区和释放该进程所使用的资源。

PMON 进程周期性检查调度进程和服务器进程的状态,如果发现进程已死,则重新启动它。PMON 同样也注册关于实例和调度进程用于网络监听的信息。如果这个进程在数据库系统实例启动时出现故障,那么数据库系统也将无法开始工作。

当某个进程崩溃时(如在没有正常退出 Oracle 的情况下重新启动了所用的机器),PMON 进程将负责它的清理工作。PMON 进程将负责进行如下的清理工作。

(1) 回滚用户当前的事务。

(2) 释放用户所加的所有表一级和行一级的锁。

(3) 释放用户的 SGA 资源及其他资源。

6. ARCn 进程

ARCn(Archive Process,归档)进程,用于将写满的日志文件复制到归档日志文件中,防止日志文件组中的日志信息由于日志文件组的循环使用而被覆盖。

一个 Oracle 数据库实例中,允许启动的 ARCn 进程的个数由参数 log_archive_max_processes 决定。

2.5　数据字典

数据字典是由 Oracle 自动创建并更新的一组表,它是 Oracle 数据库的重要组成部分,提供了数据库结构、数据库对象空间分配和数据库用户等有关的信息。数据字典的所有者为 SYS 用户,而数据字典表和数据字典视图都被保存在 system 表空间中。

2.5.1　Oracle 数据字典介绍

Oracle 数据字典(Data Dictionary)是存储在数据库中的所有对象信息的知识库,Oracle 数据库管理系统使用数据字典获取对象信息和安全信息,而用户和数据库系统管理员则用数据字典来查询数据库信息。

Oracle 数据字典保存有数据库中对象和段的信息,例如表、视图、索引、包、存储过程以及与用户、权限、角色、审计和约束等相关的信息。

Oracle 中的数据字典有静态和动态之分。静态数据字典主要是在用户访问数据字典时不会发生改变的,但动态数据字典是依赖数据库运行的性能的,反映数据库运行的一些内在信息,所以在访问这类数据字典时往往不是一成不变的。

1. 静态数据字典

这类数据字典主要是由表和视图组成,应该注意的是,数据字典中的表是不能直接被访问的,但是可以访问数据字典中的视图。静态数据字典中的视图分为三类,它们分别由三个前缀构成:user_ * 、all_ * 、dba_ * 。

(1) user_ * :该视图存储了关于当前用户所拥有的对象的信息(即所有在该用户模式下的对象)。

(2) all_ * :该视图存储了当前用户能够访问的对象的信息(与 user_ * 相比,all_ * 并不需要拥有该对象,只需要具有访问该对象的权限即可)。

(3) dba_*:该视图存储了数据库中所有对象的信息(前提是当前用户具有访问这些数据库的权限,一般来说必须具有管理员权限)。

从上面的描述可以看出,三者之间存储的数据肯定会有重叠,其实它们除了访问范围的不同以外(因为权限不一样,所以访问对象的范围不一样),其他均具有一致性。具体来说,由于数据字典视图是由 SYS(系统用户)所拥有的,所以在默认情况下,只有 SYS 和拥有 DBA 系统权限的用户可以看到所有的视图。没有 DBA 权限的用户只能看到 user_* 和 all_* 视图。如果没有被授予相关的 SELECT 权限的话,他们是不能看到 dba_* 视图的。

数据字典里的所有对象均为大写形式,而 PL/SQL 里不是大小写敏感的,所以在实际操作中一定要注意大小写匹配。

2. 动态数据字典

Oracle 包含一些潜在的由系统管理员如 SYS 维护的表和视图,由于当数据库运行的时候它们会不断进行更新,所以称它们为动态数据字典(或者是动态性能视图)。这些视图提供了关于内存和磁盘的运行情况,所以只能对其进行只读访问而不能修改它们。Oracle 中这些动态性能视图都是以 v$ 开头的视图。

2.5.2 Oracle 常用数据字典

如果需要了解所有用户的所有表的信息,就可以通过数据字典视图 dba_tables 来了解。本节将介绍一些常用的数据字典,主要包括基本的数据字典、与数据库组件相关的数据字典以及 Oracle 中常用的动态性能视图。

1. 基本数据字典

Oracle 中基本的数据字典如表 2-2 所示。

表 2-2　Oracle 基本数据字典

字 典 名 称	说　　明
dba_tables	所有用户的所有表的信息
dba_tab_columns	所有用户的表的字段信息
dba_views	所有用户的所有视图信息
dba_synonyms	所有用户的同义词信息
dba_sequences	所有用户的序列信息
dba_constraints	所有用户的表的约束信息
dba_indexes	所有用户的表的索引简要信息
dba_ind_columns	所有用户的索引的字段信息
dba_triggers	所有用户的触发器信息
dba_sources	所有用户的存储过程信息
dba_segments	所有用户的段的使用空间信息
dba_extents	所有用户的段的扩展信息
dba_objects	所有用户对象的基本信息
dba_users	所有数据库用户的详细信息
tab	当前用户创建的所有基表、视图和同义词等
dict	构成数据字典的所有表的信息

2. 数据库组件相关的数据字典

Oracle 中与数据库组件相关的数据字典如表 2-3 所示。

表 2-3　Oracle 中与数据库组件相关的数据字典

数据库组件	数据字典中的表或视图	说　　明
数据库	v＄datafile	记录系统的运行情况
表空间	dba_tablespaces	记录系统表空间的基本信息
	dba_free_space	记录系统表空间的空闲空间的信息
控制文件	v＄controlfile	记录系统控制文件的基本信息
	v＄controlfile_record_section	记录系统控制文件中记录文档段的信息
	v＄parameter	记录系统各参数的基本信息
数据文件	dba_data_files	记录系统数据文件以及表空间的基本信息
	v＄filestat	记录来自控制文件的数据文件信息
	v＄datafile_header	记录数据文件头部分的基本信息
段	dba_segments	记录段的基本信息
数据区	dba_extents	记录数据区的基本信息
日志	v＄thread	记录日志线程的基本信息
	v＄log	记录日志文件的基本信息
	v＄logfile	记录日志文件的概要信息
归档	v＄archived_log	记录归档日志文件的基本信息
	v＄archive_dest	记录归档日志文件的路径信息
数据库实例	v＄instance	记录实例的基本信息
	v＄system_parameter	记录实例当前有效的参数信息
内存结构	v＄sga	记录 SGA 区的大小信息
	v＄sgastat	记录 SGA 的使用统计信息
	v＄sql	记录 SQL 语句的详细信息
	v＄sqltext	记录 SQL 语句的语句信息
	v＄sqlarea	记录 SQL 区的 SQL 基本信息
后台进程	v＄bgprocess	显示后台进程信息
	v＄session	显示当前会话信息

【例 2-1】　查询 scott 用户拥有的数据表。

```
SQL > select table_name,owner from dba_tables where owner = 'SCOTT';
TABLE_NAME              OWNER
------------------      --------

DEPT                    SCOTT
EMP                     SCOTT
BONUS                   SCOTT
SALGRADE                SCOTT
```

【例 2-2】　查询 Oracle 中 scott 用户的状态。

```
SQL > select username,account_status from dba_users where username = 'SCOTT';
USERNAME                ACCOUNT_STATUS
------------------      --------

SCOTT                   OPEN
```

【例 2-3】 查询当前用户的会话信息,例如当前用户的编号、名称、状态及主机名称。

```
SQL＞column username format a20;
SQL＞column terminal format a20;
SQL＞select user＃,username,status,terminal from v＄session where user＃!= 0;
USER＃    USERNAME    STATUS    TERMINAL
------    --------    ------    -------------
    5     SYSTEM      ACTIVE    YOS－01410091849
```

3. 动态性能视图

Oracle 中常用的动态性能视图如表 2-4 所示。

表 2-4　Oracle 中常用的动态性能视图

视 图 名 称	说　明
v＄fixed_table	显示当前发行的固定对象的说明
v＄instance	显示当前实例的信息
v＄latch	显示锁存器的统计数据
v＄librarycache	显示有关库缓存性能的统计数据
v＄rollstat	显示联机的回滚段的名字
v＄rowcache	显示活动数据字典的统计
v＄sga	显示有关系统全局区的总结信息
v＄sgastat	显示有关系统全局区的详细信息
v＄sort_usage	显示临时段的大小及会话
v＄sqlarea	显示 SQL 区的 SQL 信息
v＄sqltext	显示在 SGA 中属于共享游标的 SQL 语句内容
v＄stsstat	显示基本的实例统计数据
v＄system_event	显示一个事件的总计等待时间
v＄waitstat	显示块竞争统计数据

【例 2-4】 查询当前用户数据库实例的序列号、实例名称、所属主机的名称、实例的状态。

```
SQL＞column host_name format a20;
SQL＞column instance_name format a20;
SQL＞column status format a10;
SQL＞select instance_number,instance_name,host_name,status from v＄instance;
INSTANCE_NUMBER    INSTANCE_NAME    HOST_NAME          STATUS
---------------    -------------    --------------    ------
              1    orcl             YOS－01410091849    OPEN
```

小　结

本章主要介绍了 Oracle 数据库的物理存储结构、逻辑存储结构、内存结构、进程结构以及 Oracle 中常用的数据字典。物理存储结构主要包括数据文件、控制文件和重做日志文件,数据文件存储数据库中所有的数据,控制文件用于描述和维护数据库的物理结构,重做日志文件用于记录数据库中所有修改信息;逻辑存储结构主要由表空间、段、区和数据块组成；内存结构用于存储数据库运行时需要的各种信息，主要包括系统全局区和程序全局区；进程结构主要由用户进程和 Oracle 进程组成，进程的大部分操作都是相互独立的，互不干扰；数据字典是由 Oracle 自动创建并更新的一组表和视图，提供了数据库结构、数据库对象空间分配和数据库用户等有关的信息。

习　　题

一、选择题

1. 下面有关数据文件的叙述，正确的是（　　）。

    A. 一个表空间只能对应一个数据文件

    B. 一个数据文件可以对应多个表空间

    C. 一个表空间可以对应多个数据文件

    D. 数据文件存储了数据库中所有日志信息

2. 用于将数据缓冲区中的数据写到数据文件的进程是（　　）。

    A. LGWR   B. DBWn   C. CKPT   D. SMON

3. 解析后的 SQL 语句会缓存在 SGA 中的哪个区？（　　）

    A. Java 池   B. 大型池   C. 数据缓冲区   D. 共享池

4. 下面有关 Oracle 逻辑存储结构的叙述，正确的是（　　）。

    A. 一个数据库实例由多个表空间组成

    B. 一个段由多个表空间组成

    C. 一个区由多个段组成

    D. 一个数据块由多个区组成

二、简答题

1. Oracle 物理存储结构由哪几种文件组成？各有什么作用？

2. 简述 Oracle 逻辑存储结构中表空间、段、区和数据块之间的关系。

3. 简单介绍 DBWn 进程与 LGWR 进程的作用。

4. 什么是数据字典？数据字典有什么作用？

Oracle 的体系结构

第 3 章　　SQL * Plus 管理工具

学习目标：

　　SQL * Plus 是 Oracle 公司提供的一个工具程序，可以用于运行 SQL 语句和 PL/SQL 程序块、处理数据、生成报表、读写操作系统文件、使用变量和打印输出。SQL * Plus 是一个用于管理 Oracle 数据库的强大工具，能够满足 Oracle 用户和管理员需要的大量功能。本章主要讲述 SQL * Plus 工具的使用，以及常用的一些 SQL * Plus 操作命令。通过本章的学习，读者应掌握启动 SQL * Plus 登录 Oracle 数据库的方法、编辑缓冲区内容的常用命令、读写操作系统文件的常用命令，理解掌握 SQL * Plus 中变量的使用方法，能利用格式化命令制作一个简单报表。

3.1　SQL * Plus 的基本用法

　　如果要使用 SQL * Plus 与数据库服务器进行交互，首先要登录到数据库服务器上，这时在 SQL * Plus 进程和数据库服务器之间将建立一条连接，它们以客户/服务器模式工作。

3.1.1　登录与退出数据库

　　如果想使用 SQL * Plus 工具对数据库进行管理操作，必须先启动 SQL * Plus 登录到 Oracle 数据库。下面将介绍使用 SQL * Plus 登录到数据库的方法，以及退出 SQL * Plus 断开与数据库连接的方法。

　　1. 启动 SQL * Plus，登录到默认数据库

　　(1) 执行【开始】→【程序】→Oracle-OraDb11g_home1→【应用程序开发】→SQL Plus 命令，打开 SQL Plus 窗口，显示登录界面。

　　(2) 在登录界面中将提示输入用户名，根据提示输入相应的用户名和口令后，按 Enter 键，SQL * Plus 将连接到默认数据库。

　　(3) 连接到数据库之后，将显示 SQL >提示符，然后就可以输入相应的命令操作数据库了。例如，执行 select name from v $ database 语句，查看当前数据库名称，如图 3-1 所示。

　　2. 从命令行登录到指定数据库

　　要从命令行启动 SQL * Plus，可以使用 sqlplus 命令。sqlplus 命令的一般使用形式如下：

```
sqlplus [ {user_name[ / password ][ @connect_identifier ] }
    [ AS { SYSOPER | SYSDBA | SYSASM } ] | / NOLOG ]
```

参数说明如下。

user_name：指定数据库用户名称。

password：指定数据库用户口令。

@connect_identifier：连接数据库标识符。

AS：用来指定管理权限，权限的可选值有 SYSDBA、SYSOPER 和 SYSASM。

SYSOPER：具有 SYSOPER 权限的管理员可以启动和关闭数据库，执行联机和脱机备份，归档当前重做日志文件，连接数据库等。

SYSDBA：SYSDBA 权限包含 SYSOPER 的所有权限，另外还能创建数据库，并且授权 SYSDBA 或 SYSOPER 给其他的数据库用户。

SYSASM：SYSASM 权限是 Oracle Database 11g 的新增特性，是 ASM 实例所特有的，用来管理数据库存储。

NOLOG：表示启动 SQL＊Plus，但不登录到数据库。

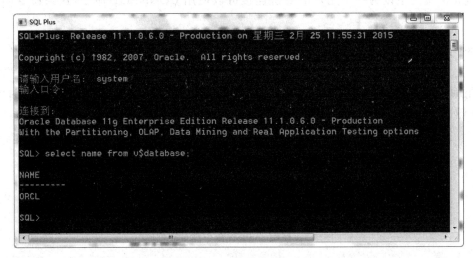

图 3-1　登录默认数据库

下面以 system 用户连接数据库，在 DOS 窗口中输入 sqlplus system/admin@orcl 命令，按 Enter 键后提示连接到 orcl 数据库，如图 3-2 所示。

无论采用上面的哪种登录方式，登录成功后将出现 SQL＊Plus 的提示符"SQL＞"。SQL＊Plus 是一个基于字符界面的工具，所有的命令都需要手工输入。在提示符之后输入的命令以分号结束。如果命令太长，可以输入回车，在换行之后继续输入，这时在每行之前将自动出现当前的行号。在命令的最后输入分号，然后回车，这条命令将提交给数据库服务器执行。需要注意的是，分号并不是 SQL 命令的一部分，而是一条 SQL 命令结束的标志。例如：

```
SQL＞ select ename, job, sal
from emp
where deptno = 20;
```

3. 使用 connect 命令登录数据库

在 SQL＊Plus 中，如果已经断开了与数据库服务器的连接，需重新登录数据库，或者在

SQL＊Plus 管理工具

图 3-2　登录指定数据库

已经连接的情况下以另一个用户的身份连接可以使用 CONNECT 命令，这条命令的格式如下。

```
connect {user_name[ / password ][ @connect_identifier ] }
    [ AS { SYSOPER | SYSDBA | SYSASM } ] ]
```

下面以 scott 身份登录数据库，在 SQL＊Plus 中输入 connect scott/tiger@orcl 命令，按 Enter 键后提示连接到 orcl 数据库，如图 3-3 所示。

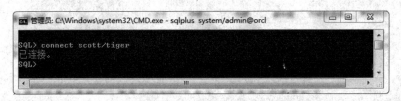

图 3-3　使用 connect 命令登录数据库

退出 SQL＊Plus 时，在提示符之后输入命令 QUIT 或 EXIT 即可。如果要在不退出 SQL＊Plus 的情况下断开与数据库服务器的连接，则输入 disconnect 命令。

如果是 SYS 用户，则使用"as sysdba"或者"as sysoper"参数。

在 SQL＊Plus 中还可以执行操作系统命令。host 命令使得用户可以在不退出 SQL＊Plus 的情况下执行操作系统命令。在 SQL＊Plus 提示符下执行 host 命令后，将进入操作系统提示符，在这可执行操作系统命令。在操作系统提示符下输入 exit 命令，将返回 SQL＊Plus。

3.1.2　获取帮助信息

如果在使用 SQL＊Plus 命令时有困难，可以使用 help 或"?"命令获得帮助信息。首先，可以获得帮助索引，命令的格式为：SQL＞help index，执行结果如图 3-4 所示。

上述命令都属于 SQL＊Plus，也就是说，这些命令只能在 SQL＊Plus 中执行。读者在学习 Oracle 的过程中，一定要清楚哪些是 SQL＊Plus 命令，哪些是 SQL 命令。通过 help 命令可以进一步获得每条命令的详细帮助信息。获取帮助的命令格式为：help 命令。

例如：SQL＞help connect，其执行结果如图 3-5 所示。

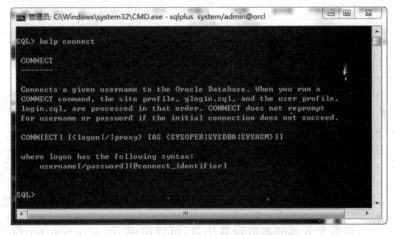

图 3-4　help index 命令执行结果

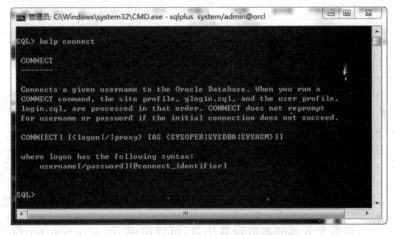

图 3-5　help connect 命令执行结果

3.1.3　修改 SQL * Plus 的设置信息

在 SQL * Plus 中有两类相关的设置信息,一类是 SQL * Plus 本身的设置信息,这类信息主要控制 SQL * Plus 的输出格式;另一类是数据库服务器的设置信息,这类信息主要来自实例的参数文件。

显示 SQL * Plus 设置信息的命令是 show,例如,显示当前登录用户的命令为:

```
SQL> show user
USER 为"SYSTEM"
```

如果要显示 SQL * Plus 的所有设置信息,可执行"show all"命令,命令执行的结果类似于以下形式:

```
SQL> show all;
```

appinfo 为 OFF 并且已设置为 "SQL＊Plus"

arraysize 15

autocommit OFF

autoprint OFF

autorecovery OFF

autotrace OFF

…

如果要显示某个具体的设置信息，可以在 show 命令之后跟上相关的关键字，例如：

SQL＞show spool

spool OFF

表 3-1 列出了 SQL＊Plus 主要的设置信息及其意义。

表 3-1　SQL＊Plus 中的设置信息

设 置 信 息	可 选 值	默 认 值	意 义
autocommit	on|off|immediate	off	控制 DML 语句执行后是否自动提交
autorecovery	on|off	off	开启或关闭自动恢复数据库的功能
define	用户自定义	&	在用户自定义变量前面的前缀字符
editfile	用户自定义	afiedt.buf	指定执行 edit 命令时打开的临时文件
linesize	用户自定义	80	指定一行的宽度，单位为字符
long	用户自定义	80	为 long 型数据指定显示宽度
null	用户自定义	" "	显示空数据时，代替的字符
sqlnumber	on|off	on	控制在多行 SQL 语句中，第二行以后是使用 SQL＊Plus 提示符还是行号
sqlpromp	用户自定义	SQL＞	指定 SQL＊Plus 的提示符
sqlterminator	用户自定义	;	指定 SQL 语句的结束标志符
timing	on|off	off	指定是否将当前时间作为提示符的一部分
time	on|off	off	指定是否为每一条已执行的 SQL 语句显示已用时间

如果要显示数据库服务器的参数设置信息，可以使用 show parameter 命令，并在命令之后指定要显示的参数名称。由于这些信息是从参数文件中读取的，因此只有特权用户可以查看这样的信息。例如，要查看数据库的数据块的大小，可执行命令：show parameter db_block_size，执行结果如图 3-6 所示。

图 3-6　参数 db_block_size 的设置信息

在命令执行的结果中包含参数的名称、类型和参数值。由于参数名都是字符串，在显示参数时，可以只指定参数名称的一部分，这样，系统将显示所有包含这个字符串的参数。例如，要显示所有包含字符串"db_block"的参数设置信息，可执行命令：show parameter db_block，执行结果如图 3-7 所示。

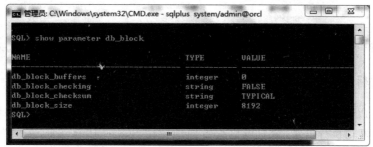

图 3-7　包含 db_block 的所有参数的信息

可以使用 set 命令修改 SQL * Plus 设置信息，灵活控制 SQL * Plus 的显示格式。例如，SQL * Plus 的 SQL 语句的默认结束标志符的提示符是"；"，如果要将提示符改为"％"，可以执行命令：SQL > set sqlterminator "％"。需要注意的是，改变后的设置信息只对 SQL * Plus 的当前启动起作用。

3.2　SQL * Plus 中的缓冲区

SQL * Plus 提供了一个命令缓冲区，用来保存最近执行的一条 SQL 语句，或者一个 PL/SQL 块。用户可以反复执行缓冲区中的内容，也可以对缓冲区中的内容进行编辑。

3.2.1　执行缓冲区中的内容

执行缓冲区中内容的命令有两个："/"和 run。"/"命令的作用是执行缓冲区中刚刚输入的或者已经执行的内容。如果是一条 SQL 语句，它的结束标志是"；"，遇到分号时，这条 SQL 语句就会执行。如果在 SQL 语句执行后输入"/"命令，这条 SQL 语句将再执行一次。如果是 PL/SQL 块，结束标志仍然是"；"，只是在输入结束后还必须输入"/"命令，这个块才能执行。如果再次输入"/"命令，这个块将再次执行。例如：

SQL > create table t1(name varchar2(10));

表已创建。

SQL > /
create table t1(name varchar2(10))
　　　　*
第一行出现错误：
ORA-00955:名称已由现有对象使用

首先在 SQL * Plus 中执行 create table 命令创建表 t1，然后输入"/"命令再次执行这条 SQL 语句。由于这个表已经创建，所以出现了错误信息。

run 命令与"/"命令一样，也是再次执行缓冲区中的内容，只是在执行之前首先显示缓冲区中的内容。例如，在刚才执行了 CREATE 语句后，再执行 run 命令，结果如下所示。

```
SQL > run
1 *  create table t1(name varchar2(10))
create table t1(name varchar2(10))
            *
```

第一行出现错误:
ORA - 00955: 名称已由现有对象使用

3.2.2 编辑缓冲区中的内容

在 SQL * Plus 中输入 SQL 语句时,一旦执行该语句,则 SQL * Plus 会将该语句保存在缓冲区。如果语句执行出错,用户可以很方便地使用 SQL * Plus 编辑命令进行修改,特别是长的、复杂的 SQL 语句或者 PL/SQL 块。SQL * Plus 中常用的编辑命令如表 3-2 所示。

表 3-2 SQL * Plus 中的编辑命令

命　　令	缩　　写	意　　义
APPEND text	A text	text 行尾增加
CHANGE/old/new	C/old/new	在当前行中将 old 改为 new
CHANGE/text	C/text	从当前行中删除 text
CLEAR BUFFER	CL BUFF	删除 SQL 缓冲区的所有行
DEL	DEL n	删除第 n 行
DEL	DEL m n	删除从第 m 行到第 n 行之间的命令行
DEL	DEL	删除当前行
INPUT	I	增加一行或多行
INPUT text	I text	增加一个由 text 组成的行
LIST	L	显示 SQL 缓冲区的所有行,并将最后一行作为当前行
LIST n	L n 或 n	显示一行
LIST *	L *	显示当前行
LIST LAST	L LAST	显示最后一行
LIST m n	L m n	显示多行(从 m 到 n)

如果要显示缓冲区中的内容,可以执行 list(或者 l)命令。list 命令以分行形式显示缓冲区的内容,并在每一行前面显示行号。如果要显示某一行的内容,可以在 list 命令之后指定行号,这样只显示指定的一行,并使这一行成为当前行,而不是显示所有内容。例如,假设在缓冲区中已经有一条 SQL 语句,可以以不同的形式执行 list 命令,如图 3-8 所示。

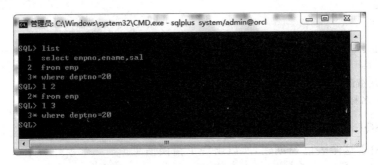

图 3-8 list 命令显示缓冲区内容

44

在 SQL＊Plus 提示符下直接输入一行的行号,也可以显示某一行的内容,结果与将行号作为参数的 list 命令是等价的。

append 命令(或者 a)的作用是在缓冲区中当前行的末尾追加文本。在默认情况下,最后一行是当前行。如果以某一行的行号作为参数执行了 list 命令,那么指定的行将成为当前行。

append 将把指定的文本追加到当前行的末尾。注意追加的文本不需要用引号限定,否则引号将作为文本的一部分一起被追加。例如,对于图 3-8 中显示的 SELECT 语句,如果希望再检索 job 列的值,那么可以使用 append 命令在第一行的末尾追加文本",job",追加过程如图 3-9 所示。

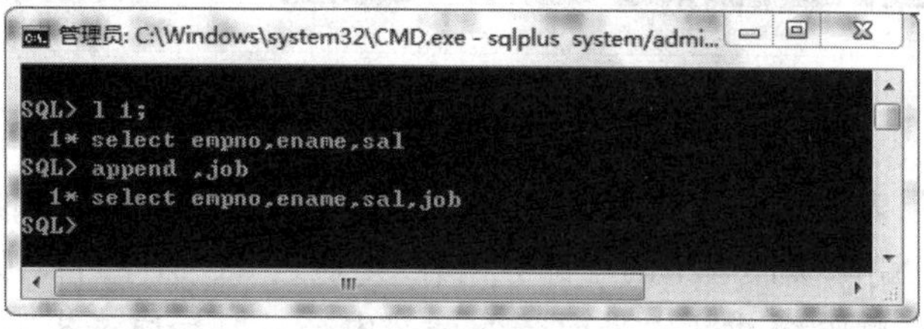

图 3-9　append 命令追加文本

append 命令的作用是在当前行的末尾追加文本。如果要在缓冲区中增加一行,就要使用 input 命令。input(或者 i)命令的作用是在当前行之后追加一行或者多行。在默认情况下,input 命令在最后一行之后追加文本。如果要在某一行之后追加,应该先执行 list 命令使该行成为当前行,然后再追加。

使用 input 命令追加文本时,可以只追加一行,这时 input 命令的格式为：input 文本。

如果要追加多行,则输入不带参数的 input 命令并回车,这时行号将变成 ni 的形式,其中 n 是从当前行号的下一个数字开始的整数,表示该行内容是追加到缓冲区中的。追加结束后以一个空行和回车符结束。例如,假设当前缓冲区中有一条不完整的 SQL 语句,现在希望把它补充完整,可以使用 input 命令追加文本,追加过程如图 3-10 所示。

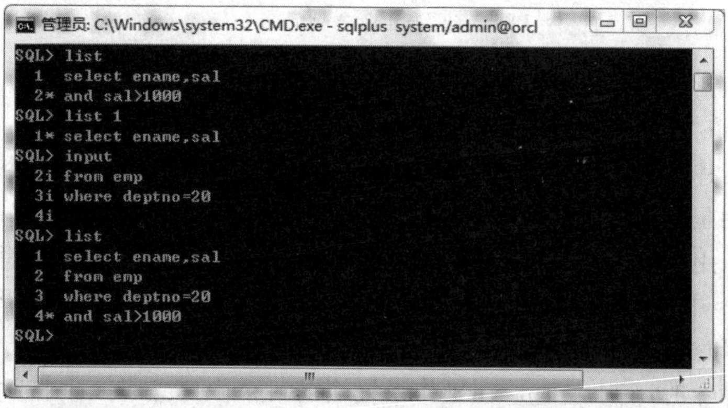

图 3-10　input 命令追加文本

注意,在追加多行时,input 命令为追加的新行重新显示了行号,即上面的 2i、3i 等。输入结束后,在下一行直接回车,这时重新显示 SQL＊Plus 提示符,追加操作便结束了。

change(或者 c)命令的作用是在缓冲区中当前行上用新的字符串代替旧的字符串。例如,要把图 3-10 中修改后的 SELECT 语句中的最后一个条件"sal > 1000"改为"comm is not null",操作过程如图 3-11 所示。

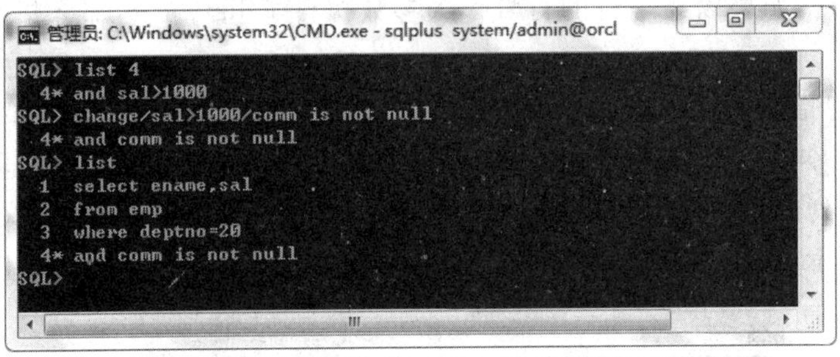

图 3-11　change 命令修改文本

重新显示的结果表明这一行的内容已经被修改。如果要删除缓冲区中的内容,可以执行 del 命令。如果只删除缓冲区中的一部分内容,则通过 list 命令可以显示剩下的内容。在默认情况下,del 命令删除缓冲区中当前行的全部内容。但是通过指定参数,del 命令可以删除指定的一行或者多行,如图 3-12 所示。

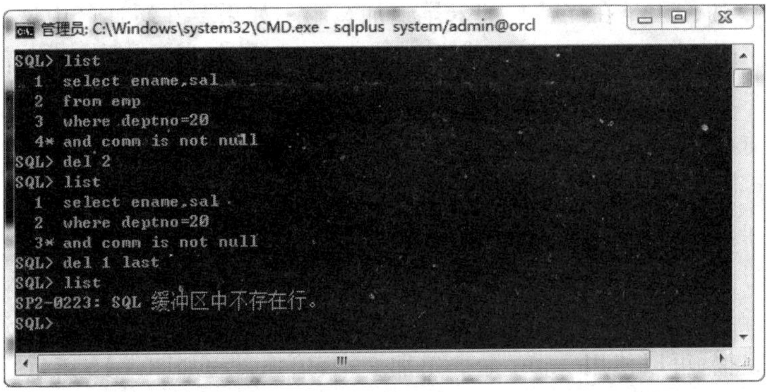

图 3-12　del 命令删除命令行

注意,开始行号和结束行号是指定的行号,开始行号必须小于结束行号。符号"＊"用来代表当前行,标识符 last 代表最后一行。

除了上面所述 SQL＊Plus 编辑命令,还有一个使用最频繁的编辑命令是 edit(或 ed)。这条命令的作用是打开默认的编辑器(在 Windows 环境中为记事本),并将缓冲区中的内容放在编辑器中。用户可以在编辑器中修改缓冲区中的内容,修改完后保存并退出编辑器,然后在 SQL＊Plus 中输入"/"命令,修改后的内容将在 SQL＊Plus 中执行。图 3-13 显示的是当一条 SQL 语句执行出错时,用 edit 命令打开编辑器的情况。

执行 edit 命令时,SQL＊Plus 在操作系统当前目录中建立了一个临时文件,用来保存当前缓冲区的内容。这个文件的默认文件名为"afiedt. buf"。需要注意的是,在这个临时文件中并不保存所有已经执行的 SQL 语句或者 PL/SQL 块,仅当执行 edit 命令时,才将当前缓冲区中的内容写入这个文件,文件中以前的内容将被覆盖。

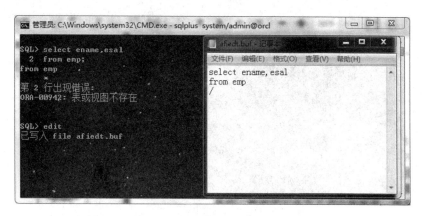

图 3-13　edit 命令编辑文本

3.2.3　读写操作系统文件

在 SQL * Plus 中可以对操作系统中的文本文件进行简单的读写访问。例如,事先将 SQL 语句或者 PL/SQL 块的代码存放在文本文件中,再把文本文件调入缓冲区中,使之执行。或者把当前缓冲区中的内容保存到一个文件中,或者把 SQL 语句、PL/SQL 块的执行结果保存到文件中。

读文件涉及的命令包括@、get、start 等。

@命令的作用是将指定的文本文件的内容读到缓冲区中,并执行它。文本文件可以是本地文件,也可以是远程服务器上的文件。如果是本地文件,@命令的执行格式为:@文件名。

这里的文件名要指定完整的路径,默认的扩展名是. sql,如果脚本文件使用了默认的扩展名,则在@命令中可以省略扩展名。如果是远程文件,必须将它存放到一个 Web 服务器上,并以 HTTP 或 FTP 方式访问。这时@命令的执行格式为(以 HTTP 为例):@ http://web 服务器/文件名。

使用@命令读取文件时,文件中可以包含多条 SQL 语句,每条语句以分号结束;或者可以包含一个 PL/SQL 块。文件被读入缓冲区中以后,SQL * Plus 将按顺序执行文件中的代码,并将执行结果输出到显示器上。例如,假设在 d:/app/oracle 目录下有一个文件 demo. sql,文件的内容为:

```
select ename,sal from emp where deptno = 20;
select ename,sal from emp where empno = 7900;
```

可以通过@命令将这个文件读到缓冲区中,执行结果如图 3-14 所示。

start 命令与@命令是等价的,这里不再赘述。

get 命令的作用与@命令相似,但是它只是把文件加载到缓冲区中,并不直接执行。get 命令的执行格式为:get 文件名选项。

其中,文件名的默认扩展名为. sql,在 get 命令中可以省略。目前,get 命令只支持本地的操作系统文件。可以使用的选项有两个:LIST 和 NOLIST。其中,LIST 选项指定将文件的内容读到缓冲区的同时,还要在显示器上输出,这是默认选项;NOLIST 选项使得文件

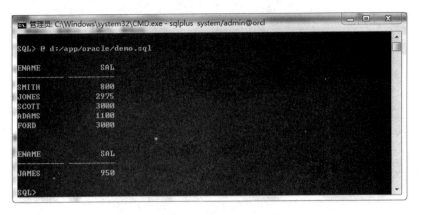

图 3-14　@命令读取执行文件

的内容不在显示器上输出。使用 get 命令时还要注意,在文本文件中只能包含一条 SQL 语句,而且不能以分号结束。也可以只包含一个 PL/SQL 块,块以分号结束。在使用@和 get 命令时要注意这些格式上的差别。例如,假设在 d:/app/oracle 目录下有一个文件 demo. sql,文件的内容为:

```
select ename,sal from emp where deptno = 20
```

可以通过 get 命令将这个文件读到缓冲区中,使用命令"/"执行,操作过程如图 3-15 所示。

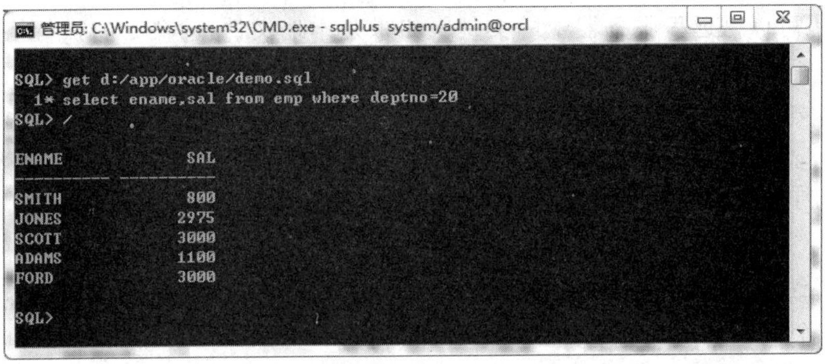

图 3-15　get 命令读取文件

写文件涉及的命令包括 save 和 spool。其中,save 命令用于将当前缓冲区中的内容写入一个操作系统文件,而 spool 命令用于将命令的执行结果输出到一个操作系统文件。

save 命令的格式为:SQL > save 文件名 选项。

其中,选项指定以什么样的方式写文件。可以使用的选项有以下三个。

(1) CREATE:如果文件不存在,则创建;否则,命令执行失败。

(2) APPEND:如果文件不存在,则创建;否则,在文件末尾追加。

(3) REPLACE:如果文件不存在,则创建;否则删除原文件,重新创建。

如果不指定完整的路径,则在当前目录下产生这个文件,文件的默认扩展名是. sql。例如,假设当前缓冲区中有一条 SELECT 语句,使用 save 命令可以将这条语句写入文件,执行过程如图 3-16 所示。

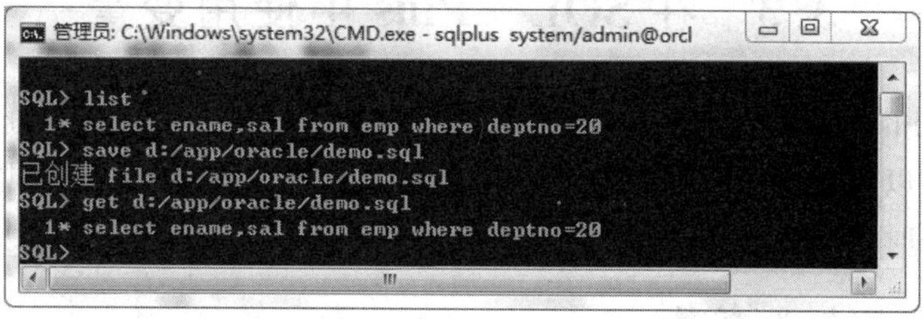

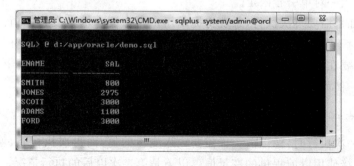

图 3-16 save 命令写文件

spool 命令利用假脱机技术,用于将 SQL ∗ Plus 的输出写入到文件中,它有以下几种用法。

(1) spool:得到当前 spool 的状态,默认为不可用。

(2) spool 文件名:启动 spool,并打开指定的文件。

(3) spool off:关闭 spool,并将 SQL ∗ Plus 的输出写入文件中。

(4) spool out:关闭 spool,将 SQL ∗ Plus 的输出写入文件中,并同时送往打印机。

如果在 SQL ∗ Plus 中以命令行的方式执行 spool 命令,那么从执行 spool 命令并打开文件开始,此后的所有输出,包括错误信息,以及用户的键盘输入,都将写入指定的文件,直到遇到"spool off"或者"spool out"。但是这些信息的写入是一次性完成的,即在执行"spool off"或者"spool out"的一瞬间,这些信息才一次全部写入文件,包括最后执行的"spool off"或者"spool out"命令本身。文件的默认扩展名为.LST,默认的路径是当前目录。

spool 命令通常的用法是生成报表。首先将精心设计的 SQL 语句存放在一个文件中,在产生输出的语句前后加上 spool 命令,然后将这个文件读到缓冲区中执行。这样在写入的文件中只有命令执行的结果,而不包括 SQL 语句本身。

例如,假设当前目录下有一个文件,名为 demo.sql,它的内容为:

```
spool d:/app/oracle/st
SELECT ename,sal FROM emp WHERE deptno = 10;
spool off
```

现使用@命令将该文件读到缓冲区中并执行,执行结果如图 3-17 所示。

图 3-17 spool 命令写文件

文件中 SQL 语句的执行结果显示在屏幕上,同时在 d:/app/oracle 目录下生成了文件 st.LST,文件的内容与屏幕上显示的结果完全一致。

SQL ∗ Plus 管理工具

3.3　在 SQL * Plus 中使用变量

在 SQL * Plus 中,可以使用变量进行数据处理,其在 SQL * Plus 中的整个启动期间一直有效。变量可以用在 SQL 语句、PL/SQL 块以及文本文件中,使得数据处理更加灵活。在执行这些代码时,先将变量替换为变量的值,然后再执行。

3.3.1　用户自定义变量

用户可以根据需要,自己定义变量。有两种类型的自定义变量,第一类变量不需要定义,可以直接使用,在执行代码时 SQL * Plus 将提示用户输入变量的值;第二类变量需要事先定义,并且需要赋初值。

第一类变量不需要事先定义,在 SQL 语句、PL/SQL 块以及脚本文件中可以直接使用。这类变量的特点是在变量名前面有一个"&"符号。当执行代码时,如果发现有这样的变量,SQL * Plus 将提示用户逐个输入变量的值,当用变量值代替变量后,才执行代码。例如,假设用户构造了一条 SELECT 语句: select ename,sal from & table_name where ename = '&name',此语句使用了两个变量,执行过程如下。

```
SQL > select ename,sal from &table_name where ename = '&name';
输入 table_name 的值: emp
输入 name 的值: SCOTT
原值   1: select ename,sal from &table_name where ename = '&name'
新值   1: select ename,sal from emp where ename = 'SCOTT'
ENAME           SAL
-------         ------
SCOTT           3000
```

其中,字符串"emp"和"SCOTT"是用户输入的变量值。在 SQL * Plus 中首先用变量值代替变量,生成一个标准的 SQL 语句,然后再执行这条语句。当为所有的变量都提供了变量值后,这条语句才能执行。在构造这样的 SQL 语句时要注意,使用变量和不使用变量的语句在形式上是一致的。例如,ename 列的值为字符型,应该用一对单引号限定,使用了变量以后,仍然要用一对单引号限定。

上述语句如果需要再次执行,系统将提示用户再次逐个输入变量的值。为了使用户在每次执行代码时不需要多次输入变量的值,可以在变量名前加上"&&"符号。使用这种形式的变量,只需要在第一次遇到这个变量时输入变量的值,变量值将保存下来,以后就不需要不断输入了。例如,假设把上述 SELECT 语句改为以下形式:

```
SELECT ename,sal FROM &&table_name WHERE ename = '&&name'
```

那么在第一次执行时,像以前一样需要输入变量的值,而再次执行时,就不再需要输入变量的值了,直接使用以前提供的变量值。以下是第二次以后的执行情况。

```
SQL > /
原值 1: select ename,sal from &&table_name where ename = '&&name'
新值 1: select ename,sal from emp where ename = 'SCOTT'
```

```
ENAME              SAL
--------          ------
SCOTT              3000
```

在 SQL＊Plus 中可以使用的第二类自定义变量需要事先定义，而且需要提供初值。定义变量的命令是 DEFINE。定义变量的格式是：

```
define 变量名 = 变量值
```

变量经定义后，就可以直接使用了。实际上，用 DEFINE 命令定义的变量和使用"＆"的变量在本质上是一样的。用 DEFINE 命令定义变量以后，由于变量已经有值，所以在使用变量时不再提示用户输入变量的值。

如果执行不带参数的 DEFINE 命令，系统将列出所有已经定义的变量，包括系统定义的变量和用"＆＆"定义的变量，以及即将提到的参数变量。例如：

```
SQL > define
DEFINE _DATE               = "26 - 2 月  - 15" (CHAR)
DEFINE _CONNECT_IDENTIFIER = "orcl" (CHAR)
DEFINE _USER               = "SCOTT" (CHAR)
DEFINE _PRIVILEGE          = "" (CHAR)
DEFINE _SQLPLUS_RELEASE = "1101000600" (CHAR)
DEFINE _EDITOR             = "Notepad" (CHAR)
DEFINE _O_VERSION          = "Oracle Database 11g Enterprise Edition Release 11.1.0.6.0 -
Production With the Partitioning, OLAP, Data Mining and Real Application Testing options"
(CHAR)
DEFINE _O_RELEASE          = "1101000600" (CHAR)
DEFINE _RC                 = "0" (CHAR)
```

假设用 DEFINE 命令定义一个变量 v_enum，然后在 SQL 语句中就可以直接使用这个变量了。在使用变量时，仍然用"＆变量名"的形式来引用变量的值。例如：

```
SQL > define v_enum = 7900
SQL > select ename,sal from emp where empno = &v_enum;
```

在执行这条语句时，用 7900 代替变量 v_enum，生成一条标准的 SQL 语句。这条语句的执行结果如下。

```
原值 1: select ename, sal from emp where empno = &v_enum
新值 1: select ename, sal from emp where empno = 7900
ENAME              SAL
--------          ------
JAMES              950
```

当不再使用一个变量时，可以将其删除。undefine 命令可以取消一个变量的定义，其命令格式为：

```
undefine   变量名
```

3.3.2 参数变量

在 SQL＊Plus 中，除了用户自定义的变量外，还有一类变量，就是参数变量。参数变量在使用时不需要事先定义,可以直接使用。

前面讲述了 get 和@命令的用法。这两个命令的作用是将一个文本文件加载到缓冲区中,使之执行。因为文本文件的内容是固定的,在执行期间不能被修改,所以只能执行固定的代码,这就为灵活的数据操作带来了一定的困难。例如,要查询某部门中员工的工资情况。部门号事先不确定,而是根据实际情况临时确定的。这样在文本文件的 SELECT 语句中就不能将部门号指定为一个固定值。

解决这个问题的一个办法是使用参数变量。由于部门号是不确定的,所以在执行文本文件时可以将实际的部门号作为一个参数,在 SELECT 语句中通过参数变量引用这个参数。参数在 SQL＊Plus 的命令行中指定的格式为:

@文件名参数 1　参数 2　参数 3…

这样在文本文件中可以用参数变量 &1、&2、&3 分别引用参数 1、参数 2、参数 3、…。

例如,要查询某部门中工资大于某个数值的员工姓名,在构造 SELECT 语句时就不能将部门号和工资这两个列的值指定为固定值,而是分别用一个参数变量代替。假设在目录 d:/app/oracle 中建立了一个文本文件 demo. sql,文件的内容为:

```
select ename from emp where deptno = &1 and sal > &2;
```

在执行这个文本文件时,需要为参数变量 &1 和 &2 指定实际的参数值。参数值是在用 get 或者@命令加载文本文件时指定的。例如,要查询部门 20 中工资大于 3000 的员工,执行文件 demo. sql 的命令格式为:

```
SQL > @ d:/app/oracle/demo.sql 20 3000
```

这条命令执行的情况如下。

```
原值 1: select ename from emp where deptno = &1 and sal > &2
新值 1: select ename from emp where deptno = 20 and sal > 3000
…
```

从命令的执行结果可以看出,在 SQL＊Plus 中首先用实际参数 20 代替参数变量 &1,用参数 3000 代替参数变量 &2,生成一条标准的 SQL 语句,然后才执行这条 SQL 语句。

3.3.3　与变量有关的交互式命令

SQL＊Plus 提供了几条交互式命令,主要包括 prompt、accept 和 pause。它们主要用在文本文件中,用来完成灵活的输入输出。

1. prompt

prompt 命令用来在屏幕上显示指定的字符串。这条命令的格式为:

```
prompt 字符串
```

注意,prompt 后面的字符串不需要单引号限定,即使是用空格分开的几个字符串。prompt 命令只是简单地把其后的所有内容在屏幕上显示。例如:

```
SQL > prompt I am an Oracle DBA
I am an Oracle DBA
```

2. accept

accept 命令用来接收用户的键盘输入,并把输入的数据存放到对应变量中,它一般与 prompt 命令配合使用。accept 命令的格式为:

```
ACC[EPT] variable [data_type] [FOR[MAT] format] [DEF[AULT] default] [PROMPT text | NOPR[OMPT]]
[HIDE]
```

各参数含义说明如下。

variable:指存放数据的变量,这个变量不需要事先定义,可直接使用。

data_type:指定变量的数据类型,目前 SQL * Plus 只支持 char、number、date、binary_float、binary_double 这 5 种数据类型,默认数据类型为 char。

format:用于指定变量的格式。例如 A10(10 个字符)、YYYY-MM-DD(日期)和 999(一个三位数字)。

PROMPT:用于指定用户在输入数据时显示的提示信息 text。

default:为变量指定默认值,在输入数据时如果直接回车,则使用该默认值。

HIDE:使用户的键盘输入不在屏幕上显示,这在输入保密信息时非常有用。

例如,用户希望输入一个日期型数据到变量 v_date,在输入之前显示指定的提示信息,同时为变量指定默认值,这样如果在输入数据时直接回车,那么变量的值就是这个默认值。对应的 accept 命令的形式为:

```
SQL > accept v_date date default 2015 - 01 - 01 prompt 请输入变量 v_date 的值:
请输入变量 v_date 的值: 2015 - 01 - 01
```

3. pause

pause 命令的作用是暂时停止用户当前的执行,在按回车键后继续。一般情况下,pause 命令用在脚本文件的两条命令之间,暂停第一条命令执行后,待用户按回车键后继续执行。pause 命令的格式为:

```
pause 文本
```

其中,文本是在暂停时向用户显示的提示信息。

现在创建一个脚本文件 demo. sql,演示这三个交互式命令的用法。脚本文件的功能是统计某个部门的员工工资,需要用户从键盘输入部门号。文件的内容如下。

```
prompt 部门工资统计现在开始
accept dno number default 10 prompt 请输入部门号:
pause 请输入回车键进行统计…
select ename, sal from emp where deptno = &dno;
```

下面执行这个脚本文件。

```
SQL > @ d:/app/oracle/demo.sql
部门工资统计现在开始
请输入部门号: 20
请输入回车键进行统计…
原值 1: select ename, sal from emp where deptno = &dno
新值 1: select ename, sal from emp where deptno = 20
```

```
ENAME          SAL
-------        ------
SMITH          800
JONES          2975
SCOTT          3000
ADAMS          1100
FORD           3000
```

如果希望生成一个简单报表,可以将 spool 命令加在 select 前后,将统计的结果写到一个文件中,或者发往打印机打印输出。

3.4　SQL * Plus 的报表功能

SQL * Plus 的功能非常强大,能够根据用户的设计生成规范、美观的报表。SQL * Plus 可以使用它的命令实现报表功能。首先,用户要根据自己的意图,设计报表的显示格式,包括报表的尺寸、标题、各列的显示格式等。然后,构造查询语句,决定显示哪些数据。最后,要决定是仅在屏幕上显示报表,还是将报表放在文本文件中,或者送往打印机打印输出。

一般情况下,制作一个报表需要许多条命令,如果每次在制作报表时都输入很多命令,是很麻烦的事情。通常把这些命令放到一个文本文件中,需要时只要把这个文件读到缓冲区中,并使其执行即可。

3.4.1　设计报表标题

设计报表标题可以使用 SQL * Plus 的两个命令来实现,即 ttitle 和 btitle。其中,ttitle 命令用来设计报表的头部标题,而 btitle 用来设计报表的尾部标题。

ttitle 命令设计的报表头部标题在报表每页的顶部显示。设计头部标题时,要指定显示的信息和显示的位置,还可以使标题分布在多行之中。ttitle 命令的语法格式:

TTI[TLE] [printspec [text|variable] …] | [off | on]

其中,text 选项用于设置报表头部标题的文字信息,如果头部包含多个字符,则必须用单引号括起来;variable 选项用于在报表标题中输出相应变量的值;off 选项则禁止打印头部标题,on 用于打印头部标题信息;printspec 用来格式化头部标题的子句,它可以使用如下几个选项。

(1) col:指定在当前行的第几列打印头部标题。

(2) skip:指定跳过指定行数再显示后面的信息,默认值为 1。

(3) left:在当前行左对齐打印报表标题信息。

(4) center:在当前行中间对齐打印报表标题信息。

(5) right:在当前行右对齐打印报表标题信息。

(6) bold:以黑体打印数据。

(7) format:指定标题的显示格式,这个参数是可选的。

报表标题的显示信息除了指定的文本外,标题还可以指定为以下内容:SQL. LNO (当前的行号)、SQL. PNO(当前的页号)、SQL. RELEASE(当前 Oracle 的版本号)和 SQL.

USER(当前登录的用户名称)。

例如,设计一个显示在正中的报表头部标题,命令格式为:

```
ttitle center ∗∗职工工资统计表∗∗
```

如果在标题中要分开显示多条不同信息,例如制表人、当前页号等,可以在 ttitle 命令中分别设置各信息的显示格式、显示位置和显示内容。

例如,将刚才设计的标题作为主标题,增加制表人和当前页号,作为副标题。副标题在主标题之下两行处显示。如果命令太长,一行容纳不下时,可以用“-”符号分行,将命令分为多行书写。满足上述要求的命令格式为:

```
ttitle center ∗∗职工工资统计表∗∗ skip 2 left -
制表人: 'ice rain' right 页码: format 99 SQL.PNO
这个报表头部标题显示的内容与格式为:
                    ∗∗职工工资统计表∗∗
制表人: ice rain                                    页码: 1
```

btitle 命令的用法与 ttitle 命令是一样的,区别在于 btitle 命令用来设计报表的尾部标题,显示的位置在报表每页的底部。

3.4.2　设计报表尺寸

设计报表尺寸可以通过控制几个 set 变量来实现,即 newpage、linesize 和 pagesize。其中,newpage 用来设置每一页的表头与每一页开始位置之间的空行数,pagesize 用来设置每一页显示的数据量,而 linesize 用来设置每一行数据可以容纳的字符数量。这几个系统变量的值都可以使用 set 命令进行设置。

newpage 用于设置每一页的头部和顶部标题之间要打印的空行数,默认值为 1,如果为0,在页之间插入换页符,实现自动换页功能。

pagesize 用于设置 SQL∗Pus 输出结果中一页要显示的数据行数,超过设置的行数之后,SQL∗Pus 就会再次显示标题。

linesize 用于设置每行可以容纳的字符数量,默认值为 80。如果设置的值比较小,那么表中每行数据有可能在屏幕上需要分多行显示。

现在创建一个脚本文件 demo.sql,演示这三个 set 变量的用法。脚本文件的内容如下。

```
set newpage 2
set pagesize 18
set linesize 120
ttitle center ∗∗职工工资统计表∗∗
select ename, sal from emp;
```

执行这个脚本文件,执行结果如图 3-18 所示。

需要注意的是,SQL∗Plus 中的页并不是仅仅由输出的数据行构成,而是由 SQL∗Plus 中显示到屏幕上的所有输出结果构成,包括标题和空行等。从图 3-18 可知,每一页的头部和报表的头标题之间插入了两个空行,每页仅显示 18 行。

3.4.3　设计报表显示格式

报表的显示格式是指报表中数据的显示格式。设计报表的显示格式可以使用 column

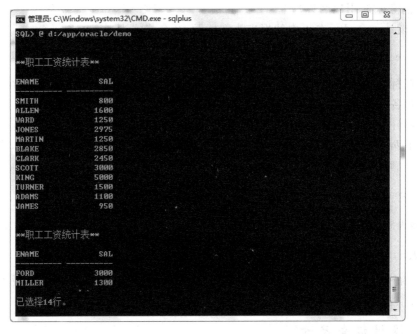

图 3-18　设置报表尺寸命令执行结果

和 break 两条命令。column 命令的作用是设计某一列数据的显示格式,而 break 命令可使数据根据某个标准分组显示。

column 命令可以改变列标题及各列数据的显示格式,包括列标题的文字和对齐方式、列数据的宽度和显示格式等,column 命令的格式为:

```
COLUMN [{col_name | expr} [option ] ]
```

其中,col_name 指定要格式化显示的列;expr 指定要格式化的表达式;option 指定用于格式化列或表达式的一个或者多个选项,主要选项如下。

heading:指定列标题的显示文字。

format:指定列数据的显示格式。

justify:指定列标题的对齐方式,包括左(left)、居中(center)、右(right)。

null:当列数据为空时,将显示指定的文本。

wrapped | word_wrapped | truncated:规定当列标题或数据超出规定的宽度时,如何显示。其中,wrapped 为默认值,表示换一行继续显示;word_wrapped 与 wrapped 类似,但单个单词不跨行显示;truncated 表示截断余下的数据。

其中,heading 选项用来指定列的标题。默认情况下,列的标题就是列的名字。用户可以根据喜好定制列标题。如果列标题中有空格,要用双引号限定。还可以把列标题中的文字分成两行显示,格式是:"第一行文字|第二行文字"。例如,下面使用 column 命令为 empno 列定义标题为"员工号",为 ename 列定义标题为"姓名",为 sal 列定义标题为"工资"。

```
SQL > column empno heading 员工号
SQL > column ename heading 姓名
```

```
SQL > column sal heading 工资
```

执行下列 SQL 语句时：

```
SQL > select empno,ename,sal from emp where empno = 7788;
```

显示的结果为：

```
员工号      姓名      工资
----      ----      ----
7788      SCOTT     3000
```

format 选项指定数据的显示格式，主要用来设置字符型、数字型和日期型数据的格式。常用的格式元素如表 3-3 所示。

表 3-3　format 格式化元素

元素	说　　明	举　　例
Ax	为字符类型的列内容设置宽度，如果内容超过指定的宽度，内容则换行显示或截断	A8：是指列显示的长度为 8 个字符
9	设置 number 列的显示格式	999：是指列显示的长度为三位数字数据
$	浮动的货币符号（美元符号）	$999：是指列显示的长度为带货币单位 $ 的三位数字数据
L	本地货币符号（人民币符号）	L99：是指列显示的长度为带货币单位 ¥ 的两位数字数据
.	小数点位置	99.99：是指列显示的长度为带两位小数的 4 位数字数据
,	千位分隔符	99,999：是指列显示的长度为带千位分隔符的 5 位数字数据

例如，如果通过 column 命令为 sal 列设置了如下显示格式：

```
column sal heading 工资 format $999,999.99
```

那么刚才执行的 SELECT 语句现在的执行结果为：

```
员工号      姓名      工资
----      ----      -------
7788      SCOTT     $3,000.00
```

justify 选项用来指定列标题的对齐方式，包括左对齐、居中和右对齐三种方式。需要注意的是，这种对齐方式仅对列标题起作用，并不影响列的数据的对齐方式。

null 选项用来指定当列的数据为空时，应该显示什么样的数据。例如，在显示奖金信息时，如果没有奖金，可以显示为 0。

在制作报表时，通常希望属于同一部门的员工数据集中在一起显示，这样我们可以将部门号作为分组的标准，将数据分组显示。如果部门号变化了，可以跳过几行或一页，继续显示另一部门的数据。

break 命令可以根据指定的列作为分组标准，将数据分组显示。例如，将同一部门的员工集中在一起显示。break 命令的格式为：

```
BREAK on col_name [action]
```

其中,col_name 就是被指定为分组标准的列,该列相同的数据将集中显示。可以选择的 action 有以下两个。

```
skip 行数|PAGE
noduplicates|duplicates
```

其中,skip 选项规定当指定列的值发生变化时,如何显示后面的数据。当 skip 的参数为一个正整数时,跳过相应多行,再继续显示后面的数据。如果 skip 的参数为 PAGE 时,跳过一页,再继续显示后面的数据,二者可选其一。

noduplicates(或 nodup)和 duplicates(或 dup)选项规定了是否显示重复的列值。当所有的行以指定的列为标准分组显示时,这个列有许多重复的值。如果使用了 nodup 选项,将不显示重复值,这是默认的选项,如果使用了 dup,将显示重复值。例如,如果以部门号为标准进行分组,那么所有的部门号为 10 的行集中在一起显示,在这些行中,可以只在第一行显示部门号 10,其余行均不显示。当部门号为 10 的行显示完后,跳过若干行后或一页后,继续显示部门号为 20 的数据。在所有部门号为 20 的行中,仍然只在第一行中显示部门号 20,其余行均不显示,以此类推。

假如我们希望检索工资大于 1000 的员工,并且以部门号为分组标准进行显示。构造相应的 break 命令和 select 语句,执行过程与结果如图 3-19 所示。

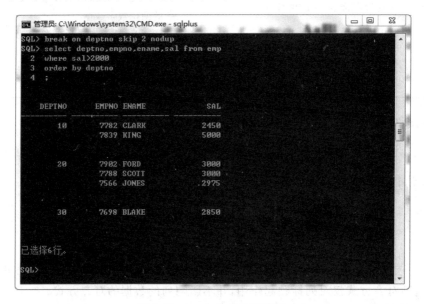

图 3-19   break 命令执行结果

应该注意的是,尽管使用 break 命令指定了分组标准,SQL * Plus 仍然是按照被检索的顺序对数据行进行分组显示,而不是将数据按照分组标准集中在一起后再显示。因此,在 select 语句中附加 order by 子句对数据行进行排序是必要的。

现在,我们可以综合 column 命令和 break 命令,制作一个比较复杂的报表,制作报表的代码如下。

```
set pagesize 25
ttitle center ** 职工工资统计表 ** skip 2 left -
制表人: 'ice rain' right 页码: SQL.PNO
btitle skip 1 center "内部资料概不对外"
column dname heading 部门名称
column ename heading 姓名
column sal heading 工资 format $ 999,999.99 justify center
column comm heading 奖金
break on dname skip 1 nodup
select dname, ename, sal, comm
from emp, dept
where emp. deptno = dept. deptno
order by emp. deptno;
```

把这段代码存放在 d:/app/oracle 目录下的一个脚本文件 demo. sql 中,然后把它加载到缓冲区中,并使之执行,生成的报表如图 3-20 所示。

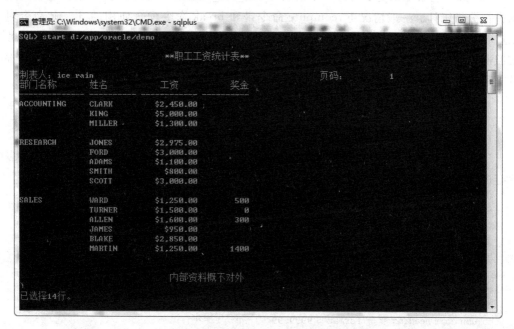

图 3-20　column 命令和 break 命令生成的综合报表

3.4.4　统计特定列

前面制作的报表仅按照指定的格式显示从数据库中检索的数据。如果要对报表中的数据进行统计,就要借助于 SQL * Plus 提供的 compute 命令。

一般情况下,对报表中数据的统计有两种形式,即水平统计和垂直统计。水平统计是把一行中的几个列的值进行计算,例如,求公司中每个员工的工资和奖金之和。这种统计比较简单,通过 select 语句就可以实现。例如,下列 select 语句将计算每个员工的工资和奖金之和:

```
select sal + nvl(comm, 0) as 收入 from emp;
```

垂直统计是对报表中某个特定列的值进行某种计算。例如,各部门所有员工的工资总和。这种统计是相对比较复杂的,可通过 SQL＊Plus 的 compute 命令可以实现。

compute 命令的格式为:

```
COMP[UTE] function LABEL label_text OF col_name ON break_col_name
```

其中,function 指定对数据执行什么样的统计操作,例如,SUM(求和)、AVG(求平均值)、MIN(求最小值)、MAX(求最大值)和 COUNT(计数)。

LABEL 选项指定了一个标签文本,用来在计算所得的数据之前显示。例如,对"工资"列进行 SUM 统计的数据之前可以显示"工资总计",在 AVG 统计的数据之前可以显示"平均工资"等。默认情况下显示的信息是所使用的函数名称,如 sum、avg。

OF 选项指定了一个名称为 col_name 的列,compute 命令对 col_name 列的数据进行计算,计算的结果显示在该列的正下方。

ON 选项之后也指定了另外一个列名 break_col_name。compute 命令根据这个列对数据进行分组统计。一般情况下,compute 命令是和 break 命令配合使用的,break 命令对数据进行分组,而 compute 命令对分组后的数据分别进行计算。例如,可以先将员工的数据按照部门号进行分组,然后按照分组的结果对各部门分别进行统计操作。例如,要对各部门员工的工资分别求和,相应的 compute 命令为:

```
compute sum label 总计 of sal on depnto
```

计算的结果显示在每个部门员工数据之后,被计算列的正下方。

现在,可以把与报表有关的几个命令综合使用,制作一个完整的报表。假设制作报表的所有命令存放在 d:/app/oracle 目录下的文件 demo.sql 中,此文件的内容如下。

```
set pagesize 35
ttitle center ＊＊ 职工工资统计表 ＊＊ skip 2 left -
制表人: 'ice rain' right 页码: format 99 SQL.PNO skip 2
btitle skip 1 center "内部资料概不对外"
column dname heading 部门名称
column ename heading 姓名
column sal heading 工资 format $ 999,999.99 justify center
column comm heading 奖金 format $ 9999.99
column 收入 format $ 999,999.99
break on dname skip 1 nodup
compute sum label 总计 of sal on dname
compute sum of comm on dname
compute sum of 收入 on dname
spool d:/app/oracle/report
select dname,ename,sal,comm,sal + nvl(comm,0) as 收入
from emp,dept
where emp.deptno = dept.deptno
order by emp.deptno;
spool off
```

将 demo.sql 文件读到缓冲区中并执行时,将生成一个完整报表,并将报表存放到当前目录下的文件 report.lst 中,报表的内容如图 3-21 所示。

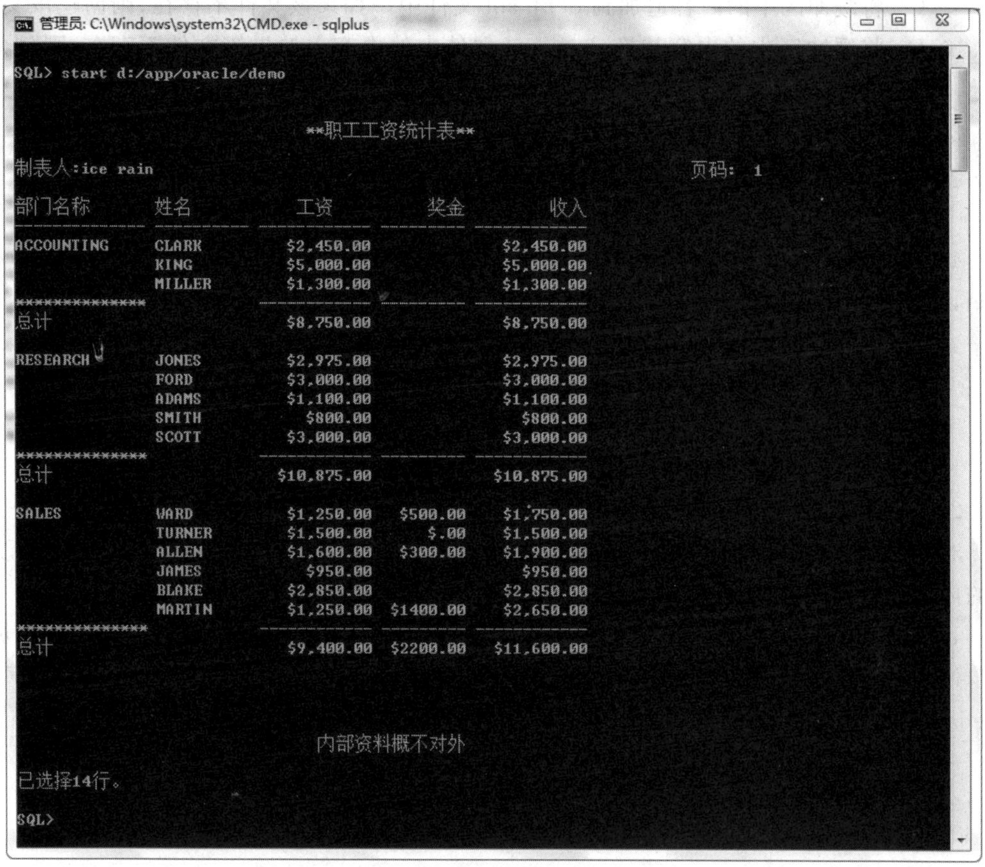

图 3-21　report.lst 文件内容

小　　结

在本章中,主要分析了 SQL ＊ Plus 工具所提供的功能,它不但可以编写和编辑 SQL 语句,而且可以辅助用户自动处理重复性的任务(使用脚本),以及定制用户与数据库的交互、制作一个完整的报表。在 SQL ＊ Plus 中可以使用大量的命令,这些命令的使用格式都可以通过 help 命令找到非常有价值的提示信息。

习　　题

一、选择题

1. 使用 DESCRIBE 命令显示某个数据表的信息时,不会显示下列哪类信息?(　　)

　　A. 列名称　　　　　　B. 列的空值特性　　C. 表名称　　　　　D. 列的长度

2. 执行语句 SAVE dept. sql APPEND,执行结果表示(　　)。

　　A. 如果 dept. sql 文件不存在,则出现错误

　　B. 如果 dept. sql 文件存在,则出现错误

C. 将缓冲区中的内容追加到 dept.sql 文件中。如果该文件不存在,则创建该文件

D. 将缓冲区中的内容替换 dept.sql 文件中的内容。如果该文件不存在,则创建该文件

3. 在 SQL＊Plus 中,如果要设置一行显示的字符数,使用下列哪个命令? (　　　)

    A. SET PAGESIZE　　　　　　　　　　B. SET LINESIZE

    C. SPOOL OFF　　　　　　　　　　　　D. COLUMN

4. 在 SQL＊Plus 中,使用 CONNECT 命令连接数据库,用户名和密码分别为 scott、tiger,下面选项不正确的是(　　　)。

    A. CONNECT scott/tiger　　　　　　　B. CONNECT tiger/scott

    C. CONNECT scott/tiger as sysdba　　　D. CONNECT scott/tiger@orcl

二、简答题

1. 如何设置 SQL＊Plus 的环境参数? 常用的参数有哪些?

2. DEFINE 命令有哪些功能?

3. 使用 SAVE 命令将缓冲区的内容保存到 d:\test.sql 中,然后使用 GET 命令将文件中的内容读入到缓冲区,并使用 RUN 命令执行。

4. 对 SCOTT 用户的 emp 表的输出格式进行设置。其中,empno 列设置标题为"员工号",NUMBER 格式为 9999;ename 列设置标题为"员工名",格式设置为 10 个字符;hiredate 列设置标题为"受雇日期",并且标题居中显示。

第 4 章　Oracle 表空间管理

学习目标：

　　表空间是 Oracle 数据库中最大的逻辑存储结构，与操作系统中的一个或多个数据文件相对应，主要用于存储数据库中用户创建的所有内容。通过使用表空间，可以有效地部署不同类型的数据、加强数据管理，从而提高数据库运行的性能。本章主要介绍表空间的建立和管理方法。通过本章的学习，希望读者了解表空间的作用和类型、掌握表空间的创建方法、掌握改变表空间状态的方法、掌握表空间的扩展方法，以及移动表空间中的数据文件的方法。

4.1　表空间概述

　　表空间是 Oracle 数据库的逻辑组成部分，由一个或多个数据文件组成。从物理上说，数据库数据存放在数据文件中；从逻辑上说，数据库数据存放在表空间中。Oracle 表空间具有如下特性。

　　(1) 一个数据库可以有多个表空间，数据库的大小等于其中所有表空间的大小之和，一个表空间只属于一个数据库。

　　(2) 一个表空间至少要有一个数据文件与之对应，一个表空间的大小等于其对应的所有数据文件的大小之和。

　　(3) 表空间既可以处于联机状态也可以处于脱机状态，但 SYSTEM 表空间只能处于联机状态。

　　(4) 一个用户默认使用一个表空间，但他的不同模式对象数据可以被存储在不同表空间中。

　　(5) 一个用户使用的表空间是有一定配额的，不能超出这个配额。

　　(6) 表空间对应的数据文件可以具有固定的大小，也可自动扩展。

　　Oracle 开创性地提出了表空间的设计理念，这也是 Oracle 能提供高性能的重要原因之一。可以这么说，Oracle 中的很多优化都是基于表空间实现的。

　　(1) 控制用户所占用的表空间配额。在一些大型的数据库应用中，需要控制某个用户或者某一组用户所占用的磁盘空间。这就好像在文件服务器中，需要为每个用户设置磁盘配额一样，以防止硬盘空间耗竭。所以，在数据库中也需要限制用户所可以使用的磁盘空间大小。为了达到这个目的，就可以通过表空间来实现。

　　可以在 Oracle 数据库中，建立不同的表空间，为其设置最大的存储容量，然后把用户归属于这个表空间。这样这个用户的存储容量，就受到这个表空间大小的限制。

（2）控制数据库所占用的磁盘空间。有时候，在 Oracle 数据库服务器中，可能运行不止一个服务。除了数据库服务器外，可能还有邮件服务器等应用系统服务器。为此，就需要先对 Oracle 数据库的磁盘空间进行规划，否则，当多个应用程序服务所占用的磁盘空间都无限增加时，最后可能导致各个服务都因为硬盘空间的耗竭而停止。所以，在同一台服务器上使用多个应用程序服务时，需要先为各个应用服务规划分配磁盘空间，各服务的磁盘空间都不能够超过分配的最大限额，或者超过后可以及时地提醒我们。只有这样，才能够避免因为磁盘空间的耗竭而导致各种应用服务的崩溃。

（3）灵活放置表空间，提高数据库的输入输出性能。数据库管理员还可以将不同类型的数据放置到不同的表空间中，这样可以明显提高数据库输入输出性能，有利于数据的备份与恢复等管理工作。因为数据库管理员在备份或者恢复数据的时候，可以按表空间来备份数据。如在设计一个大型的分销系统后台数据库的时候，可以按省份建立表空间，与浙江省相关的数据文件放置在浙江省的表空间中，北京发生业务记录则记录在北京的表空间中。如此，当浙江省的业务数据出现错误的时候，则直接还原浙江省的表空间即可。很明显，这样设计，当某个表空间中的数据出现错误需要恢复的时候，可以避免对其他表空间的影响。

另外，还可以对表空间进行独立备份。当数据库容量比较大的时候，若一下子对整个数据库进行备份，显然会占用比较多的时间。虽然说 Oracle 数据库支持热备份，但是在备份期间，会占用比较多的系统资源，从而造成数据库性能的下降。为此，当数据库容量比较大的时候，就需要设置多个表空间，然后规划各个表空间的备份时间，从而可以提高整个数据库的备份效率，降低备份对于数据库正常运行的影响。

（4）大表的排序操作。当表中的记录比较多的时候，对它们进行查询，速度会比较慢。第一次查询成功后，若再对其进行第二次重新排序，仍然需要这么多的时间。为此，我们在数据库设计的时候，针对这种容量比较大的表对象，往往把它放在一个独立的表空间，以提高数据库的性能。

（5）日志文件与数据文件分开放，提高数据库安全性。默认情况下，日志文件与数据文件存放在同一表空间。但是，这对于数据库安全方面来说不是很好。所以，在数据库设计的过程中，往往喜欢把日志文件，特别是重做日志文件，放在一个独立的表空间中，然后把它存放在另外一块硬盘上。这样，当存放数据文件的硬盘出现故障时，能够马上通过存放在另一个表空间的重做日志文件，对数据库进行修复，以减少企业因为数据丢失所带来的损失。

当然，表空间的优势还不仅这些，企业对于数据库的性能要求越高，或者数据库容量越大，则表空间的优势就会越大。

4.2 创建表空间

为了简化表空间管理并提高系统性能，Oracle 建议将不同类型数据部署到不同表空间上。因此，在创建数据库后，数据库管理员还应该创建其他表空间。例如，应该创建专门存放数据表的表空间、专门存放撤销数据的撤销表空间、专门存放临时数据的临时表空间等。

在创建表空间时，Oracle 首先需要在数据字典和控制文件中记录要创建的表空间的信息，然后，在操作系统中创建指定大小的操作系统文件作为表空间对应的数据文件。

一般情况下，创建表空间是由特权用户或 DBA 执行，如果以其他用户身份创建表空间,则要求该用户必须具有 CREATE TABLESPACE 权限。创建表空间使用 CREATE TABLESPACE 语句,其基本语法格式如下:

```
CREATE [TEMPORARY|UNDO] TABLESPACE tablespace_name
[{DATAFILE|TEMPFILE 'file_name' SIZE size K | M [ REUSE ]
    [
        AUTOEXTEND OFF | ON
        [ NEXT number K | M MAXSIZE UNLIMITED | number K | M ]
    ] }
    [ , … ]]
[ MININUM EXTENT number K | M ]
[ BLOCKSIZE number K]
[ ONLINE | OFFLINE ]
[ LOGGING | NOLOGGING ]
[ FORCE LOGGING ]
[ DEFAULT STORAGE storage ]
[ COMPRESS | NOCOMPRESS ]
[
    EXTENT MANAGEMENT DICTIONARY | LOCAL
    [ AUTOALLOCATE | UNIFORM SIZE number K | M ]
]
[ SEGMENT SPACE MANAGEMENT AUTO | MANUAL ];
```

其中各参数说明如下。

1. TEMPORARY|UNDO

TEMPORARY 表示创建的表空间为临时表空间;UNDO 表示创建的表空间为撤销表空间,如果没有使用这两个选项,表示创建的表空间为永久表空间。

2. tablespace_name

指出表空间的名称。

3. DATAFILE|TEMPFILE

指定表空间对应的数据文件是永久数据文件还是临时数据文件。

4. filename

数据文件的路径名,可以是相对路径,也可以是绝对路径。

5. SIZE

指定数据文件的大小。

6. REUSE

表示如果 file_name 指定的文件存在,则清除该文件。

7. AUTOEXTEND OFF | ON

指定文件是否自动扩展,OFF 表示关闭自动扩展,ON 表示开启自动扩展。

8. NEXT

数据文件在自动扩展的条件下,每次自动扩展的大小。

9. MAXSIZE

表示当指定的数据文件为自动扩展时,所扩展的最大限度。UNLIMITED 为不受限制。

10. MININUM EXTENT

指定在表空间中建立的段的最小分区大小,仅在数据字典管理方式中使用。

11. BLOCKSIZE number k

指定创建的表空间为非标准数据块表空间。

12. ONLINE │ OFFLINE

ONLINE 选项表示创建的表空间处于联机状态;OFFLINE 选项表示创建的表空间处于离线状态。

13. LOGGING │ NOLOGGING

指定表空间的默认日志选项。LOGGING 表示将生成表空间的日志记录,用来记录对该表空间中数据库对象的修改操作;NOLOGGING 表示将不生成日志记录。

14. FORCE LOGGING

表示强制生成表空间的日志记录项,而不用考虑 LOGGING 或 NOLOGGING 的设置。

15. DEFAULT STORAGE storage

用来设置保存在表空间中的数据库对象的默认存储参数。如果在创建数据库对象时指定存储参数,该参数仅在数据字典管理的表空间中有效;在本地化管理的表空间中,虽然可以使用该选项,但是已经不再起作用。

16. COMPRESS │ NOCOMPRESS

指定是否对数据块中的数据进行压缩。COMPRESS 选项表示执行压缩,压缩的结果是消除列中重复的值,当检索数据时,Oracle 会自动对数据解压。NOCOMPRESS 表示不执行压缩。

17. EXTENT MANAGEMENT DICTIONARY │ LOCAL

指定创建的表空间是使用字典管理方式,还是本地化管理方式。如果使用本地化管理方式管理表空间,可以使用 UNIFORM 和 AUTOALLOCATE 关键字。UNIFORM 表示表空间中所有盘区的大小相同;AUTOALLOCATE 表示盘区大小由 Oracle 自动分配,该选项为默认值。

18. SEGMENT SPACE MANAGEMENT AUTO │ MANUAL

指定表空间中段的管理方式是自动管理还是手动管理,默认值为 AUTO。其中,AUTO 表示段的管理方式为自动方式,Oracle 将使用位图来管理段中的已用数据块和空闲数据块;MANUAL 表示段的存储管理方式为手动方式,Oracle 将使用可用列表来管理段中的已用数据块和空闲数据块。

4.2.1 创建本地管理表空间

本地管理(Local Managed)是 Oracle Database 11g 的默认表空间管理方法。使用本地管理方式时,Oracle 使用位图维护空闲区的信息,本地管理表空间具有以下优点。

(1) 避免了递归的空间管理操作。在字典管理表空间上的分配和释放区会导致访问 UNDO 段和数据字典基表,而在本地管理表空间上的分配和释放区只需要修改数据文件上的对应位图值。

(2) 降低了数据字典基表上的冲突。因为本地管理表空间的空闲空间被记录在数据文件位图上,所以分配和释放区不需要访问数据字典基表。

（3）不需要合并空间碎片，本地管理表空间会自动跟踪并合并相邻空闲空间，而字典管理表空间则需要定期合并空间碎片。

因为本地管理表空间优于字典管理表空间，所以 Oracle 建议创建表空间时选择本地管理方式。需要注意，创建本地管理表空间时，不能指定 DEFAULT STORAGE 和 MININUM EXTENT 子句。下面举例说明创建本地管理表空间的方法。

1. 使用 UNIFORM 选项指定区尺寸

UNIFORM 选项用于指定使用相同区尺寸管理表空间，区默认尺寸为 1MB，如果指定其他尺寸，需要指定 SIZE 选项。示例如下。

```
SQL> create tablespace myspace01
  2  datafile 'd:/app/oracle/myspace01.dbf' size 50M
  3  extent management local uniform size 256K;
```

执行上述命令将创建一个名为 myspace01 表空间，该表空间的空间管理方式为本地管理方式，区尺寸为 256KB。

2. 使用 AUTOLLOCATE 选项

AUTOLLOCATE 选项用于指定区尺寸由系统自动分配，使用该选项时，用户不能指定区尺寸。示例如下。

```
SQL> create tablespace myspace02
  2  datafile 'd:/app/oracle/myspace02.dbf' size 100M
  3  autoallocate;
```

执行上述命令将创建一个名为 myspace02 的表空间，该表空间的空间管理方式为本地管理方式，区尺寸由系统自动分配。

4.2.2 创建字典管理表空间

字典管理表空间（Dictionary-Managed Tablespace）是为兼容早期版本而保留的空间管理方式。使用字典管理方式时，区由数据字典进行管理。需要注意，如果其他表空间要采用字典管理方式，那么要求 SYSTEM 表空间必须采用字典管理方式。如果要建立字典管理表空间，必须指定 EXTENT MANAGEMENT DICTIONARY 选项。示例如下。

```
SQL> create tablespace myspace03
  2  datafile 'd:/app/oracle/myspace03.dbf' size 100M
  3  extent management dictionary
  4  default storage(
  5  initial 30K next 30K
  6  minextents 2 maxextents 30
  7  pctincrease 50);
```

执行上述命令后，建立名为 myspace03 的表空间，该表空间的空间管理方式为字典管理，区尺寸按照存储参数进行分配。如上所示，extent management dictionary 用于指定空间管理采用字典管理方式，default storage 用于指定默认存储参数，initial 用于指定为段分配的第一个区的尺寸，next 用于指定为段所分配的第二个区的尺寸，minextents 用于指定为段分配的最小区个数，maxextents 用于指定段可以占用的最大区个数。pctincrease 用于指定从第三个区开始每个区比前一个区尺寸所增长的百分比。

4.2.3　创建大文件表空间

大文件表空间是从 Oracle Database 10g 开始引进的一个新表空间类型，主要用于解决存储文件大小不够的问题。大文件表空间只包含一个数据文件，但其数据文件的尺寸可以达到 4GB 个数据块大小。如果数据块尺寸为 8KB，那么大文件表空间的数据文件的尺寸最大可达到 32TB；如果数据块尺寸为 32KB，那么大文件表空间的数据文件的尺寸最大可达到 128TB。

Oracle 数据库默认创建的是小文件表空间，一个小文件表空间最多可以包含 1024 个数据文件，而一个大文件表空间中只包含一个文件，这个数据文件的最大容量是小数据文件的 1024 倍。这样看来，大文件表空间和小文件表空间的最大容量是相同的。但是由于每个数据库最多使用 64K 个数据文件，因此使用大文件表空间时数据库中表空间的极限个数是使用小文件表空间时的 1024 倍，使用大文件表空间时的总数据库容量比使用小文件表空间时高出三个数量级。换言之，当一个 Oracle 数据库使用大文件表空间，且使用最大的数据块容量时(32KB)，其总容量可以达到 8EB。

当数据库文件由 Oracle 管理(Oracle-managed Files)，且使用大文件表空间时，数据文件对用户完全透明。换句话说，用户只须针对表空间执行管理操作，而无须关心处于底层的数据文件。使用大文件表空间，使表空间成为磁盘空间管理、备份和恢复等操作的主要对象。使用大文件表空间，并与由 Oracle 管理数据库文件技术以及自动存储管理技术相结合，就不再需要管理员手工创建新的数据文件并维护众多数据库文件，因此简化了数据库文件管理工作。

创建大文件表空间使用 CREATE BIGFILE TABLESPACE 语句完成。需要注意的是，执行该语句创建大文件表空间时，不能指定 EXTENT MANAGEMENT DICIIONARY 和 SEGMENT SPACE MANAGEMENT MANUAL 选项，并且只能指定一个数据文件。示例如下。

```
SQL> create bigfile tablespace big_tbs01
  2    datafile 'd:/app/oracle/big_tbs01.dbf' size 200M;
```

执行上述命令后，会创建一个名称为 big_tbs01 的大文件表空间，该表空间的空间管理方式为本地管理，并且区尺寸由系统自动分配。

4.2.4　创建临时表空间

临时表空间主要由排序操作使用。当用户的 SQL 语句中使用了诸如 ORDER BY、GROUP BY 子句时，Oracle 服务器就需要对所选取的数据进行排序，这时如果排序的数据量很大，内存的排序区(在 PGA 中)就可能装不下，因此 Oracle 服务器就要把一些中间的排序结果写到磁盘上，即临时表空间中。当用户的 SQL 语句中经常有大规模的多重排序而内存的排序区空间不够时，使用临时表空间就可以提高数据库的性能。

临时表空间可以由多个用户共享，在其中不能包含任何永久对象。临时表空间中的排序段是在实例启动后当有第一个排序操作时创建的，排序段在需要时可以通过分配区进行扩展并一直可以扩展到大于或等于在该实例上所运行的所有排序活动的总和。

创建临时表空间时,一般使用本地管理表空间,并且必须使用标准数据块。

创建临时表空间时需要使用 TEMPORARY 关键字,并且与临时表空间对应的是临时文件,由 TEMPFILE 关键字指定,而数据文件由 DATAFILE 关键字指定。下面举例说明创建临时表空间的方法。

1. 创建本地管理临时表空间

创建本地管理临时表空间时,使用 UNIFORM 选项可以指定区尺寸。需要注意,当建立临时表空间时,不能指定 AUTOALLOCATE 选项。示例如下。

```
SQL> create temporary tablespace mytemp01
  2  tempfile 'd:/app/oracle/mytemp01.dbf' size 20M
  3  uniform size 128K;
```

执行上述命令后会创建一个名称为 mytemp01 的临时表空间,该表空间的空间管理方式为本地管理方式,区尺寸为 128KB。

2. 创建大文件临时表空间

Oracle Database 10g 允许使用 CREATE BIGFILE TEMPORARY TABLESPACE 命令创建只包含一个临时文件的大文件临时表空间。示例如下。

```
SQL> create bigfile temporary tablespace big_temp_tbs01
  2  tempfile 'd:/app/oracle/big_temp_tbs01.dbf' size 200M;
```

执行上述命令后会创建一个名称为 big_temp_tbs01 的大文件临时表空间,该表空间只包含一个临时文件,且空间管理方式为本地管理方式。

3. 使用临时表空间组

临时表空间组是多个临时表空间的集合,它使得一个数据库用户可以使用多个临时表空间。这样应用数据用于排序时可以使用组里的多个临时表空间,一个临时表空间组至少有一个临时表空间,其最大个数没有限制,组的名字不能和其中某个表空间的名字相同。使用临时表空间组,具有如下的优点。

(1)数据库层面可以同时指定多个临时表空间,避免当临时表空间不足时所引起的磁盘排序问题。

(2)当一个用户同时有多个会话时,可以使得它们使用不同的临时表空间。

(3)并行操作中,不同的从属进程可以使用不同的临时表空间。

1)创建临时表空间组

临时表空间组不需要专门创建,只需要在创建临时表空间时,使用 TABLESPACE GROUP 选项隐含创建即可。示例如下。

```
SQL> create temporary tablespace mytemp02
  2  tempfile 'd:/app/oracle/ mytemp02 .dbf' size 100M
  3  tablespace group tbs_group1;
```

执行上述命令显示创建了一个临时表空间 mytemp02,隐含创建了一个名称为 tbs_group1 的临时表空间组。

2）移动临时表空间到指定组

使用 ALTER TABLESPACE 语句，可以将临时表空间从一个组移动到另一个组中，实际上也就是修改临时表空间所在的组。目标组同样可以是已存在的，也可以是不存在的。示例如下。

```
SQL> alter tablespace mytemp01 to tbs_group1;
```

执行上述命令为临时表空间组 tbs_group1 增加了一个临时表空间成员 mytemp01，如果临时表空间 mytemp01 已经是另一个组的成员，相当于移动临时表空间从一个组到另外一个组；如果临时表空间组 tbs_group1 不存在，将被隐含创建。

3）查看临时表空间组信息

如果要查询一个临时表空间组中的临时表空间信息，可以使用数据字典 dba_ tablespace_ groups。示例如下。

```
SQL> select * from dba_tablespace_groups where group_name = 'TBS_GROUP1';
```

执行上述命令将查询临时表空间组 tbs_group1 中的临时表空间信息。

4）删除临时表空间组

一个临时表空间组中至少需要存在一个临时表空间，当组中的所有临时表空间都被删除或移动到其他组中后，该组就被自动删除了。

4.2.5 创建撤销表空间

撤销表空间用于保存撤销记录，能够实现数据回退、数据恢复、事务回滚等操作。默认的撤销表空间由初始化参数 UNDO_TABLESPACE 指定。撤销段的空间是循环使用的，已提交的撤销记录可能被覆盖，但可以用初始化参数 UNDO_RETENTION 指定撤销记录在撤销段中保留的时间。

在使用自动管理方式时必须在数据库中创建一个撤销表空间，以便 Oracle 在其中分配撤销段来保存撤销数据。如果没有用 UNDO_TABLESPACE 参数指定一个撤销表空间，则在例程启动时，Oracle 会自动搜索是否存在可用的撤销表空间，并自动选择第一个可用的撤销表空间来保存撤销数据。

创建数据库后，使用 CREATE UNDO TABLESPACE 语句可以创建撤销表空间，创建撤销表空间时只能指定 DATAFILE 和 EXTENT MANAGEMENT LOCAL 选项。示例如下。

```
SQL> create undo tablespace undotbs01
  2  datafile 'd:/app/oracle/undotbs01.dbf' size 10M;
```

执行上述命令创建了一个名称为 undotbs01 的撤销表空间，该表空间的空间管理采用本地管理方式。

4.2.6 创建非标准块表空间

当创建表空间时，如果不指定 BLOCKSIZE 选项，那么该表空间就是标准数据块尺寸，标准数据块的大小由参数 DB_BLOCK_SIZE 决定，并且在创建数据库后不能再进行修改。

为了优化 I/O 性能,Oracle 系统允许不同的表空间使用不同大小的数据块,这样可以实现将大规模的表存储在由大数据块构成的表空间,而小规模的表则存储在由小数据块构成的表空间中。

在创建非标准数据块的表空间时,用户需要显式使用 BLOCKSIZE 选项。当在数据库中使用多种数据块尺寸时,必须为每种数据块分配相应的数据高速缓存,并且数据高速缓存的尺寸可以动态修改。具体而言,参数 BLOCKSIZE 必须与数据缓冲区参数 DB_nk_CACHE_SIZE 相对应,BLOCKSIZE 与数据缓冲区参数 DB_nk_CACHE_SIZE 的对应关系如表 4-1 所示。下面以创建数据块尺寸为 16KB 的表空间为例,说明创建非标准数据块表空间的方法。具体方法如下。

表 4-1 BLOCKSIZE 与 DB_nk_CACHE_SIZE 的对应关系

BLOCKSIZE/KB	DB_nK_CACHE_SIZE
2	DB_2K_CACHE_SIZE
4	DB_4K_CACHE_SIZE
8	DB_8K_CACHE_SIZE
16	DB_16K_CACHE_SIZE
32	DB_32K_CACHE_SIZE

1. 分配非标准数据高速缓存

当数据库中使用多种数据块尺寸时,必须为每种数据块分配相应的高速缓存。示例如下。

```
SQL> alter system set db_16k_cache_size = 20M;
```

2. 建立非标准块表空间

分配了非标准数据高速缓存后,就可以创建非标准块表空间了,在建立非标准块表空间时,必须指定 BLOCKSIZE 选项。示例如下。

```
SQL> create tablespace nosd_tbs01
  2   datafile 'd:/app/oracle/nosd_tbs01.dbf's
  3   blocksize 16k;
```

执行上述命令创建了一个名称为 nosd_tbs01 的非标准块表空间,该表空间的数据块尺寸为 16KB。

4.3 维护表空间

对于数据库管理员来说,为产品数据库规划并建立各种表空间之后,还需要经常维护表空间,例如,改变表空间的状态、改变表空间的名称、删除不需要的表空间等。

4.3.1 改变表空间的可用性

当创建表空间时,表空间及其所有数据文件都处于 ONLINE 状态,此时可以访问该表空间及其数据文件;当表空间或数据文件处于 OFFLINE 状态时,该表空间或数据文件是不可以访问的。维护表空间时,经常需要改变表空间的可用性。改变表空间可用性一般由特权用户或 DBA 完成;如果其他用户想要改变表空间可用性,该用户必须具有 MANAGE TABLESPACE 系统权限。

1. 使表空间脱机

为了提高数据文件的 I/O 性能,可能需要移动特定表空间的数据文件,此时需要将表空间从联机状态转变为脱机状态,以保证表空间中数据文件的一致性。需要注意,SYSTEM 表空间和 SYSAUX 表空间不可转变为脱机状态。下面将表空间 tbs 转变为 OFFLINE 状态,以说明使表空间脱机的方法,示例如下。

```
SQL> alter tablespace tbs offline;
```

表空间 tbs 被改变为 OFFLINE 状态时,将不能再被访问,否则将会提示错误信息。示例如下。

```
SQL> create table tb01(id number(4),name varchar2(10)) tablespace tbs;
create table tb01(id number(4),name varchar2(10)) tablespace tbs
                                                             *
第 1 行出现错误:
ORA - 01542: 表空间 'TBS' 脱机,无法在其中分配空间
```

2. 使表空间联机

通常在完成表空间的维护操作后,应将表空间转变为 ONLINE 状态。当表空间的状态为 ONLINE 状态时,才允许访问该表空间。下面将表空间 tbs 转变为 ONLINE 状态,并访问该表空间,示例如下。

```
SQL> alter tablespace tbs online;
```

表空间已更改。

```
SQL> create table tb01(id number(4),name varchar2(10)) tablespace tbs;
```

表已创建。

3. 使数据文件脱机

当磁盘损坏导致数据文件丢失或损坏时,如果要打开数据库,控制文件将无法定位需要的数据文件,将会提示错误信息。当这种情况发生时,为了尽快将数据库投入使用,应将损坏的数据文件转变成脱机状态,然后打开数据库并恢复该数据文件。当使数据文件脱机时,既可以指定数据文件的名称,也可以指定数据文件的编号。下面以指定数据文件名称来脱机数据文件为例,说明数据文件的脱机方法。示例如下。

```
SQL> alter database datafile 'D:\app\Administrator\tbs\tbs.dbf' offline drop;
```

数据库已更改。

如果数据库处于归档模式(ARCHIVELOG)时,需要使用 offline 选项。

4. 使数据文件联机

恢复了数据文件后,为了重新使用该数据文件,必须将其转变为 ONLINE。如果数据文件处于 OFFLINE DROP 状态,则不能直接将其重新切换到 ONLINE 状态,否则会提示

错误。当使数据文件联机时，既可以指定数据文件的名称，也可以指定数据文件的编号。下面以指定数据文件名称使数据文件联机为例，说明数据文件的联机方法。示例如下。

```
SQL > alter database datafile 'D:\app\Administrator\tbs\tbs.dbf' online
alter database datafile 'D:\app\Administrator\tbs\tbs.dbf' online
第 1 行出现错误：
ORA - 01113: 文件 6 需要介质恢复
ORA - 01110: 数据文件 6: 'D:\APP\ADMINISTRATOR\TBS\TBS.DBF'
```

将数据文件从 OFFLINE DROP 状态转变成 ONLINE 状态时，需要使用 recover datafile 语句进行介质恢复。

```
SQL > recover datafile 'D:\app\Administrator\tbs\tbs.dbf';
```

完成介质恢复。

```
SQL > alter database datafile 'D:\app\Administrator\tbs\tbs.dbf' online
```

数据库已更改。

需要注意的是，将数据文件设置为脱机状态时，不会影响到其所在表空间的状态。然而，将表空间设置为脱机状态时，属于该表空间的数据文件将会全部处于脱机状态。

4.3.2 改变表空间的读写状态

当使用 CREATE TABLESPACE 命令创建表空间时，该表空间是可读写的，用户不仅可以检索表空间中的数据，还可以在表空间上执行 DML 和 DDL 操作。如果表空间只用于存放静态数据，为了便于管理和备份恢复，可以将表空间设置为只读状态。另外，如果要将表空间迁移到其他数据库，在迁移之前必须将表空间设置为只读状态。

1. 使表空间只读

如果表空间只用于存放静态数据，或者迁移特定表空间到其他数据库，应将表空间转变为只读状态。当一个表空间处在只读状态时，在该表空间中的数据只能进行读操作，表空间上的数据不会改变，因此不需要记录重做日志信息，提高了系统的效率。示例如下。

```
SQL > alter tablespace tbs read only;
```

当将表空间转变为只读状态后，如果在该表空间上执行 DML 操作或除 drop 命令之外的 DDL 操作时，将会提示错误信息。示例如下。

```
SQL > create table tb02(name varchar2(10)) tablespace tbs;
create table tb02(name varchar2(10)) tablespace tbs
      *
第 1 行出现错误：
ORA - 01647: 表空间 'TBS' 是只读，无法在其中分配空间
```

2. 使表空间读写

完成表空间迁移或者备份恢复操作后，为了在表空间上执行正常的 DDL 和 DML 等操作，需要把表空间转变为读写状态。示例如下。

```
SQL > alter tablespace tbs read write;
```

表空间已更改。

SQL> create table tb02(name varchar2(10)) tablespace tbs;

表已创建。

SQL> insert into tb02 values('tiger');

已创建 1 行。

4.3.3　重命名表空间

从 Oracle 10g 开始,数据库管理员可以重命名表空间。修改表空间的名称时,表空间中的数据不会受到影响,但不能修改系统表空间 SYSTEM 和 SYSAUX 的名称。示例如下。

SQL> alter tablespace tbs01 rename to tbs02;

执行上述命令将表空间 tbs01 的名称重命名为 tbs02。

需要注意,如果表空间的状态为 OFFLINE 时,则无法重命名表空间。

4.3.4　设置默认表空间

在 Oracle 中,当创建一个用户时,如果没有为用户指定默认表空间,那么该用户的默认永久表空间为 USERS,默认临时表空间为 TEMP。如果所有的用户都使用 USERS 和 TEMP 作为默认表空间,将增加 USERS 与 TEMP 的竞争性,导致系统性能下降。

通过数据字典 database_properties,可以查看当前用户所使用的永久表空间和临时表空间的名称。示例如下。

```
SQL> select property_value,property_name
  2   from database_properties
  3   where property_name
  4   in('DEFAULT_PERMANENT_TABLESPACE','DEFAULT_TEMP_TABLESPACE')
  5   ;
PROPERTY_VALUE                PROPERTY_NAME
--------- ---                 ---------------
TEMP                          DEFAULT_TEMP_TABLESPACE
USERS                         DEFAULT_PERMANENT_TABLESPACE
```

1. 设置默认永久表空间

从 Oracle 10g 开始,使用 ALTER DATABASE DEFAULT TABLESPACE 命令可以设置数据库的默认永久表空间。示例如下。

SQL> alter database default tablespace tbs;

2. 设置默认临时表空间

通过使用 ALTER DATABASE DEFAULT TEMPORARY TABLESPACE 命令,可以改变数据库的默认临时表空间。示例如下。

SQL> alter database default temporary tablespace tbs_temp;

也可以为数据库指定一个默认临时表空间组,其形式与指定默认临时表空间类似,使用临时表空间组名代替临时表空间名即可。

4.3.5　删除表空间

当表空间不再需要时，或者表空间因损坏无法恢复时，可以将其删除。删除表空间一般由特权用户或 DBA 完成。如果一般用户要删除表空间，则该表空间必须具有 DROP TABLESPACE 系统权限。删除表空间需要使用 DROP TABLESPACE 命令，其语法格式如下：

```
DROP TABLESPACE tablespace_name
[INCLUDING CONTENTS [AND DATAFILES] [CASCADE CONSTRAINTS]]
```

其中各选项说明如下。

1. INCLUDING CONTENTS

表示删除表空间的同时，删除表空间中的所有数据库对象。如果表空间中有数据库对象，则必须使用此选项。

2. AND DATAFILES

表示删除表空间的同时，删除表空间对应的所有数据文件。如果不使用此选项，则删除表空间实际上仅仅是从数据字典和控制文件中将该表空间的有关信息删除，而不会删除该表空间对应的数据文件。

3. CASCADE CONSTRAINTS

表示删除表空间的同时，删除其他表空间中数据表引用该表空间中数据表的外键约束。

下面以删除表空间 tbs02，并同时删除该表空间的所有数据库对象和所对应的所有数据文件为例，说明删除表空间的方法。示例如下。

```
SQL> drop tablespace tbs02 including contents and datafiles;
```

表空间已删除。

4.4　管理数据文件

数据文件是用于存储数据库中数据的操作系统文件。数据文件与表空间密不可分，创建表空间同时必须为该表空间创建对应的数据文件；数据文件依赖于表空间，不能独立存在，在创建数据文件时必须指定隶属的表空间，否则，不会被存取。

DBA 可以单独创建数据文件，并必须指定其隶属的表空间，也可以单独对其进行管理。

4.4.1　修改数据文件大小

创建表空间时，需要为表空间对应的数据文件指定大小，这个大小是基于预算而设置的，在后期应用中，实际需要存储的数据量可能会超出这个预算值。如果表空间所对应的数据文件都被写满，则无法再向该表空间添加数据。通过数据字典 dba_free_space，DBA 可以了解表空间的空闲信息。示例如下。

```
SQL> select tablespace_name , bytes , blocks
  2  from dba_free_space
```

```
   3  where tablespace_name = 'TBS';
TABLESPACE_NAME              BYTES         BLOCKS
---------------              -------       ----
TBS                          20643840      2520
```

其中,bytes 字段以字节的形式表示表空间的空闲空间大小;blocks 字段则以数据块数目的形式表示表空间空闲空间的大小。

表空间的大小实际上就是其对应的数据文件大小之和。如果想要修改表空间的大小,可以通过修改其对应的数据文件的大小来实现。在修改表空间的数据文件的大小之前,需要通过数据字典了解数据文件的相关信息,如数据文件的存储路径、名称和大小等。示例如下。

```
SQL> select tablespace_name,file_name,bytes
  2  from dba_data_files
  3  where tablespace_name = 'TBS';
TABLESPACE_NAME          FILE_NAME                              BYTES
---------------          ----------------------------          ------
TBS                      D:\APP\ADMINISTRATOR\TBS\TBS.DBF       20971520
```

其中,tablespace_name 字段表示表空间的名称;file_name 字段表示数据文件的名称与路径;bytes 字段表示数据文件的大小。

了解了数据文件的信息后,就可以对表空间对应的数据文件进行修改了。修改数据文件需要使用 alter database 语句。示例如下。

```
SQL> alter database datafile 'd:\app\Administrator\tbs\tbs.dbf' resize 100M;
```

数据库已更改。

执行上述命令数据文件 d:\app\Administrator\tbs\tbs.dbf' 的大小将被修改为 100MB。

4.4.2 增加表空间的数据文件

表空间的大小是其对应的数据文件大小之和。因此,除了选择修改表空间对应的数据文件的大小以外,还可以通过为表空间增加新的数据文件来增加表空间的大小。

增加新的数据文件可以使用 ALTER TABLESPACE 语句,其语法如下:

```
ALTER TABLESPACE tablespace_name
ADD DATAFILE
file_name SIZE number K | M
    [
        AUTOEXTEND OFF | ON
        [ NEXT number K | M MAXSIZE UNLIMITED | number K | M ]
    ]
[ , …];
```

为表空间 TBS 增加两个新的数据文件,示例如下。

```
SQL> alter tablespace tbs
  2 add datafile
```

```
3 'd:\app\Administrator\tbs\tbs02.dbf'
4 size 10M
5 autoextend on next 5M maxsize 40M,
6 'd:\app\Administrator\tbs \tbs03.dbf'
7 size 10M
8 autoextend on next 5M maxsize 50M;
```

表空间已更改。

上述语句为表空间 tbs 在 d:\app\Administrator\tbs 目录下增加了两个数据文件,名称分别为 tbs02.dbf 和 tbs03dbf。

4.4.3 修改表空间中数据文件的自动扩展性

设置表空间的数据文件的自动扩展性,是为了在表空间被填满后,Oracle 能自动为表空间扩展存储空间,而不需要数据库管理员手动修改。需要注意的是,如果为数据文件设置了自动扩展属性,则最好同时为该文件设置最大大小限制,否则,数据文件的体积将会无限增大。

在创建表空间时,可以设置数据文件的自动扩展性。在为表空间增加新的数据文件时,也可以设置新数据文件的自动扩展性。而对于已创建的表空间中的已有数据文件,则可以使用 ALTER DATABASE 语句修改其自动扩展性。语法如下:

```
ALTER DATABASE
DATAFILE file_name
AUTOEXTEND OFF | ON
[ NEXT number K | M MAXSIZE UNLIMITED | number K | M ]
```

修改表空间 tbs 中数据文件 tbs02.dbf 的自动扩展性,示例如下。

```
SQL> alter database
  2  datafile 'd:\app\Administrator\tbs\tbs02.dbf'
  3  autoextend off;
```

数据库已更改。

```
SQL> alter database
  2  datafile 'd:\app\Administrator\tbs\tbs02.dbf'
  3  autoextend on
  4  next 10M maxsize 100M;
```

数据库已更改。

上述两条 SQL 语句中,第一条语句用于关闭表空间 tbs 的数据文件 tbs02.dbf 的自动扩展性,第二条语句用于再次将数据文件 tbs02.dbf 设置自动扩展性。

4.4.4 移动表空间中的数据文件

有时某个磁盘的 I/O 可能过于繁忙,这可能影响到 Oracle 数据库系统的整体效率,此时就应该将一个或几个数据文件移动到其他的磁盘上以平衡 I/O。有时某个磁盘可能已经损毁,此时为了能使数据库系统继续运行也可能要将一个或几个数据文件移动到其他的磁盘上。

移动数据文件的步骤如下。

(1) 使表空间脱机。

（2）使用操作系统命令移动或复制文件。

（3）执行 ALTER TABLESPACE RENAME DATAFILE 命令。

（4）使表空间联机。

可以使用 ALTER TABLESPACE 子句来移动数据文件，必须满足两个条件：表空间必须脱机，目标数据文件必须存在。示例如下。

（1）修改表空间 tbs 的状态为 OFFLINE。

```
SQL> alter tablespace tbs offline
```

表空间已更改。

（2）将磁盘中的 tbs02.dbf 文件移动到新的目录，如 f:\oracle\tbs 目录，文件名修改为 tbs04.dbf。

（3）执行 ALTER TABLESPACE RENAME DATAFILE 命令。

```
SQL> alter tablespace tbs
  2   rename datafile 'd:\app\Administrator\tbs\tbs02.dbf'
  3   to f:\oracle\tbs\tbs04.dbf
```

表空间已更改

（4）修改表空间 tbs 的状态为 ONLINE。

```
SQL> alter tablespace tbs online
```

表空间已更改

（5）查询数据字典 dba_data_files，检查数据文件 tbs02.dbf 是否移动成功。

```
SQL> select tablespace_name, file_name
  2   from dba_data_files
  3   where tablespace_name = 'TBS';
TABLESPACE_NAME      FILE_NAME
---------------      --------------------------
TBS                  D:\APP\ADMINISTRATOR\TBS\TBS01.DBF
TBS                  D:\APP\ADMINISTRATOR\TBS\TBS03.DBF
TBS                  F:\ORACLEFILE\TBS\TBS04.DBF
```

4.4.5 删除表空间中的数据文件

在需要时，可以删除表空间中的数据文件，但该数据文件中不能包含数据。删除表空间中数据文件的语法如下：

```
ALTER TABLESPACE tablespace_name
DROP DATAFILE file_name
```

删除表空间 tbs 中的数据文件 tbs04.dbf，示例如下。

```
SQL> alter tablespace tbs
  2   drop datafile 'f:\oraclefile\tbs\tbs04.dbf';
```

表空间已更改。

小　　结

　　表空间是 Oracle 数据库中最大的逻辑存储结构,与操作系统中的一个或多个数据文件相对应,主要用于存储数据库中用户创建的所有内容。本章首先介绍了本地管理表空间、字典管理表空间等不同类型表空间的作用和创建方法,然后介绍了如何维护表空间,如改变表空间的可用性、改变表空间的读写状态,重命名表空间等,最后介绍了表空间中数据文件的管理方法,修改数据文件的大小、增加表空间的数据文件以及移动表空间中的数据文件等。

习　　题

一、选择题

1. 在只读表空间上可以执行以下哪种操作?(　　)
　　A. CREATE TABLE　　　　　　　　　　B. INSERT
　　C. DROP TABLE　　　　　　　　　　　 D. SELECT

2. 下面不属于表空间的状态属性的是(　　)。
　　A. ONLINE　　　　　　　　　　　　　 B. OFFLINE
　　C. OFFLINE DROP　　　　　　　　　　 D. READ

3. 在表空间 tbs 中没有存储任何数据,现在需要删除该表空间,并同时删除其对应的数据文件,可以使用的语句是(　　)。
　　A. DROP TABLESPACE tbs
　　B. DROP TABLESPACE tbs INCLUDING DATAFILES
　　C. DROP TABLESPACE tbs INCLUDING CONTENS AND DATAFILES
　　D. DROP TABLESPACE tbs AND DATAFILES

4. 如果当前数据库实例中有一个临时表空间组 gr1,该组中只有一个临时表空间 temp1,现使用下面的语句修改 temp1 所在组为 gr2:

```
ALTER TABLESPACE temp1 TABLESPACE GROUP gr2;
```

下面对执行上述语句后的结果叙述正确的是(　　)。
　　A. 数据库实例中如果不存在 gr2 组,上述操作将执行失败
　　B. 上述语句可以执行成功,temp1 表空间将被移动到 gr2 中,且 gr1 被删除
　　C. 执行上述语句后,数据库实例中存在两个临时表空间组 gr1 和 gr2
　　D. 执行上述语句后,temp1 同时属于两个临时表空间组 gr1 和 gr2

二、简答题

1. 表空间的状态有哪几种? 分别表示什么含义?

2. 如果初始化参数 db_block_size 为 32KB,那么还能设置 db_16k_cache_size 参数的值吗? 创建一个非标准数据块的表空间 nosd_tbs,并简单概述其步骤。

3. 创建一个表空间 tbs,设置其为默认表空间,然后对 tbs 的数据文件进行增加、删除和移动等管理。

第 5 章 SQL 基础

学习目标：

在本章中，了解 SQL 语句分类，并掌握常用 DDL。学习 SELECT 语句的基本语法结构，并掌握 INSERT、UPDATE 和 DELETE 语句的使用。了解视图和索引的基本概念。理解事务的特性，了解基本函数的使用。

5.1 SQL 语句概述

结构化查询语言（Structured Query Language，SQL）是一种数据库查询和程序设计语言，是为了从数据库中摘录数据、存取数据、更新和管理关系数据库系统；同时也是数据库脚本文件的扩展名。

5.1.1 SQL 的特点

SQL 作为应用程序与数据库进行交互操作的接口，具有自己的特点，如下。

（1）SQL 采用集合操作方式，对数据的处理是成组进行的，而不是一条一条处理。通过使用集合操作方式，可以加快数据的处理速度。

（2）执行 SQL 语句时，每次只能发送并处理一条语句。如果要降低语句发送和处理次数，可以使用 PL/SQL。

（3）执行 SQL 语句时，用户只需要知道其逻辑含义，而不需要关心 SQL 语句的具体执行步骤。Oracle 会自动优化 SQL 语句，确定最佳访问途径，执行 SQL 语句，最终返回实际数据。

（4）使用 SQL 语句时，既可以采用交互方式执行（例如 SQL * Plus），也可以将 SQL 语句嵌入到高级语言（例如 C++、Java）中执行。

5.1.2 SQL 分类

1. 数据操纵语言

数据操纵语言（Data Manipulation Language，DML），可以实现对数据库的基本操作，如对数据库的增加、删除、修改和查询。

2. 数据定义语言

数据定义语言（Data Definition Language，DDL）是用于描述数据库中要存储的现实世界实体的语言。一个数据库模式包含该数据库中所有实体的描述定义，比如表的定义、修改表结构、创建视图、管理视图等。

3. 数据控制语言

数据控制语言(Data Control Language,DCL)是用来设置或更改数据库用户或角色权限的语句,只有分配相应权限的用户才有权力执行 DCL 的权利。DCL 控制语句主要有两种:授予权限的 GRANT 语句和收回权限的 REVOKE 语句。

5.1.3 SQL 规范与操作

为了养成良好的编程习惯,编写 SQL 语句时需要遵循一定的规则,这些规则如下:

(1) SQL 关键字、对象名和列名不区分大小写,既可以使用大写格式,也可以使用小写格式,或者混用大小写格式。

(2) 字符值和日期值区分大小写。当在 SQL 语句中引用字符值和日期值时,必须要给出正确的大小写数据,否则不能返回正确信息。

(3) 在应用程序中编写 SQL 语句时,如果 SQL 语句文本很短,可以将语句文本放在一行上;如果 SQL 语句文本很长,可以将语句文本分布到多行上,并且可以通过使用跳格和缩进提高代码的可读性。

(4) SQL * Plus 中的 SQL 语句要以分号(;)结束。

5.2 数据定义语言

5.2.1 表

表是数据库中最常用的模式对象,用户的数据在数据库中是以表的形式存储的。

表通常由一个或多个列组成,每个列表示一个属性,而表中的一行则表示一条记录。本节主要介绍如何创建表,以及如何管理表的结构等。

1. Oracle 常用数据类型

Oracle 系统提供了非常完备的数据类型,其常用的数据类型如下所示:

```
CHAR [(size [BYTE | CHAR])]
```

固定长度字符数据。最小长度为 1 字节,最大长度为 2000 字节,默认长度为 1 字节。BYTE 表示按照字节个数定义长度;CHAR 表示按照字符个数定义长度。默认使用 BYTE。

```
VARCHAR2(size [BYTE | CHAR])
```

可变长度的字符数据。表示长度最多可为 size 字节或字符,最大长度可为 4000 字节。

```
NCHAR[(size)]
```

固定长度的 Unicode 字符数据。表示长度为 size 个字符。对于 UTF8 编码,存储的字节数为 3×size 个;对于 AL16UTF16 编码,存储的字节数为 3×size 个。最大长度可为 4000 字节。

```
NUMBER [ (precision [, scale]) ]
```

可变长度的数字。precision 是数字可用的最大位数(如果有小数点的话,是小数点前后位数之和),precision 的范围为 $1\sim38$,scale 则表示小数点右边最大位数。如果不指定,则表示小数点前后共 38 位数字。

INT、INTEGER 和 SMALLINT

NUMBER 的子类型,38 位精度的整数。

BINARY_FLOAT

32 位浮点数。

BINARY_DOUBLE

64 位浮点数。

DATE

日期和时间。包括世纪、4 位年份、月、日、时(24 小时格式)、分和秒。有效日期范围是公元前 4712 年 1 月 1 日和公元后 4712 年 12 月 31 日之间的日期和时间。默认格式由 NLS_DATE_FORMAT 数据库参数指定(DD-MON-YY)。

TIMESTAMP [(precision)]

日期和时间。包括世纪、4 位年份、月、日、时(24 小时格式)、分和秒。Precision 参数用于指定秒的小数部分的整数个数,可以为 $0\sim9$ 的整数(默认值为 6)。默认格式由 NLS_DATE_FORMAT 数据库参数指定。

CLOB

可变长度的单字节字符数据。最多存储 128TB。

NCLOB

可变长度的 Unicode 字符数据。最多存储 128TB。

BLOB

可变长度的二进制数据,最多存储 128TB。

BFILE

指向外部文件的指针,外部文件本身不存储在数据库中。

2. 创建表

创建表需要使用 CREATE TABLE 语句,其语法如下:

```
CREATE TABLE [ schema. ] table_name(
column_name data_type [ DEFAULT expression ]
[ [ CONSTRAINT constraint_name ] constraint_def ]
[ , … ]
)[ TABLESPACE tablespace_name ];
```

【例 5-1】 创建一个 student 表。

```
CREATE TABLE student(
```

```
    stu_id NUMBER(10) ,
    stu_name VARCHAR2(8) ,
    stu_sex CHAR(2) ,
    stu_birthday DATE
);
```

3. 管理表中的列

1）增加列

为表增加列的语法形式如下：

```
ALTER TABLE table_name ADD column_name data_type;
```

2）删除列

删除表中的列时可以分为一次删除一列和一次删除多列。一次删除一列的语法形式为：

```
ALTER TABLE table_name DROP COLUMN column_name;
```

一次删除多列的语法形式为：

```
ALTER TABLE table_name DROP (column_name, …);
```

3）修改列的名称

修改表中的列的名称的语法如下：

```
ALTER TABLE table_name RENAME COLUMN column_name TO new_column_name;
```

4）修改列的数据类型

修改表中的列的数据类型的语法如下：

```
ALTER TABLE table_name MODIFY column_name new_data_type
```

5）使用 UNUSED 关键字

由于删除列时，系统会删除列中存储的所有数据，并释放该列所占用的存储空间，所以在数据库使用高峰期间执行删除列的操作会占用过多的系统资源，而且执行时间也会很长。这时，数据库管理员可以将该列设置为 UNUSED 状态。

将表中的列设置为 UNUSED 状态的语法如下：

```
ALTER TABLE table_name SET UNUSED (column_name [ , … ]);
```

4. 重命名表

重命名表有两种语法形式，一种是使用 ALTER TABLE 语句，语法如下：

```
ALTER TABLE table_name RENAME TO new_table_name;
```

【例 5-2】 将 student 表重命名为 student01 表。

```
SQL> ALTER TABLE student RENAME TO student01;
```

另一种是直接使用 RENAME 语句，语法如下：

```
RENAME table_name TO new_table_name;
```

【例 5-3】 将 person01 表重命名为 person 表。

```
SQL > RENAME student01 TO student;
```

5. 移动表

在创建表时可以为表指定存储空间,如果不指定,Oracle 会将该表存储到默认表空间中。根据需要可以将表从一个表空间中移动到另一个表空间中,语法如下:

```
ALTER TABLE table_name MOVE TABLESPACE tablespace_name;
```

6. 截断表

截断表可以快速删除表中的所有行,Oracle 会重置表的存储空间,并且不会在撤销表空间中记录任何撤销数据,也就是说无法进行数据撤销。截断表的语法如下:

```
TRUNCATE TABLE table_name;
```

【例 5-4】 截断 student 表。

```
SQL > TRUNCATE TABLE student;
```

7. 删除表

用户只能删除自己模式中的表;如果需要删除其他模式中的表,则该用户必须具有 DROP ANY TABLE 的系统权限。

删除表的语法如下:

```
DROP TABLE table_name [ CASCADE CONSTRAINTS ] [ PURGE ];
```

语法说明如下:

CASCADE CONSTRAINTS:指定删除表的同时,删除所有引用这个表的视图、约束、索引和触发器等。

PURGE:表示删除该表后,立即释放该表所占用的资源空间。

5.2.2 表的完整性约束

通过为表中的列增加约束条件,可以防止用户向该列传递不符合要求的数据。例如,人员表的性别列,使用数据类型 CHAR(2) 可以将该列的输入数据限定为两个字节长度的字符串,但不能对字符串的内容做限制,如"ab""12"和"家"等都是两个字节长度的字符串,它们都可以成功地传递给性别列,但是它们很明显是不符合要求的数据。为了防止这种情况的出现,可以对表添加完整性约束。

1. NOT NULL 约束

1) 添加 NOT NULL 约束

在创建表时,为列添加 NOT NULL 约束,形式如下:

```
column_name data_type [ CONSTRAINT constraint_name ] NOT NULL
```

其中,CONSTRAINT constraint_name 表示为约束指定名称。

2) 删除 NOT NULL 约束

如果需要删除表中的列上的 NOT NULL 约束,依然是使用 ALTER TABLE …

MODIFY 语句,形式如下:

```
ALTER TABLE table_name MODIFY column_name NULL;
```

2. UNIQUE 约束

1) 添加 UNIQUE 约束

在创建表时,为列添加 UNIQUE 约束,形式如下:

```
column_name data_type [ CONSTRAINT constraint_name ] UNIQUE
```

2) 删除 UNIQUE 约束

删除列上的 UNIQUE 约束,可以使用 ALTER TABLE … DROP 语句,形式如下:

```
ALTER TABLE table_name DROP UNIQUE (column_name)
```

3. PRIMARY KEY 约束

1) 添加 PRIMARY KEY 约束

在创建表时,为列添加 PRIMARY KEY 约束,形式如下:

```
column_name data_type [ CONSTRAINT constraint_name ] PRIMARY KEY
```

【例 5-5】 为表 student 中的 stu_id 列添加 PRIMARY KEY 约束。

```
SQL > ALTER TABLE student ADD PRIMARY KEY(stu_id);
```

表已更改。

2) 删除 PRIMARY KEY 约束

删除列上的 PRIMARY KEY 约束,需要使用 ALTER TABLE … DROP 语句,不过形式上只能采取指定约束名的方式,如下:

```
ALTER TABLE table_name DROP CONSTRAINT constraint_name;
```

4. CHECK 约束

CHECK 约束是指检查约束,用于指定一个条件,对传递给列的数据进行检查,符合条件的数据才允许赋值给该列,否则提示错误。

在创建表时,为列添加 CHECK 约束,形式如下:

```
column_name data_type
[ CONSTRAINT constraint_name ] CHECK ( check_condition )
```

或:

```
CREATE TABLE table_name (
    column_name data_type ,
    [ …, ]
    [ CONSTRAINT constraint_name ] CHECK ( check_condition )
    [ , … ]
)
```

其中,check_condition 表示检查条件,在条件中需要指定列名。

【例 5-6】 为表 student 中的 sex 列添加 CHECK 约束,要求只允许向该列传递"男"或

"女"。

```
SQL > ALTER TABLE student ADD CHECK (stu_sex IN ('男','女'));
```

表已更改。

此时如果向表 student 中添加数据时为 sex 列传递既不是"男"也不是"女"的值，将会出错，如下所示。

```
SQL > INSERT INTO student (stu_id,stu_name,stu_sex,stu_birthday)
    2 values(1,'Tom','南',null);
    INSERT INTO student (stu_id,stu_name,stu_sex,stu_birthday)
    *
```
第 1 行出现错误：
ORA - 02290: 违反检查约束条件(SYSTEM.SYS_C009442)

5. FOREIGN KEY 约束

FOREIGN KEY 约束是指外键约束，用于引用本表或另一个表中的一列或一组列。FOREIGN KEY 约束具有如下特点。

（1）被引用的列或列组应该具有主键约束或唯一约束。

（2）引用列的取值只能为被引用列的值或 NULL 值。

（3）可以为一个列或一组列定义 FOREIGN KEY 约束。

（4）引用列与被引用列可以在同一个表中，这种情况称为"自引用"。

（5）如果引用列中存储了被引用列的某个值，则不能直接删除被引用列中的这个值，否则会与第二条相矛盾。如果一定要删除，需要先删除引用列中的这个值，然后再删除被引用列中的这个值

1）添加 FOREIGN KEY 约束

在创建表时，为列添加 FOREIGN KEY 约束，形式如下：

```
column_name1 data_type [ CONSTRAINT constraint_name ]
REFERENCES table_name (column_name2)
```

2）指定级联操作类型

在添加 FOREIGN KEY 约束时，还可以指定级联操作的类型，主要用于确定当删除（ON DELETE)父表中的一条记录时，如何处理子表中的外键字段。有如下三种引用类型。

（1）CASCADE：此关键字用于表示当删除主表中被引用列的数据时，级联删除子表中相应的数据行。

（2）SET NULL：此关键字用于表示当删除主表中被引用列的数据时，将子表中相应引用列的值设置为 NULL 值。这种情况要求子表中的引用列支持 NULL 值。

（3）NO ACTION：此关键字用于表示当删除主表中被引用列的数据时，如果子表的引用列中包含该值，则禁止该操作执行。默认为此选项。

6. 禁用和激活约束

在添加约束时或添加约束后，都可以设置约束的状态，约束有如下两种状态。

（1）激活状态（ENABLE)：约束只有处于激活状态时，才会起到约束的作用。如果操作与约束冲突，则该操作将被禁止执行。默认为此状态。

（2）禁用状态（DISABLE）：如果约束处于禁用状态，则该约束将不起任何作用，即使操作与约束冲突，也会被执行。

在创建表时设置约束的状态，形式如下：

```
column_name1 data_type [ CONSTRAINT constraint_name ]
constraint_type DISABLE | ENABLE
```

7. 约束的验证状态

（1）约束的验证状态有两种：

① 验证状态（VALIDATE）；

② 非验证状态（NOVALIDATE）。

（2）这两种状态与上面介绍的激活、禁用状态可以组合成如下 4 种约束状态。

① ENABLE VALIDATE（激活验证状态）；

② ENABLE NOVALIDATE（激活非验证状态）；

③ DISABLE VALIDATE（禁用验证状态）；

④ DISABLE NOVALIDATE（禁用非验证状态）。

5.2.3　索引

索引是数据库中用于存放表中每一条记录的位置的一种对象，其主要目的是为了加快数据的读取速度和完整性检查。

不过，创建索引需要占用许多存储空间，而且在向表中添加和删除记录时，数据库需要花费额外的开销来更新索引。

1. 创建 B 树索引

创建 B 树索引的语法如下：

```
CREATE [ UNIQUE ] INDEX index_name
ON table_name ( column_name [ , … ] )
[ INITRANS n ]
[ MAXTRANS n ]
[ PCTFREE n ]
[ STORAGE storage ]
[ TABLESPACE tablespace_name ];
```

2. 创建基于函数的索引

如果检索数据时需要对字符大小写或数据类型进行转换，则使用这种索引可以提高检索效率。

3. 创建位图索引

位图（位映射）索引与 B 树索引不同，使用 B 树索引时，通过在索引中保存排过序的索引列的值，以及数据行的 ROWID 来实现快速查找。而位图索引不存储 ROWID 值，也不存储键值，它一般在包含少量不同值的列上创建。

如果要在 person 表的 sex 列上创建索引，则应该创建位图索引。创建位图索引的简单语法形式如下：

```
CREATE BITMAP INDEX index_name
```

ON table_name (column_name [, …])

[TABLESPACE tablespace_name];

其中,BITMAP 表示创建的索引类型为位图索引。

4. 管理索引

1) 重命名索引

重命名索引的语法形式如下:

ALTER INDEX index_name RENAME TO new_index_name;

2) 合并索引

合并索引可以清除索引中的存储碎片,其语法如下:

ALTER INDEX index_name COALESCE [DEALLOCATE UNUSED];

3) 重建索引

重建索引的语法如下:

ALTER [UNIQUE] INDEX index_name
REBUILD
[INITRANS n]
[MAXTRANS n]
[PCTFREE n]
[STORAGE storage]
[TABLESPACE tablespace_name];

4) 监视索引

监视索引用于了解索引的使用情况,目的是为了确保索引得到有效的利用。

要监视某个索引,需要先打开该索引的监视状态,不需要时,也可以关闭索引的监视状态。语法如下:

ALTER INDEX index_name MONITORING | NOMONITORING USAGE;

5) 删除索引

通常在如下情况下需要删除某个索引:该索引不需要再使用;该索引很少被使用。索引的使用情况可以通过监视来查看。当索引中包含较多的存储碎片时,需要重建该索引。

删除索引主要分为如下两种情况:删除基于约束条件的索引;删除使用 CREATE INDEX 语句创建的索引。

5.2.4 视图

视图是一个虚拟表,它并不存储真实的数据,它的行和列的数据来自于定义视图的子查询语句中所引用的表,这些表通常也称为视图的基表。视图可以建立在一个或多个表(或其他视图)上,它不占用实际的存储空间,只是在数据字典中保存它的定义信息。如果检索数据时需要对字符大小写或数据类型进行转换,则使用这种索引可以提高检索效率。通常视图的数据源有下面三种情况。

(1) 单一表的子集;

(2) 多表操作结果集;

（3）视图的子集。

1. 创建视图

创建视图需要使用 CREATE VIEW 语句，其语法如下：

```
CREATE [ OR REPLACE ] [ FORCE | NOFORCE ] VIEW view_name
[ ( alias_name [ , … ] ) ]
AS subquery
[ WITH { CHECK OPTION | READ ONLY [CONSTRAINT constraint_name ]} ] ;
```

各参数的含义如下。

（1）OR REPLACE：表示新建视图可以覆盖同名视图。

（2）[FORCE | NOFORCE]：表示是否强制建立视图。例如，在基表不存在的情况下就创建视图是有错误的，这时可以用 FORCE 关键词强制创建视图，然后再创建基表。

（3）alias_name [,…]：视图字段的别名。

（4）WITH READ ONLY：设置视图只读，这样的视图具有更高的安全性。

（5）WITH CHECK OPTION [CONSTRAINT constraint_name]：一旦使用该限制，当对视图增加或修改数据时必须满足子查询的条件。也就是说，把子查询的条件作为一个约束，而 constraint 是这个约束的名称。

【例 5-7】 以 emp 表为基表，创建一个单表的简单视图。

```
SQL > CREATE OR REPLACE VIEW emp_view
        AS SELECT empno, ename, sal FROM emp WHERE sal > 1500;
```

如果执行成功会出现如下字样：

视图已创建。

使用查询语句可以查看视图的效果，语法同查询表数据一样，只需把 FROM 后面的表名称换成查询的视图名称即可。

```
SQL > SELECT empno, ename, sal FROM emp_view;
```

查询效果如图 5-1 所示。

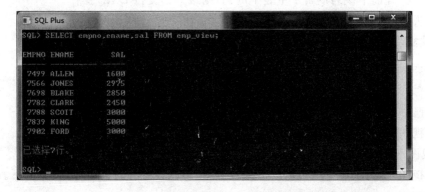

图 5-1　视图 emp_view 的查询效果

【例 5-8】 以 emp 和 dept 表为基表，创建一个多表视图，脚本如下。

```
SQL > CREATE OR REPLACE VIEW emp_dept_view
```

```
AS SELECT e.empno,e.ename,e.sal,d.dname FROM emp e,dept d
WHERE e.deptno = d.deptno;
```

如果执行成功会出现如下字样：

视图已创建。

```
SQL> SELECT empno,ename,sal,dname FROM emp_dept_view;
```

查询效果如图 5-2 所示。

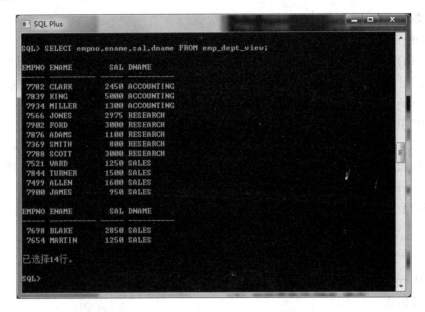

图 5-2 视图 emp_dept_view 的查询效果

2. 对视图执行 DML 操作

对视图执行 DML 操作，实际上就是对视图的基表执行 DML 操作。一般来说，简单视图的所有列都支持 DML 操作，而对于复杂视图来讲，如果该列进行了函数或数学计算，或者在表的连接查询中该列不属于主表中的列，则该列不支持 DML 操作。

操作视图具有以下限制。

1）对复杂视图的操作

```
SQL> CREATE OR REPLACE VIEW emp_view
     AS SELECT empno,ename,sal + 1000 as newsal FROM emp WHERE sal > 1500;
```

视图已创建。

对该视图执行如下插入操作，如图 5-3 所示。

2）视图 READ ONLY 设置

创建视图时，为了避免用户修改数据，可以把视图设置为只读属性，操作如下。

```
SQL> CREATE OR REPLACE VIEW emp_view
     AS SELECT empno,ename,sal + 1000 FROM emp WHERE sal > 1500
     WITH READ ONLY;
```

视图已创建。

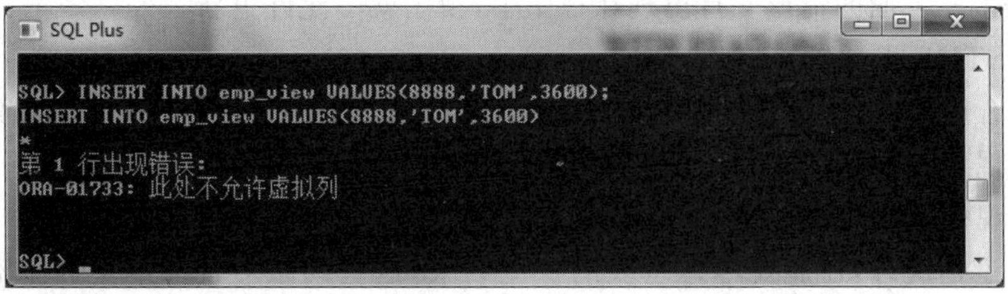

图 5-3　对复杂视图 emp_view 的无效插入操作

对该视图执行如下插入操作,结果如图 5-4 所示。

```
SQL> INSERT INTO emp_view VALUES(8888,'TOM',3600);
```

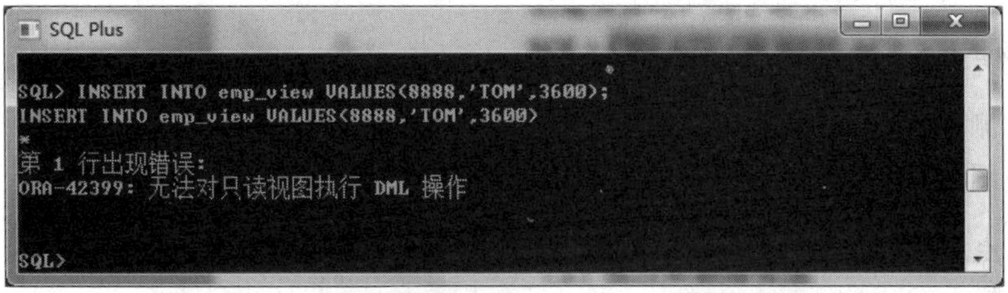

图 5-4　对只读视图 emp_view 的无效插入操作

3) 视图 CHECK OPTION 设置

在某些情况下允许修改视图的数据,修改数据的本质是修改视图原表的数据。假如对视图查询出来的是薪水 sal 大于 1500 的所有数据,但是为该视图增加了一条 sal 为 1000 的数据,那么该记录将不会出现在视图中,显然这是不符合逻辑的。为了避免该情况的发生,可以利用 CHECK OPTION 选项来设置视图的检查约束。

```
SQL> CREATE OR REPLACE VIEW emp_view
     AS SELECT empno,ename,sal FROM emp WHERE sal>1500
     WITH CHECK OPTION;
```

视图已创建。

对该视图执行如下插入操作,结果如图 5-5 所示。

```
SQL> INSERT INTO emp_view VALUES(8888,'TOM',1000);
```

图 5-5　对 CHECK OPTION 视图 emp_view 的违规插入操作

如果想要一个可以更新(此处指增加、删除和修改操作)的视图,源表应尽量是单表,否则限制比较多。下面的情形一旦出现在视图中,视图就不允许更新。

(1) DISTINCT 关键字。

(2) 集合运算或分组函数,如 INTERSECT、SUM、MAX 及 COUNT 等函数。

(3) 出现 GROUP BY、ORDER BY 等子句。

(4) 出现伪列或伪列关键字,如 sal+1000、ROWNUM 等。

除了以上情况外,还需要考虑基表的一些约束,这些约束对视图的更新都有一定的影响。如果需要创建可以更新的视图,可以使用 INSTEAD OF 触发器。

3. 修改和删除视图

修改视图可以使用 CREATE OR REPLACE VIEW 语句,使用该语句修改视图,实际上是删除原来的视图,然后创建一个全新的视图,只不过前后两个视图的名称一样而已。

删除视图时需要使用 DROP VIEW 语句,其语法如下:

```
SQL > DROP VIEW emp_view ;
```

视图已删除。

删除视图后,不会影响该视图的基表中的数据。

5.2.5 序列

在 Oracle 中,可以使用序列自动生成一个整数序列,主要用来自动为表中的数据类型的主键列提供有序的唯一值,这样就可以避免在向表中添加数据时,手工指定主键值。而且使用手工指定主键值这种方式时,由于主键值不允许重复,因此它要求操作人员在指定主键值时自己判断新添加的值是否已经存在,这很显然是不可取的。

1. 创建序列

序列与视图一样,并不占用实际的存储空间,只是在数据字典中保存它的定义信息。创建序列需要使用 CREATE SEQUENCE 语句,其语法如下:

```
CREATE SEQUENCE sequence_name
[ START WITH start_number ]
[ INCREMENT BY increment_number ]
[ MINVALUE minvalue | NOMINVALUE ]
[ MAXVALUE maxvalue | NOMAXVALUE ]
[ CACHE cache_number | NOCACHE ]
[ CYCLE | NOCYCLE ]
[ ORDER | NOORDER ];
```

【例 5-9】 下面的语句创建一个序列 sequ01,它的开始值是 1000,增幅是 2,最大值为 20000,序列中的序号不在内存中进行缓冲。

```
SQL > CREATE SEQUENCE sqeu01
    START WITH 1000
    INCREMENT BY 2
    MAXVALUE 20000
    NOCACHE;
```

2. 使用序列

序列中的可用资源是其自动产生的唯一数值。序列提供了两个伪列 NEXTVAL 和

CURRVAL,用来访问序列中的序号。其中,NEXTVAL 代表下一个可以用的整数值,CURRVAL 代表当前唯一的整数值,如图 5-6 所示。

```
SQL > SELECT sequ01.NEXTVAL FROM DUAL;
SQL > SELECT sequ01.CURRVAL FROM DUAL;
```

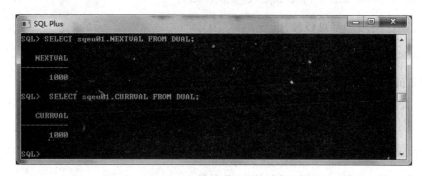

图 5-6　序列的 NEXTVAL 和 CURRVAL

3. 修改与删除序列

修改序列需要使用 ALTER SEQUENCE 语句,其他参数与 CREATE SEQUENCE 语句一样。可以对序列中的任何参数进行修改,但是要注意以下事项:不能修改序列的起始值;序列的最小值不能大于当前值;序列的最大值不能小于当前值。

删除序列需要使用 DROP SEQUENCE 语句,其示例如下:

```
SQL > DROP SEQUENCE sequ01;
```

5.2.6　同义词

Oracle 支持为表、索引或视图等模式对象定义别名,也就是为这些对象创建同义词。Oracle 中的同义词主要分为如下两类。

(1)公有同义词:在数据库中的所有用户都可以使用。

(2)私有同义词:由创建它的用户私人拥有。不过,用户可以控制其他用户是否有权使用自己的同义词。

1. 创建和使用同义词

创建私有同义词的命令是 CREATE SYNONYM,它的语法规则为:

```
CREATE SYNONYM 同义词名 FOR 用户名.对象名;
```

假设 SYS 用户(先以 SYS 用户登录)为了方便地访问 SCOTT 用户的 dept 表,可执行下面的脚本:

```
SQL > CREATE SYNONYM syn_dept FOR scott.dept;
```

该同义词只有 SYS 用户可以使用,而其他用户没有访问权限。

```
SQL > SELECT * FROM syn_dept;
```

创建公有同义词的命令是 CREATE PUBLIC SYNONYM,它的语法规则为:

CREATE PUBLIC SYNONYM 同义词名 FOR 用户名.对象名；

为了使所有用户能够方便地访问 scott.dept，可以使用 SYS 用户创建共有同义词，执行的脚本如下：

SQL> CREATE PUBLIC SYNONYM pub_dept FOR scott.dept；

该同义词任何用户都可以使用。

SQL> SELECT * FROM syn_dept；

2. 同义词的删除

如果不使用同义词，可以将其删除。删除私有同义词的命令是 DROP SYNONYM，具体的语法规则是：

DROP SYNONYM 同义词名称；

DBA 用户可以删除公有同义词，语法规则是：

DROP PUBLIC SYNONYM 同义词名称；

5.3   数据操纵语言

数据操纵语言主要用于对数据库表和视图进行操作。

在一般的关系数据库系统中，DML 是指 SELECT、INSERT、UPDATE 以及 DELETE 语句。

而在 Oracle Database 11g 数据库中，DML 还包括 CALL、LOCK TABLE 以及 MERGE 语句等。

5.3.1   SELECT 基本查询

SQL 的主要功能之一是实现数据库查询，查询就是用来取得满足特定条件的信息。

查询语句可以从一个或多个表中、根据指定的条件选取特定的行和列，如图 5-7 所示。

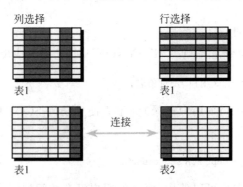

图 5-7   SELECT 语句的功能

SELECT 语句从数据库中返回信息。使用一个 SELECT 语句，可以完成下面的操作。

（1）列选择：使用 SELECT 语句的列选择功能选择表中的列。

（2）行选择：使用 SELECT 语句的行选择功能选择表中的行。

（3）连接：使用 SELECT 语句的连接功能来集合数据，这些数据被存储在不同的表中，在它们之间可以创建连接。

SELECT 语句的完整语法如下所示：

```
SELECT [ ALL | DISTINCT
    { * | expression | column1_name [ , column2_name ] [ , … ] }
    FROM {[SCHEMA.]table1_name | ( subquery ) } [ alias ]
    [,{[SCHEMA.]table2_name | ( subquery ) } [ alias ], … ]
    [ WHERE condition ]
    [ CONNECT BY condition [ START WITH condition ] ]
    [ GROUP BY expression [ , … ] ]
    [ HAVING condition [ , … ] ]
    [ { UNION | INTERSECT | MINUS } ]
    [ ORDER BY expression [ ASC | DESC ] [ , … ] ]
    [ FOR UPDATE [ OF [ schema. ] table_name | view ] column ] [ NOWAIT ]
```

主要语法说明如下。

SELECT：查询动作关键字，不可省略。

[ALL|DISTINCT]：描述列表字段中的数据是否去除重复记录。

SCHEMA：模式名称。

FROM：必需关键字，表示数据的来源。

[WHERE condition]：查询的 WHERE 条件部分。

[GROUP BY expression[,…]]：GROUP BY 子句部分。

[HAVING condition[,…]]：HAVING 子句部分。

【例 5-10】 打开 SQL＊PLUS 窗口后，使用 scott 用户身份连接到数据库。然后使用 SELECT 语句，查询 scott 用户的 emp 表指定字段的数据（以后章节默认都是 scott 用户登录，除非特别指出）。要求查询 emp 表中的员工编号 empno，员工姓名，雇用日期 hiredate，部门编号 deptno，执行脚本如下，结果如图 5-8 和图 5-9 所示。

```
SQL > SELECT empno, ename, hiredate,deptno FROM scott.emp;
```

查询过程中可以省略掉前面的模式信息，以上查询可以使用下面等价的脚本来代替：

```
SQL > SELECT empno, ename, hiredate,deptno FROM emp;
```

如果要获取全部字段信息，可以使用如下脚本：

```
SQL > SELECT * FROM emp;
```

该脚本的执行效果和下面脚本的执行效果完全一致，只不过为了书写方便使用＊代替全部的字段。

```
SQL > SELECT empno, ename,job,hiredate,sal,comm,deptno FROM emp;
```

表中的字段名称通常都是英文的，这给英文基础不好的客户查看数据带来了不便。其实完全可以避免这种情况，SELECT 语句中的列名允许我们指定别名，指定别名可以利用 AS 关键字，也可省略 AS 关键字。

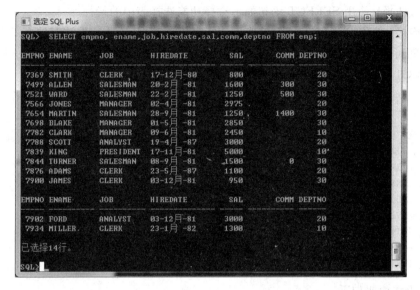

图 5-8　查询指定字段数据

【例 5-11】　使用别名查询 scott 用户的 emp 表中的信息，执行脚本如下，结果如图 5-9 所示。

SQL > SELECT empno "雇员编号", ename "雇员名称", hiredate "受雇日期",deptno "部门编号" FROM scott.emp;

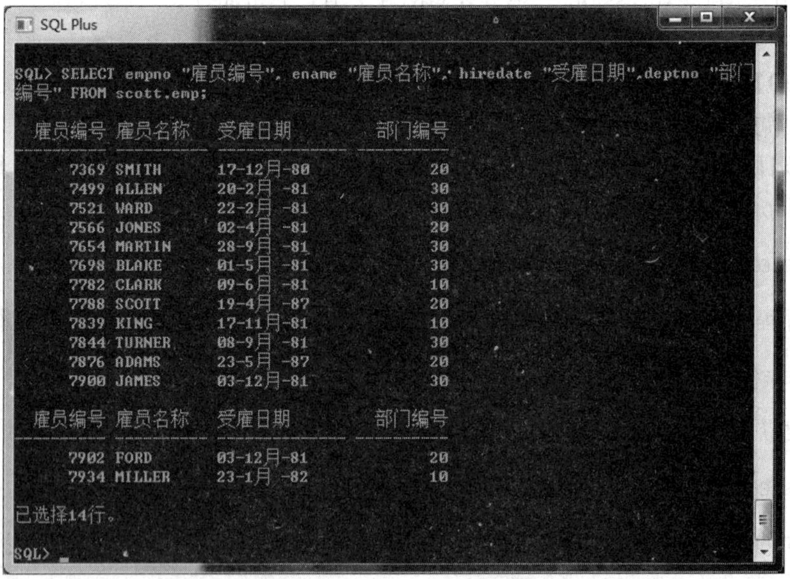

图 5-9　查询列名使用别名

上述查询字段后面如果没有附上别名，则以字段名作为列名。

1. FROM 子句

在 SELECT 语句中，FROM 子句是必不可少的，该子句用来指定所要查询的表或视图的名称列表。

在 FROM 子句中,可以指定多个表或视图,每个表或视图都可以指定子查询(子查询操作将在第 6 章具体讲述)和别名。

2. WHERE 子句

使用 WHERE 子句时,只需要在 WHERE 关键字后面指定检索条件即可。在检索条件中,可以使用多种操作符配合使用。

【例 5-12】 假设 emp 表中某数据行的 ename 列的值为 JACK,如果需要根据这个 ename 值查找该行数据,则需要使用如下语句:

```
SQL > SELECT * FROM emp WHERE ename = 'JACK';
```

上述语句中的字符串 JACK 必须与列中存储的值的大小写保持一致,否则将无法查询到该行数据。

3. ORDER BY 子句

在排序过程中,可以同时对多个列指定排序规则,多个列之间使用逗号(,)隔开。如果使用多个列进行排序,那么列之间的顺序非常重要,系统首先按照第一个列的值进行排序,当第一个列的值相同时,再按照第二个列的值进行排序,以此类推。升序关键字为 ASC,降序关键字为 DESC,默认升序。

【例 5-13】 ORDER BY 子句的使用,按 job 字段升序,按 sal 字段降序,如图 5-10 所示。

```
SQL > SELECT empno, ename, job, sal FROM emp ORDER BY job, sal DESC;
```

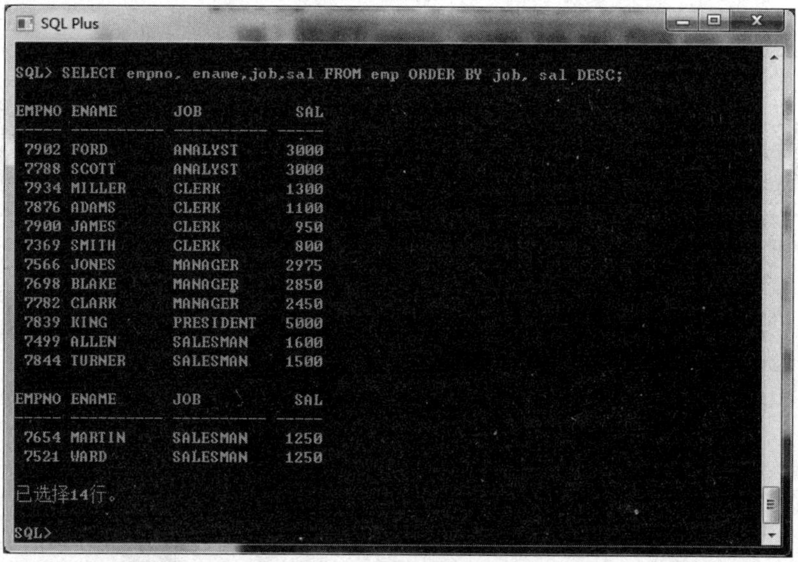

图 5-10 多列指定排序

从图 5-10 可以看出多列排序时,先以第一列为主排序,第一列相同时则按照第二列排序,依此类推。

【例 5-14】 ORDER BY 子句中可以用字段在选择列表中的位置号代替字段名。执行脚本如下,结果如图 5-11 所示。

```
SQL > SELECT empno, ename,job, sal FROM emp WHERE job < = 'CLERK' ORDER BY 3, 4 DESC;
```

需要指出的是使用 ORDER BY 子句可以混合字段名和位置号。

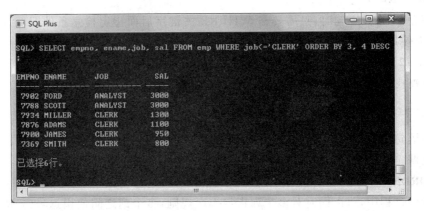

图 5-11　ORDER BY 子句位置号代替字段名

4. GROUP BY 子句

使用 GROUP BY 子句,可以根据表中的某一列或某几列对表中的数据行进行分组,多个列之间使用逗号(,)隔开。如果根据多个列进行分组,Oracle 会首先根据第一列进行分组,然后在分出来的组中再按照第二列进行分组,以此类推。

对数据分组后,主要是使用一些聚合函数对分组后的数据进行统计。

【例 5-15】　GROUP BY 将查询结果按照字段分组,如图 5-12 所示。

```
SQL > SELECT job, count( * ) FROM emp GROUP BY job;
```

图 5-12　GROUP BY 把查询结果分组

5. HAVING 子句

HAVING 子句通常与 GROUP BY 子句一起使用,在完成对分组结果的统计后,可以使用 HAVING 子句对分组的结果进行进一步的筛选。

一个 HAVING 子句最多可以包含 40 个表达式,HAVING 子句的表达式之间使用关键字 AND 和 OR 分隔。

如果在 SELECT 语句中使用了 GROUP BY 子句,那么 HAVING 子句将应用于 GROUP BY 子句创建的组;如果指定了 WHERE 子句,而没有指定 GROUP BY 子句,那

么 HAVING 子句将应用于 WHERE 子句的输出,并且这个输出被看作是一个组;如果在
SELECT 语句中既没有指定 WHERE 子句,也没有指定 GROUP BY 子句,那么 HAVING
子句将应用于 FROM 子句的输出,并且将这个输出看作一个组。

【例 5-16】 HAVING 必须和 GROUP BY 子句配合使用。执行脚本如下,结果如图 5-13
所示。

```
SQL > SELECT empno, ename, job, sal FROM emp GROUP BY job, empno, ename, sal
      HAVING sal < = 2000;
```

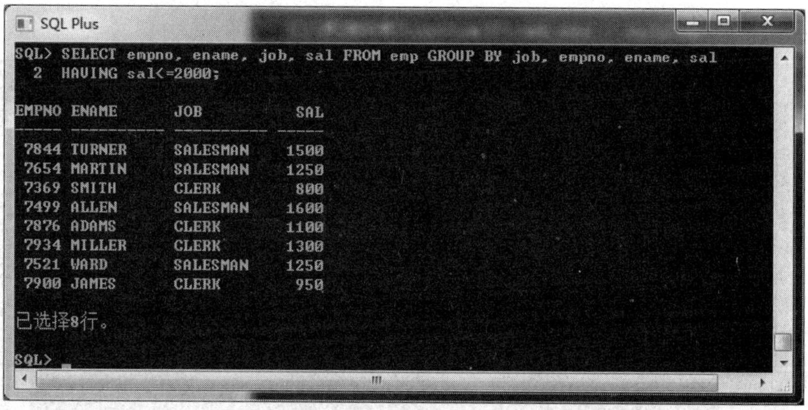

图 5-13　HAVING 和 GROUP BY 子句配合使用

6. DISTINCT 关键字

DISTINCT 关键字用来限定在检索结果中显示不重复的数据,对于重复值,只显示其
中一个。该关键字是在 SELECT 子句中列的列表前面使用。如果不指定 DISTINCT 关键
字,默认显示所有的列,即默认使用 ALL 关键字。

5.3.2　Oracle 常用操作符

Oracle 操作符分为:算术操作符、比较操作符、逻辑操作符、连接操作符。

1. 算术操作符

算术运算为＋、－、＊、/。在 SELECT 语句中,不但可以对表和视图执行查询操作,还
可以执行数学运算(如＋、－、＊、/),也可以执行日期运算,或执行与列关联的运算。

2. 比较操作符

＝、! ＝ 、^＝ 、<>、<、>、<＝、>＝,IN、LIKE、IS NULL、BETWEEN…AND。
用于一个表达式与另外一个表达式进行比较。

3. 逻辑操作符

AND:逻辑与,两个条件同时满足。

OR:逻辑或,只要两个条件满足一个即可。

NOT:逻辑非,与某个逻辑值取反。

4. 连接操作符

‖用来连接两个字段,或者将多个字符串连接起来。

上述操作符的优先级为:算术>连接>比较>逻辑。

1. 查询中使用单一操作符

单一操作符是指在查询中使用单个算术操作符或者比较操作符,其中,算术运算符可以和字段一起构成表达式,也可以使用在 WHERE 条件中,而比较操作符只能使用在 WHERE 子句中或者 HAVING 子句中。

【例 5-17】 查询中使用"<",列出员工编码、员工姓名、工作和薪水。执行脚本如下,结果如图 5-14 所示。

SQL > SELECT empno, ename, job, sal FROM emp WHERE sal < 3000 ORDER BY SAL;

查询过程中可以把算术运算符和字段构成表达式。

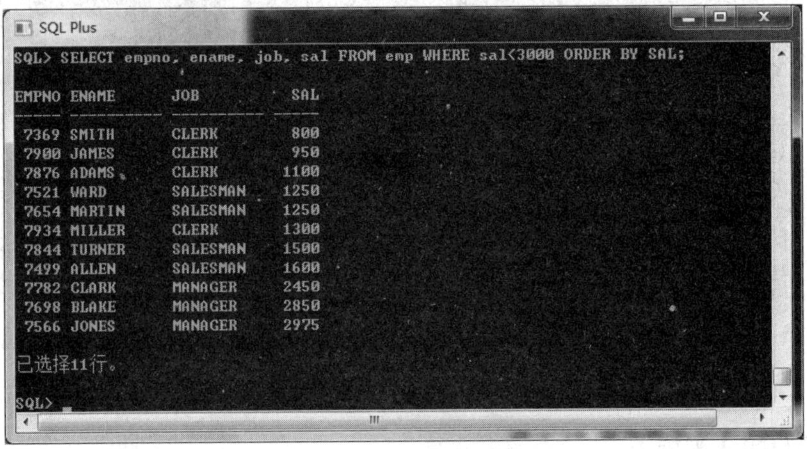

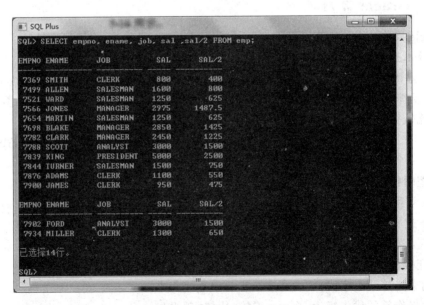

图 5-14 查询薪水小于 3000 的数据

【例 5-18】 对薪水进行算术运算并列出结果。执行脚本如下,结果如图 5-15 所示。

SQL > SELECT empno, ename, job, sal ,sal/2 FROM emp;

图 5-15 对薪水进行算术运算

2. 查询中使用多个操作符

查询中可以使用一个操作符当然也可以使用多个操作符。而多个操作符构成表达式，则需要使用逻辑操作符连接起来。

【例 5-19】 检索薪水位于 1000～5000 的员工。执行脚本如下，结果如图 5-16 所示。

SQL > SELECT empno, ename, job, sal FROM emp WHERE sal > = 1000 and sal < = 5000;

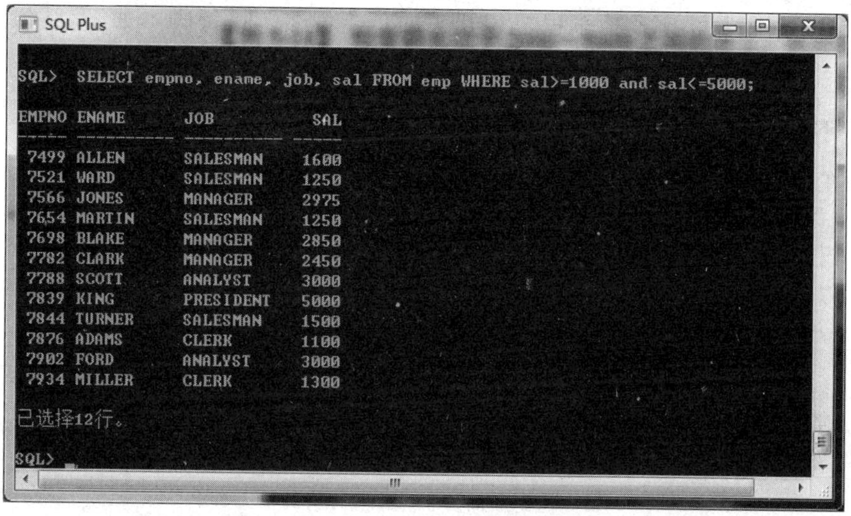

图 5-16　利用 AND 连接多个条件

该例子中除了使用 AND 连接两个查询条件实现之外，还可以利用 BETWEEN…AND 语句完成，BETWEEN…AND 语句用来检索指定范围内的数据，如图 5-17 所示。

SQL > SELECT empno, ename, job,sal FROM emp WHERE sal BETWEEN 1000 AND 5000;

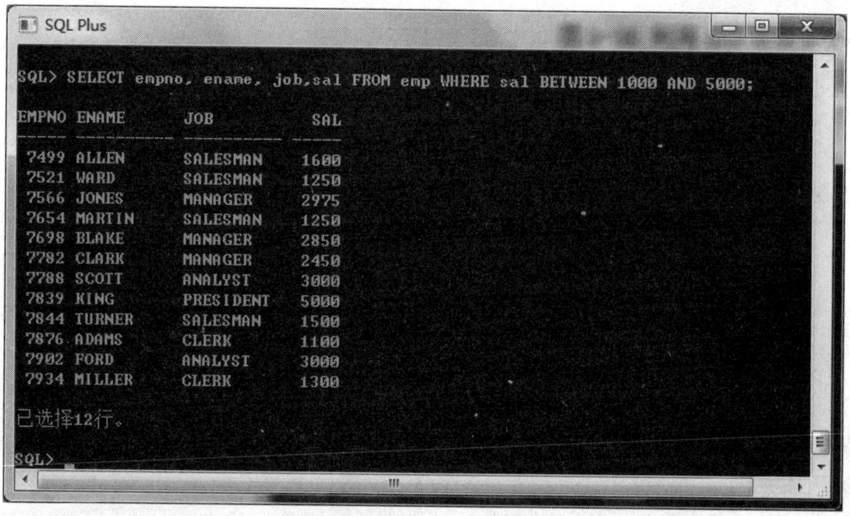

图 5-17　利用 BETWEEN…AND 检索指定范围数据

3. 使用 LIKE 模糊查询

在 WHERE 子句中可以使用 LIKE 操作符,用来查看某一列中的字符串是否匹配指定的模式来实现模糊查询。所匹配的模式可以使用普通字符和下面两个通配符的组合指定。NOT LIKE 表示不匹配。

下画线字符(_):匹配指定位置的一个字符。

百分号字符(%):匹配从指定位置开始的任意多个字符。

【例 5-20】 使用 LIKE 检索以“M”开头的员工姓名。执行脚本如下,结果如图 5-18 所示。

```sql
SQL> SELECT ename FROM emp WHERE ename LIKE 'M%';
```

如果在“M”前面再加一个%,则表示任意位置包含“M”的记录。

图 5-18　模糊查询首字母“M”打头的员工姓名

4. IN 操作符

在某种情形下,用来检索某列的值在某个列表中的数据行,这时就可以在 WHERE 子句中使用 IN 操作符来实现这个功能。

【例 5-21】 使用 IN 检索薪水为 1500 和 3000 的员工。执行脚本如下,结果如图 5-19 所示。

```sql
SQL> SELECT ename,sal FROM emp WHERE sal IN (1500,3000);
```

图 5-19　利用 IN 查询数据

时间的查询可以使用 IN,例如:

```sql
SELECT * FROM emp WHERE hiredate IN ('03-12 月-81','23-1 月-82');
```

NOT IN 表示不在列表中,例如:

```sql
SELECT sal FROM emp WHERE sal NOT IN (1500,3000);
```

5. NULL 值的查询

数据库中的数据不都是完美无缺的,有的时候会存在垃圾数据和 NULL 数据,如果要检索 NULL 数据使用"="是无法实现的。在实际的应用中可以使用"IS NULL"来检索 NULL 数据,而利用 IS NOT NULL 来检索非 NULL 数据。

【例 5-22】 检索 NULL 数据。执行脚本如下,结果如图 5-20 所示。

SQL > SELECT empno,ename,comm FROM emp WHERE comm IS NULL;

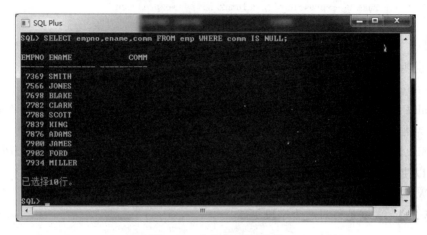

图 5-20 查询 NULL 数据

如果使用"IS NOT NULL"语句,那么将检索除了图 5-20 中的 10 条结果之外的记录。

5.3.3 添加数据 INSERT

向指定表中插入数据要使用 INSERT 语句。

INSERT 语句的语法形式如下:

INSERT INTO table_name [(column1_name [, column2_name] …)]
{ VALUES (value1 [, value2 …]) | SELECT query … } ;

在使用 INSERT 语句向表中插入数据时,需要注意以下几点。

(1) 如果在 INSERT INTO 后没有指定列名,那么 VALUES 子句必须按照表结构中定义的列的次序为每个列提供值。

(2) 如果在 INSERT INTO 子句中指定了列名,那么每一个指定的列只能有一个值,并且值的次序必须与表中定义的次序相同。

(3) 如果在 INSERT 语句中使用 SELECT 语句,则 INSERT INTO 子句中指定的列名必须与 SELECT 子句中指定的列相匹配。

(4) 当某列的数据类型为字符串时,其值应该使用单引号(' ')括起来。

【例 5-23】 插入列排序和插入值要一一对应,非空列必须有值。

SQL > INSERT INTO emp (empno, ename, hiredate)VALUES (7890,'Vincent', to_date('2006 - 06 - 10' ,'yyyy - MM - dd'))

【例 5-24】 多行数据的插入。

SQL > INSERT INTO emp (empno, ename, hiredate) (SELECT empno + 100, ename, hiredate FROM emp WHERE empno > = 6999)

5.3.4 修改数据 UPDATE

一般情况下，UPDATE 语句的语法如下：

```
UPDATE table_name
SET { column1_name = expression [ , column2_name = expression ] … |
( column1_name[ ,column2_name ] … ) = ( SELECT query ) }
[ WHERE condition ];
```

语法说明如下。

（1）table_name：表示需要更新的表名。

（2）SET：用来设置需要更新的列以及列的新值。可以指定多个列，以便一次修改多个列的值。为需要更新的列分别指定一个表达式，表达式的值即为对应列的值。

（3）SELECT query：与 INSERT 语句中的 SELECT 子查询语句一样，在 UPDATE 语句中也可以使用 SELECT 子语句获取相应的更新值。

（4）WHERE：限定只对满足条件的行进行更新

【例 5-25】 根据条件对两个字段更新

UPDATE emp SET empno = 8888, ename = 'Jacky' WHERE empno = 7566

5.3.5 删除数据 DELETE 或 TRUNCATE

DELETE 语句用于将不需要的数据行删除。该语句的一般使用语法如下：

DELETE [FROM] [schema.]table_name[WHERE condition];

其中，DELETE FROM 子句用来指定将要删除的数据所在的表；WHERE 子句用来指定将要删除的数据所要满足的条件，可以是表达式或子查询。如果不指定 WHERE 子句，则将从指定的表中删除所有的行。

【例 5-26】 删除满足条件的记录。

SQL > DELETE FROM emp WHERE empno > = 7500 AND empno < = 8000

TRUNCATE 是一个能够快速清空资料表内所有资料的 SQL 语句，并且能针对具有自动递增值的字段，做计数重置归零重新计算。如果想删除表中的全部数据而保留表结构，使用 TRUNCATE 的效率比 DELETE 的效率要高。语法为：

TRUNCATE TABLE table_name

5.4 事务及其控制语言

事务（Transaction）是由一系列相关的 SQL 语句组成的最小逻辑工作单元。Oracle 系统以事务为单位来处理数据，用来保证数据的一致性。

5.4.1 事务的相关概念

数据库中的事务是工作中的一个逻辑单元，由一个或多个 SQL 语句组成。

一组 SQL 语句操作要成为事务，数据库管理系统必须保证这组操作符合事务的如下 4 个特性。

（1）原子性（Atomicity）：事务必须是不可分割的原子工作单元；对于事务中的数据修改，要么全都执行，要么全都不执行。

（2）一致性（Consistency）：事务在完成时，必须使所有的数据都保持一致。在相关数据库中，所有规则都必须应用于事务的修改，以保持所有数据的完整性。事务结束时，所有的内部数据结构（如 B 树索引或双向链表）都必须是正确的。

（3）隔离性（Isolation）：由并发事务所做的修改必须与任何其他并发事务所做的修改隔离。

（4）持久性（Durability）：事务完成之后，它对于系统的影响是永久性的。

5.4.2 事务处理

1. 提交事务

提交事务也就表示该事务中对数据库所做的全部操作都将永久地记录在数据库中。提交事务时使用 COMMIT 语句，用来标志一个成功的隐性事务或显式事务的结束。

2. 回滚事务

回滚一个事务也就意味着该事务中对数据库进行的全部操作都将被取消。对事务执行回滚操作时使用 ROLLBACK 语句，表示将事务回滚到事务的起点或事务内的某个保存点。

3. 保存点

在事务中建立保持点的方法非常简单，语法如下：

```
SAVEPOINT [ savepoint_name ];
```

其中，savepoint_name 表示为保存点指定的一个名称。

【例 5-27】 事务的应用实例。

在事务中使用保存点，分为如下 5 个步骤。

（1）向 student 表中增加一条记录，脚本如下，此时隐式事务已经打开。

```
SQL > INSERT INTO student VALUES(3,'王五','男',sysdate);
```

（2）创建保存点，名为 SP01。

```
SQL > SAVEPOINT SP01;
```

保存点已创建。

（3）继续向 student 表中增加一条记录。脚本如下。

```
SQL > INSERT INTO student VALUES(4,'赵六','男',sysdate);
```

（4）以上三个步骤执行完毕后查看 student 表中数据，如图 5-21 所示。

```
SQL > SELECT * FROM student;
```

如图 5-21 中所标示的即为增加的数据。

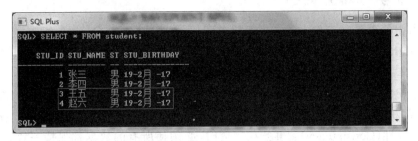

图 5-21　未提交事务的查询结果

（5）回滚到保存点，执行如下脚本，并验证数据。执行过程如图 5-22 所示。

SQL > ROLLBACK TO sp01;
SQL > SELECT ＊ FROM student;

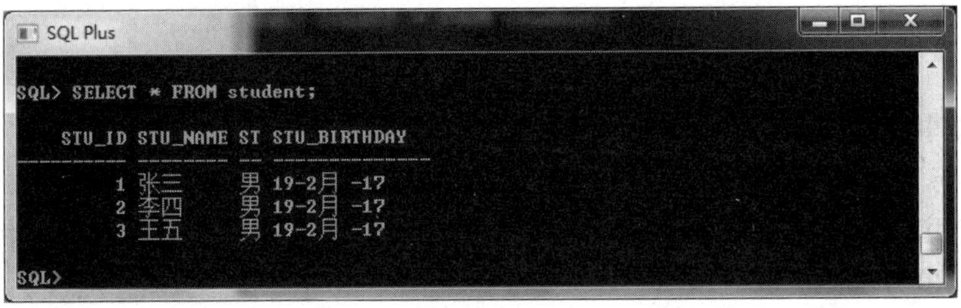

图 5-22　回滚到保存点处数据

小　　结

本章首先对 SQL 语言进行简单介绍，其次通过举例讲解了各种 DDL 语句的使用，并在 DML 中着重介绍了 Insert、Delete、Update 和 Select 四种典型的操作，最后介绍了事务的概念，及其相关的提交和回滚等操作。

习　　题

一、简答题

1. SQL 中一共有几种语言？

2. Oracle 11g 中有哪些比较常用的数据类型？

3. 什么是事务？包括哪些特性？

4. 视图的约束是否和表的约束一样？

二、填空题

1. Oracle 对表的完整性约束分为 NOT NULL，＿＿＿＿＿＿＿，＿＿＿＿＿＿＿，CHECK，＿＿＿＿＿＿＿。

2. 在 Oracle 中，进行模糊查询时用＿＿＿＿＿＿＿符号代表任意长字符串，用＿＿＿＿＿＿＿代表任意单个字符。检索第二个字母为 b 的字符串表达式为_____。

3. 使用_____可以获得序列当前的值,使用_____可以获得下一个值。

三、选择题

1. 为了准确地存储数据 45.678,可以使用下面哪种数据定义形式?(　　　)
    A. NUMBER(5,2)　　　　　　　　B. NUMBER(5,3)
    C. NUMBER(5.3)　　　　　　　　D. NUMBER(5,2)

2. 如果定义了 UNIQUE 约束,则(　　　)。
    A. 该列允许出现多个 NULL 值
    B. 该列不允许出现重复值,不允许出现 NULL 值
    C. 该列允许出现一个 NULL 值
    D. 该列不允许出现重复值,但可以出现一个或多个 NULL

3. 为了去除结果集中的重复行,可以在 SELECT 语句中使用下列哪个关键字?(　　　)
    A. DISTINCT　　　B. MERGE　　　C. UPDATE　　　D. ALL

4. 下面有关视图的数据来源叙述不正确的是(　　　)。
    A. 视图是用户直接添加到视图中的
    B. 视图数据来源于单表
    C. 视图数据来源于多表
    D. 视图数据来源于其他视图

5. 视图中 CHECK OPTION 的设置是什么作用?(　　　)
    A. 没有实际作用
    B. 检查视图更新数据是否符合视图创建时的查询条件
    C. 检查数据是否有更新
    D. 不允许向基表中更新数据

第6章 　SELECT 高级查询

学习目标：

在本章中将学习 SELECT 高级查询，理解并掌握连接查询，以及在 WHERE 子句和 HAVING 子句中使用子查询。掌握 IN、ANY 和 ALL 操作符，以及关联子查询和嵌套子查询。

6.1　连　接　查　询

关系型数据库中允许表与表之间存在关系，这种关系可以把两个甚至多个表的数据联系在一起。在检索数据库时，为了获取完整的信息，需要将多个表连接起来进行查询。将多个表连接起来是根据表之间的关系进行的，因此说连接查询是将来自不同表的数据按照一定的关系连接在一起作为一个整体来展现。

6.1.1　简单连接查询

最简单的连接查询是利用逗号完成的。利用逗号把 FROM 后的表名隔开，就构成了简单查询，但这种查询的意义不大。

【例 6-1】　最简单的连接查询。

```
SQL> select empno,ename,dname,loc from emp,dept;
```

部分查询结果如图 6-1 所示，这种查询给出的结果为两个表的笛卡儿积，也就是说一个表中的一条记录和另外一个表中的每一行连接在一起形成的新表，其记录的总数是两个表的记录数的乘积。

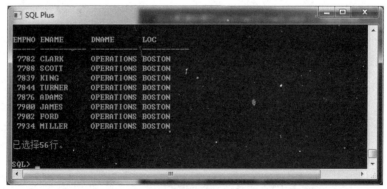

图 6-1　简单连接的部分查询结果

6.1.2 内连接

内连接也称为简单连接（simple joins）或内连接（inner joins），它会把两个或者多个表进行连接，只能查询出匹配的记录，不匹配的记录将无法查询出来。这种连接是平时最常用的查询。

在连接条件中使用等于（＝）运算符比较被连接列的列值。等值连接中不要求相等属性值的属性名相同。

为了确定一个雇员的部门名，需要比较 EMP 表中的 deptno 列与 DEPT 表中的 deptno 列的值。在 EMP 和 DEPT 表之间的关系是一个相等关系，即两个表中 deptno 列的值必须相等，这种连接类型通常包括主键和外键，如图 6-2 所示。

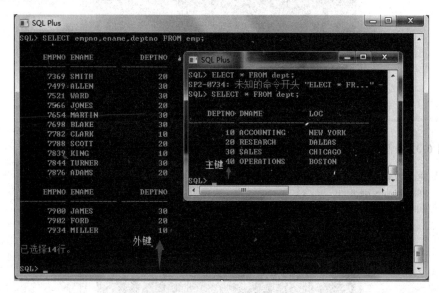

图 6-2　主外键关系

假如有这样一个需求：列出员工表中的员工编号和员工名称以及他所在的部门编号、部门名称和部门所在地。员工编号（empno）和员工名称（ename）在 emp 表中，而部门编号（deptno）、部门名称（dname）和部门所在地（loc）在 dept 表中。为了得到检索结果，需要连接 emp 和 dept 表，并从两个表中访问所需的数据，如例 6-2 所示。

【例 6-2】 列出员工表中的员工编号和员工名称以及他所在的部门编号、部门名称和部门所在地，如图 6-3 所示。

```
SQL > SELECT dept.deptno,dname,loc,empno,ename
2    FROM emp,dept
3    WHERE emp.deptno = dept.deptno;
```

6.1.3 为表设置别名

用表名限制列名可能是非常耗时的，特别是当表名字很长时，可以使用表别名代替表名。就像列别名给列另一个名字一样，表别名给表另一个名字。表别名有助于保持 SQL 代码较小，因此使用的存储器也少。

图 6-3　等值连接查询

【例 6-3】　使用表的别名例子,如图 6-4 所示。

SQL > SELECT e. deptno, dname, loc, empno, ename
2　　FROM emp e, dept d
3　　WHERE e. deptno = d. deptno;

图 6-4　使用表的别名

Oracle 的等值连接,在使用时有如下三个原则。

(1) 不同表的列使用表的名称作为前缀(如果表使用了别名,前缀就不能再用表的真实名字）。

（2）不使用表的原名称而使用表的别名，这样语句会更简短（Oracle 会把语句的完整文本放到内存中，语句越短，所占内存越小）。

（3）使用正确的连接条件，避免笛卡儿积的出现。如果连接条件被遗漏，就会产生笛卡儿乘积。

6.1.4 非等值连接

一个非等值连接是一种不同于等值操作的连接条件。使用不同于等于（＝）的操作符获得关系。

【例 6-4】 创建一个非等值连接来求一个雇员的薪水级别，薪水必须在任何一对最低和最高薪水范围内，如图 6-5 所示。要注意的是，当查询被执行时，所有雇员只出现一次是重要的，没有雇员在列表中重复。

```
SQL > SELECT e.ename, e.sal, s.grade FROM emp e, SALGRADE s
      WHERE e.sal BETWEEN s.losal AND s.hisal;
```

图 6-5 简单的等值连接

对此有两个理由：

（1）在工作等级表中，没有行是交叠的。即一个雇员的薪水值只能位于薪水级别表的最低和最高薪水值之间。

（2）所有雇员的薪水位于由工作级别表提供的限制中。即没有雇员的收入少于 LOSAL 列所包含的最低值，或高于 HISAL 列所包含的最高值。

注：其他条件，例如＜＝和＞＝也可以被使用，但 BETWEEN 是最简单的。在使用 BETWEEN 时应先指定最低值再指定最高值。

6.2 使用 JOIN 关键字的连接查询

Oracle 数据库中有多种表连接方式,包括内连接、外连接、交叉连接等。Oracle 连接查询语法如下所示。

```
select table1.column,table2.column
from table1 [inner | left | right | full ] join table2 on table1.column1 = table2.column2;
```

其中,

inner join 表示内连接;

left join 表示左外连接;

right join 表示右外连接;

full join 表示完全外连接。

6.2.1 内连接查询

inner join 是默认连接,所以在写内连接的时候可以省略 inner 这个关键字。内连接也称为等同连接,返回的结果集是两个表中所有相匹配的数据,而舍弃不匹配的数据。也就是说,在这种查询中,Oracle 只返回来自源表中的相关的行,即查询的结果表包含的两源表行,必须满足 ON 子句中的搜索条件。作为对照,如果在源表中的行在另一表中没有对应(相关)的行,则该行就被过滤掉,不会包括在结果表中。内连接使用比较运算符来完成。

【例 6-5】 查询员工所在的部门名称,如图 6-6 所示。

```
SQL > SELECT e.empno, e.ename, d.dname FROM emp e
     INNER JOIN dept d ON e.deptno = d.deptno;
```

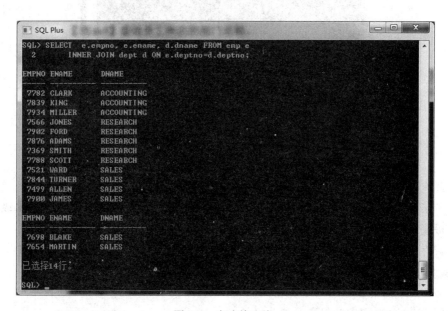

图 6-6 内连接查询

其实内连接可以很容易地转换为简单连接,如例 6-6 所示。

【例 6-6】 查询员工所在的部门名称可以用等值连接实现查询,实现内连接等价的功能,实现如图 6-6 所示的查询效果。

```
SQL > SELECT e. empno, e. ename, d. dname FROM emp e , dept d Where
      e. deptno = d. deptno;
```

6.2.2 外连接查询

Oracle 中可以使用加号(＋)来表示,也可以使用左外连接(LEFT)、右外连接(RIGHT)和全外连接(FULL OUTER JOIN)关键字。具体表示的含义如下。

(1)左外连接:使用左外连接查询时对左边的表不加限制,返回的结果不仅是符合连接条件的行记录,还包括左边表中的全部记录。也就是说,如果左表的某行记录在右表中找不到相关的匹配项,则在返回的结果中右表的所有选择列表均为空。

(2)右外连接:它与左外连接相反,将右边表中所有的数据与左表进行匹配,返回的结果除了匹配成功的记录,还包含右表中未匹配成功的记录,并在其左表对应的列补空值。

(3)全外连接:返回所有匹配成功的记录,并返回左表未匹配成功的记录以及右表未匹配成功的记录。

1. 左外连接

【例 6-7】 要求检索出每个员工(emp 表)对应的部门(dept 表)。因为 emp 表中的所有部门号,在 dept 中都有对应的匹配记录,为此先在 emp 表中添加一条不在 dept 中的部门号。由于 emp 表的 deptno 字段具有外键约束,所以先删除其外键约束,然后再插入一条新记录,如图 6-7 所示。

```
SQL > ALTER TABLE emp DROP CONSTRAINT FK_DEPTNO
SQL > INSERT INTO emp VALUES(7936, 'FISHER', 'CLERK', 7839,
             sysdate, 1200, null, 50);
SQL > SELECT emp. empno, emp. ename, emp. deptno, dept. deptno
    FROM emp LEFT JOIN dept ON emp. deptno = dept. deptno;
```

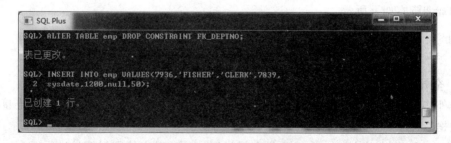

图 6-7 插入一条新的记录

执行效果如图 6-8 所示,图中箭头所指 emp 表中列 deptno 为 50 的在 dept 表中没有匹配的 deptno,则在左表对应的列以空值补充。下面给出了一种 Oracle 所特有的左外连接的等价查询方式,其查询结果完全等同于图 6-8。

```
SQL > SELECT emp. empno, emp. ename, emp. deptno, dept. deptno
    FROM emp, dept where emp. deptno = dept. deptno( + );
```

SELECT 高级查询

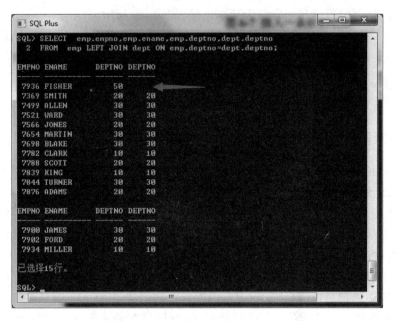

图 6-8　左外连接查询

2. 右外连接

右外连接不同于左外连接，它是以右边的表为主进行的查询。

【例 6-8】　要求检索每个部门（dept 表）对应的员工（emp 表）。因为 emp 表中的所有部门号，在 dept 中都有对应的匹配记录，但是部门号为 40 的没有对应的员工，检索满足等值条件的同时需要把右表中存在但左表中不存在的记录也检索出来，需要使用右外连接查询。执行的脚本如下。

```
SQL > SELECT emp. empno, emp. ename, emp. deptno, dept. deptno
     FROM emp RIGHT JOIN dept ON emp. deptno = dept. deptno;
```

如图 6-9 所示，deptno 为 40 的部门没有员工对应，左边对应的列补以空值。其等价的简化的查询脚本如下所示。

```
SQL > SELECT emp. empno, emp. ename, emp. deptno, dept. deptno
     FROM emp, dept where emp. deptno( + ) = dept. deptno;
```

3. 全外连接

全外连接是上述二者的综合，它除了返回内连接匹配的数据之外，还返回外连接所不匹配的数据。

【例 6-9】　对每个员工（emp 表）每个部门（dept 表）对应的部门编号进行匹配。执行的脚本如下。

```
SQL > SELECT emp. empno, emp. ename, emp. deptno, dept. deptno
     FROM emp FULL JOIN dept ON emp. deptno = dept. deptno;
```

执行的效果如图 6-10 所示，从图中可以看出，全连接是左外连接和右外连接的综合。需要指出的是，上述的三个外连接查询省略了 OUTER 关键字，全外连接没有简化（采用＋

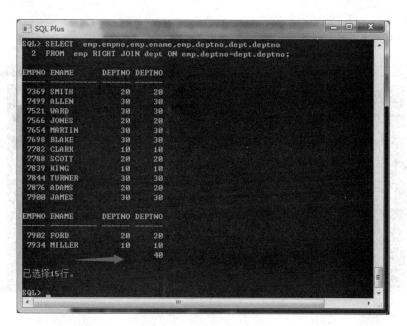

图 6-9　右外连接查询

的方式)的查询方式。

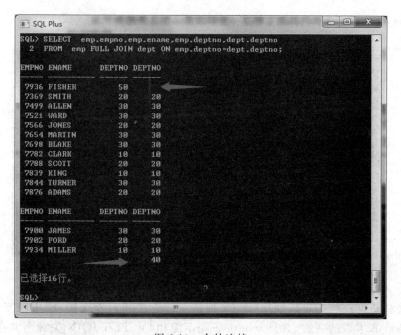

图 6-10　全外连接

6.2.3　交叉连接

交叉连接 CROSS JOIN 是对两个表进行交叉乘积,其结果等同于两个表的笛卡儿积。

【例 6-10】　交叉连接示例,结果如图 6-11 所示。

```
SQL> SELECT emp.ename,emp.deptno,dept. deptno FROM emp
     CROSS JOIN dept;
```

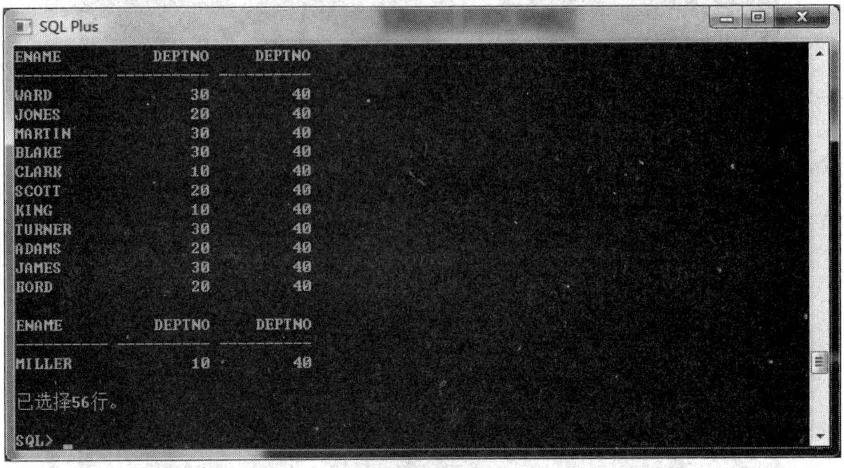

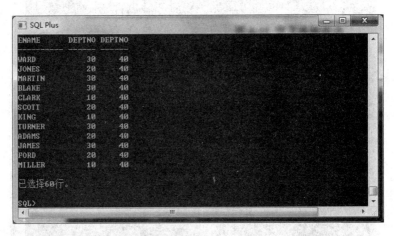

图 6-11　交叉连接查询

如图 6-12 所示的简单连接的执行效果完全等同于交叉连接(图 6-11)的执行效果。执行脚本如下。

```
SQL> SELECT emp.ename,emp.deptno,dept. deptno FROM emp,dept;
```

图 6-12　简单连接查询

在外连接查询过程中可以使用(＋)来构建左外连接和右外连接,使用该方式(＋)时操作符必须放在非主表的一方,并且 where 子句不能和 OUTER JOIN 关键字共存。另外,如果外连接有多个条件,则每个条件都需要使用该操作符。

6.3　子　查　询

在 SELECT 查询语句里可以嵌入 SELECT 查询语句,称为子查询或嵌套查询。也即当一个查询是另一个查询的条件时,称为子查询。子查询形成的结果可作为父查询的条件。

使用子查询时应注意以下几点。

(1) 子查询可以嵌套多层；子查询需要使用括号括起来；子查询要放在比较操作符的右边。

(2) 子查询操作的数据表可以是父查询不操作的数据表。

(3) 子查询中不能有 ORDER BY 排序语句。

(4) 在子查询中可以使用两种比较操作符——单行操作符和多行操作符。

① 单行操作符：例如＝、＞、＞＝、＜、＜＝、＜＞、!＝。

② 多行操作符：例如 ALL、ANY、IN、EXISTS。

当子查询的返回值是一个集合而不是一个值时，不能使用单行操作符，而必须根据需要使用 ANY、IN、ALL 或 EXISTS 等操作符。

6.3.1 简单子查询

【例 6-11】 简单的子查询。执行脚本如下，结果如图 6-13 所示。

```
SQL > SELECT empno, ename, job, sal FROM emp
    WHERE sal >(select sal from emp WHERE ename = 'JAMES');
```

上面的查询过程等价于两步执行过程：执行 select sal from emp WHERE ename ＝ 'JAMES'，得出 sal＝950；再执行 SELECT empno，ename，job，sal FROM emp WHERE sal＞950 得到最终的结果。

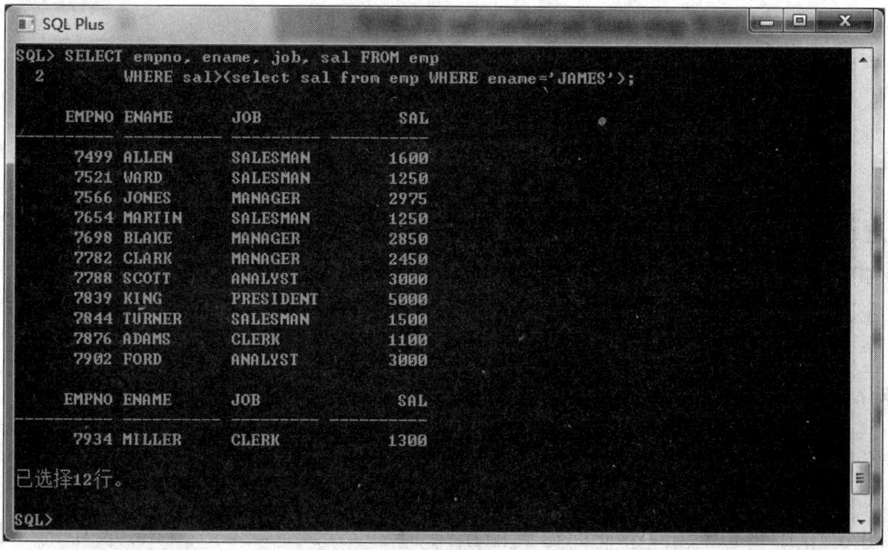

图 6-13　简单子查询

6.3.2　带 IN(NOT IN)的子查询

IN 操作符用来检查在一个值列表中是否包含指定的值。这个值列表可以是子查询的返回结果。NOT IN 操作符用来检查在一个值列表中是否不包含指定的值，NOT IN 执行的操作正好与 IN 在逻辑上相反。

【例 6-12】 带 IN 的子查询。执行脚本如下,结果如图 6-14 所示。

```
SQL > SELECT empno, ename, job, sal FROM emp
    WHERE sal IN(SELECT sal FROM emp WHERE job = 'MANAGER');
```

上面的查询过程等价于:

执行 SELECTsal FROM emp WHERE job＝'MANAGER',得到 2975,2850,2450;再执行 SELECTempno, ename, job, sal FROM emp WHERE sal＝2975 OR sal＝2850 OR sal＝2450 就得到最终的结果。

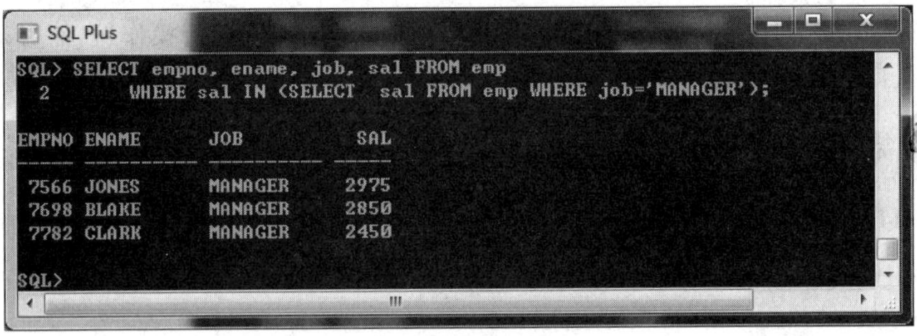

图 6-14 带 IN 的子查询

除此之外,子查询中还可以使用分组函数。比如查找各部门收入为部门最低的那些雇员,执行脚本如下。

```
SQL > SELECT empno, ename, job, sal, deptno
    FROM emp WHERE sal IN
    (SELECT MIN(sal) FROM emp GROUP BY deptno);
```

6.3.3 带 ANY 的子查询

在进行多行子查询时,使用 ANY 操作符,用来将一个值与一个列表中的所有值进行比较,这个值只需要匹配列表中的一个值即可,然后将满足条件的数据返回。其中,值列表可以是子查询的返回结果。

在使用 ANY 操作符之前,必须使用一个单行操作符,例如＝、>、<、<＝等。

【例 6-13】 带 ANY 的子查询。执行脚本如下,结果如图 6-15 所示。

```
SQL > SELECT empno, ename, job, sal FROM emp
    WHERE sal > ANY (SELECT sal FROM emp WHERE job = 'MANAGER');
```

从图 6-15 中可以看出,子查询得到的结果是 2975,2850,2450;emp 表中的 sal 值只要大于其中任何一个即满足条件。

6.3.4 带 ALL 的子查询

使用 ALL 操作符在进行子查询时,用来将一个值与一个列表中的所有值进行比较,这个值需要匹配列表中的所有值,然后将满足条件的数据返回。其中,值列表可以是子查询的返回结果。

在使用 ALL 操作符之前,必须使用一个单行操作符,例如＝、>、<、<＝等。

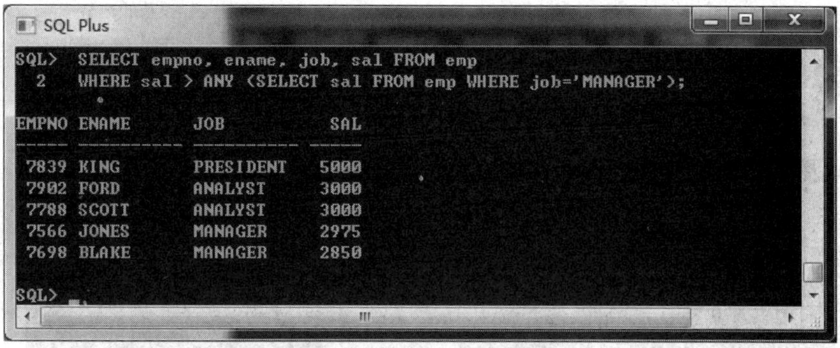

图 6-15　ANY 子查询

【例 6-14】　带 ALL 的子查询。执行脚本如下,结果如图 6-16 所示。

```
SQL > SELECT empno, ename, job, sal FROM emp
    WHERE sal > ALL (SELECT sal FROM emp WHERE job = 'MANAGER');
```

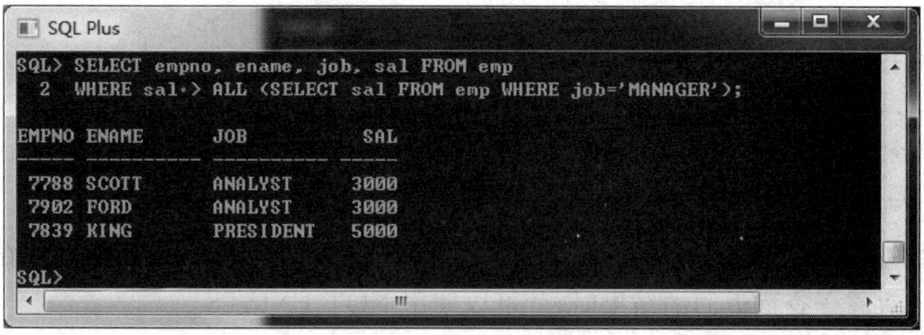

图 6-16　ALL 子查询

从图 6-16 中可以看出,子查询得到的结果是 2975,2850,2450;emp 表中的记录对应的 sal 值必须大于其中所有子查询的结果才满足条件。

6.3.5　关联子查询

关联子查询中可以使用 EXISTS 和 NOT EXISTS 操作符,引用外部的 SQL 语句中的一列或多列。关联子查询会引用外部查询中的一列或多列,这种子查询之所以被称为关联子查询,是因为它的确与外部语句相关。

【例 6-15】　关联子查询。执行脚本如下,结果如图 6-17 所示。

```
SQL > SELECT e.empno, e.ename, e.job, e.sal, e.deptno, d.deptno
    FROM emp e,dept d WHERE EXISTS
    (SELECT deptno FROM emp WHERE deptno > d.deptno);
```

可以这样理解关联子查询:将外查询表的每一行,带入内查询进行检验,如果内查询返回的结果集非空,则 EXISTS 子句返回 TRUE,该行可以作为外查询的结果行,否则不能作为结果。

使用 EXISTS 操作符,只是检查数据是否存在,因此,在子查询语句中可以不返回一列,而是返回一个常量值,这样可以提高查询的性能。如果使用常量 1 替代上述子查询返回语

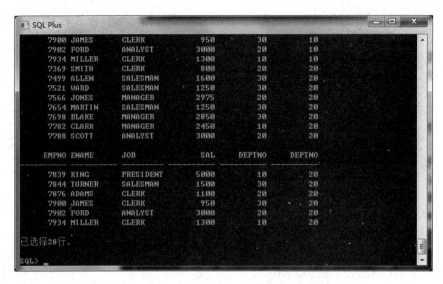

图 6-17　关联子查询

句中的 deptno 列,则查询的结果一样,执行脚本如下。

```
SQL > SELECT e. empno, e. ename, e. job, e. sal, e. deptno, d. deptno
    FROM emp e,dept d WHERE EXISTS
    (SELECT 1 FROM emp WHERE deptno > d. deptno);
```

在执行查询操作逻辑上,NOT EXISTS 的作用正好和 EXISTS 作用相反。在检查数据行中是否不存在子查询返回的结果时,就可以使用 NOT EXISTS。

```
SQL > SELECT e. empno, e. ename, e. job, e. sal, e. deptno, d. deptno
    FROM emp e,dept d WHERE NOT EXISTS
    (SELECT 1 FROM emp WHERE deptno > d. deptno);
```

注意:IN 操作符实现指定匹配查询,检查特定的值中是否包含在值列表中,该操作符是针对特定的值。而 EXISTS 操作符只是检查行是否存在,针对的是行的存在性。

在使用 NOT EXISTS 和 NOT IN 时,如果一个值列表中包含空值,NOT EXISTS 返回 TRUE;而 NOT IN 则返回 FALSE。

6.3.6　在其他子句中使用子查询

在 HAVING 子句中,如果使用子查询,那么就可以实现对子查询返回的结果根据分组进行过滤。

【例 6-16】　对 emp 表进行查询,在 HAVING 子句中使用子查询。获取哪些部门的员工平均工资小于全体员工的平均工资。执行脚本如下,结果如图 6-18 所示。

```
SQL > SELECT deptno , AVG(sal) FROM scott. emp GROUP BY deptno
    HAVING AVG(sal) < ( SELECT AVG(sal) FROM scott. emp );
```

除此之外,子查询还可以被放在 CREATE VIEW 语句、CREATE TABLE 语句、UPDATE 语句、INSERT 语句的 INTO 子句和 UPDATE 语句的 SET 子句中。

图 6-18　HAVING 子句中使用子查询

6.4　集 合 查 询

集合操作符如表 6-1 所示。

表 6-1　集合操作符

操　作　符	功　能　说　明
UNION[ALL]	将多个查询结果合并,形成一个新的结果集。如果指定 ALL,则包括重复的行
INTERSECT	返回多个查询检索出来的公共行
MINUS	返回多个查询检索出来的结果集的差集

　　如果在查询过程中需要将多个查询结果组合到一个查询中,则需要使用集合查询操作。这个操作类似于数学中的交集,并集和补集的操作。

1. 并操作(UNION)的查询

并操作是集合中并集的概念,属于集合 A 或集合 B 的元素的总和就是并集。

【例 6-17】　并操作的查询。查询 emp 表和 dept 表部门号的并集,执行脚本如下,结果如图 6-19 所示。

```
SQL > SELECT deptno FROM emp
     UNION
     SELECT deptno FROM dept;
```

图 6-19　UNION 的查询

　　UNION 的查询会把两个表中的 deptno 并在一起作为一个集合返回,重复的值合并为唯一的值。如果使用 UNION ALL 查询,和 UNION 的不同之处在于 UNION ALL 会将每一条符合条件的记录都列出来,无论记录是否重复。

2. 交操作（INTERSECT）的查询

交操作是集合中交集的概念，既属于集合 A 又属于集合 B 的元素的公共集合就是交集。

【**例 6-18**】 交操作的查询。查询 emp 表和 dept 表部门号的交集，执行脚本如下，结果如图 6-20 所示。

```
SQL > SELECT deptno FROM emp
      INTERSECT
    SELECT deptno FROM dept;
```

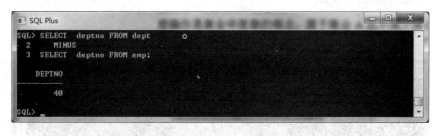

图 6-20 INTERSECT 的查询

3. 差操作（MINUS）的查询

差操作是集合中差集的概念，属于集合 A 且不属于集合 B 的元素的总和就是差集。

【**例 6-19**】 差操作的查询。查询 dept 表和 emp 表部门号的差集，执行脚本如下，结果如图 6-21 所示。

```
SQL > SELECT deptno FROM dept
      MINUS
    SELECT deptno FROM emp;
```

图 6-21 MINUS 的查询

小 结

在本章中，着重介绍 SELECT 高级查询，通过学习使读者理解并掌握各种连接查询，能够在 WHERE 子句和 HAVING 子句中使用子查询。理解并掌握 IN、ANY 和 ALL 操作符的使用，以及关联子查询和嵌套子查询的使用。

习　题

一、简答题

1. 子查询有哪三种子类型？

2. Oracle 外连接的种类有几种？

3. 进行集合操作时，使用哪些操作符，分别获取两个结果集的并集、交集和差集？

二、选择题

1. 使用简单连接查询两个表，其中一个表有 5 行记录，另一个表有 28 行记录，如果未使用 WHERE 子句，则将返回多少行？（　　）

    A. 33　　　　　　　B. 23　　　　　　　C. 28　　　　　　　D. 140

2. 使用关键字进行子查询时，什么关键字只注重子查询是否返回行？如果子查询返回一行或多行，那么将返回真，否则返回假。（　　）

    A. IN　　　　　　　B. EXISTS　　　　　C. ANY　　　　　　D. ALL

三、写出查询语句

1. 查询出比员工编号 7788 工资要高的全部员工的信息。

2. 查询出比员工编号 7566 工资高，同时与 7788 号员工从事相同工作的全部员工的信息。

3. 查询出工资最低的员工的姓名、工作、工资。

4. 查询至少有一个员工的所有部门信息。

5. 查询薪金比 Smith 多的所有员工。

6. 查询受雇日期早于其直接领导的所有员工的编号、姓名、部门名称。

7. 查询所有"CLERK"（办事员）的姓名及其部门名称及部门人数。

第7章   Oracle 内置函数

学习目标：

在本章中，将了解 Oracle 函数分类，并掌握常用函数的使用。理解单行函数和多行函数；学习 SELECT 语句使用函数；掌握字符函数和转换函数。

无论什么样的计算机语言，都提供了大量的函数。使用这些函数可以大大提高计算机语言的运算和判断功能，Oracle 提供的函数也不例外。这些函数分为两种类型：单行函数和多行函数，如图 7-1 所示。

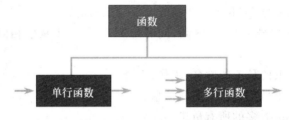

图 7-1   函数的两种类型

单行函数仅对单个行进行运算，并且每行返回一个结果。有不同类型的单行函数：字符串函数、数字函数、日期函数、转换函数和正则表达式函数。多行函数能够操纵成组的行，每个行组给出一个结果，这些函数也被称为组函数或聚合函数，例如 SUM 函数和 AVG 函数等。通过使用这些函数，可以大大增强 SELECT 语句操作数据库数据的功能。

在介绍函数之前先简单地介绍一下 Oracle 的 DUAL 表。DUAL 表的所有者是用户 SYS，并且可以被所有的用户访问。它只包含一列 DUMMY 和带有值 X 的一行。当你一次只想返回一个值时，DUAL 表是有用的，例如，常数值、伪列或者不是来自用户数据表的表达式。DUAL 表通常用于保证 SELECT 子句语法的完整性，因为不管是 SELECT 还是 FROM 子句都是强制的，并且一些计算不需要从实际的表中选择。该表是 Oracle 中真实存在的一个表，任何用户都可以读取，多数情况下可以用在没有目标的 SELECT 查询语句中。它本身只包含一个 DUMMY 字段。DUAL 表在 Oracle 中很重要，不要删除该表，一旦删除，Oracle 将无法启动。下面针对函数的测试都是使用 DUAL 表作为测试语句的目标表。

7.1   字符型函数

单行字符函数接收字符数据作为输入，既可以返回字符值也可以返回数字值。字符函数可以被分为两种：大小写处理函数和字符处理函数，如图 7-2 所示。

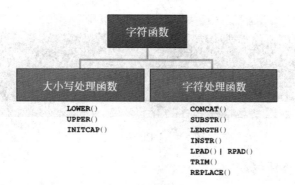

图 7-2　字符函数

7.1.1　字母大小写转换函数

1. LOWER(char)函数

该函数可以将指定的参数全部转换为小写。参数可以是 CHAR、VARCHAR2、NCHAR、NVARCHR2、CLOB、BLOB。

【例 7-1】　检索 DUAL 表并使用字符函数进行处理。

```
SQL > SELECT LOWER('A'),LOWER('ABCD'),LOWER('THIS IS A WORD') FROM DUAL;
```

执行效果如图 7-3 所示。

图 7-3　LOWER 函数

2. UPPER(char)函数

该函数可以将指定的参数全部转换为大写。参数可以是 CHAR、VARCHAR2、NCHAR、NVARCHR2、CLOB、BLOB。

【例 7-2】　检索 DUAL 表并使用字符函数进行处理。

```
SQL > SELECT UPPER('a'),UPPER('abcD'),UPPER('this is a word') FROM DUAL;
```

执行脚本效果如图 7-4 所示。

3. INITCAP(char)函数

该函数可以将指定的参数所有单词的首字母转换成大写。参数可以是 CHAR、VARCHAR2、NCHAR、NVARCHR2。

【例 7-3】　检索 DUAL 表并使用字符函数进行处理。

```
SQL > SELECT INITCAP('this is a word') FROM DUAL;
```

图 7-4　UPPER()函数

执行效果如图 7-5 所示。

图 7-5　INITCAP()函数

7.1.2　字符串连接函数

CONCAT(char1,char2)函数可以将字符串 1 和字符串 2 进行拼接组成一个字符串,相当于"||"。参数可以是 CHAR、VARCHAR2、NCHAR、NVARCHR2、CLOB、NCLOB。

【例 7-4】　检索 DUAL 表并使用字符函数进行处理。

SQL > SELECT CONCAT('this is','a word') FROM DUAL;

执行效果如图 7-6 所示。

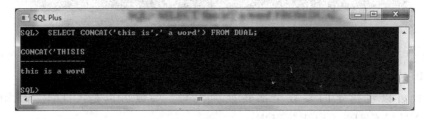

图 7-6　CONCAT()函数

其等价的执行脚本如下所示。

SQL > SELECT 'this is'||'a word' FROM DUAL;

7.1.3　字符串截取函数

SUBSTR()函数可以将字符串截取并返回截取后的字符串,该函数有很多扩展形式,其具体语句结构是

{[SUBSTR]|[SUBSTRB]|[SUBSTRC]|[SUBSTR2]|[SUBSTR4]}(char,position[,substring_length])

各参数表示含义如下。

(1) SUBSTR：以字符为单位。

(2) SUBSTRB：以字节为单位。

(3) SUBSTRC：以 Unicode 字符为单位。

(4) SUBSTR2：以 UCS2 代码为单位。

(5) SUBSTR4：以 UCS4 代码为单位。

(6) char：原始字符串。

(7) position：要截取字符串的开始位置。如果该值为负数，则表示从 char 的右边算起。

(8) substring_length：截取的长度。

具体的示例脚本如下，此处仅以 SUBSTR() 为例。

【例 7-5】　检索 DUAL 表并使用字符函数进行处理

```
SQL > SELECT SUBSTR('ABCDEFG',5,2),SUBSTR('ABCDEFG', - 5,2) FROM DUAL;
```

执行效果如图 7-7 所示。

图 7-7　SUBSTR() 函数

7.1.4　获取字符串长度函数

LENGTH(char1) 函数可以得到指定字符串的长度，返回类型为数字。同样地，其函数的扩展形式为

```
{[LENGTH]|[LENGTHB]|[LENGTHC]|[LENGTH2]|[LENGTH4]}(char)
```

其各项参数的含义可参考前面其他的函数。

【例 7-6】　检索 DUAL 表并使用字符函数进行处理。

```
SQL > SELECT LENGTH('this is a word') FROM DUAL;
```

执行效果如图 7-8 所示。

7.1.5　字符串搜索函数

INSTR 函数可以在指定字符串中搜索是否存在另外一个字符串。同样地，其函数的扩展形式为

```
{[INSTR]|[INSTRB]|[INSTRC]|[INSTR2]|[INSTR4]}(char1,char2,[position,[occurrence]])
```

其他各项参数的含义可参考前面的函数，occurrence 代表 char2 第几次出现。函数的

图 7-8　LENGTH()函数

返回值为 char2 在 char1 中的数字位置。

【例 7-7】　检索 DUAL 表并使用字符函数进行处理。

SQL > SELECT INSTR('this is','is'),INSTR('this is','is', − 1) FROM DUAL;

执行效果如图 7-9 所示。

图 7-9　INSTR 函数

7.1.6　字符串填充函数

RPAD()函数：语法结构是 RPAD(char1,n[,char2])。该函数的功能是在字符串 char1 的右边用字符串 char2 填充,直到整个字符串长度为 n 为止。如果 char 不存在则以空格填充。

LPAD 函数：语法结构是 LPAD(char1,n[,char2])。该函数的功能是在字符串 char1 的左边用字符串 char2 填充,直到整个字符串长度为 n 为止。如果 char 不存在则以空格填充。

【例 7-8】　检索 DUAL 表并使用字符函数进行处理。

SQL > SELECT RPAD('this',8,'is'),LPAD('this',12,'is') FROM DUAL;

执行效果如图 7-10 所示。

图 7-10　RPAD()函数和 LPAD()函数

7.1.7 删除字符串首尾指定字符函数

1. TRIM 函数

该函数将删除指定的前缀或尾随的字符,默认删除空格。具体的语法结构是

TRIM([LEADING|TRAILING|BOTH][trim_char FROM] [char_source])

参数如下。

(1) LEADING:删除 char_source 的前缀字符。

(2) TRAILING:删除 char_source 的后缀字符。

(3) BOTH:删除 char_source 的前缀和后缀字符。

(4) trim_char:删除指定的字符,默认删除空格。

(5) char_source:被操作的字符。

【例 7-9】 检索 DUAL 表并使用字符函数进行处理。

SQL> SELECT TRIM(LEADING 't' FROM 'this'),TRIM(' this ') FROM DUAL;

执行效果如图 7-11 所示。

图 7-11　TRIM()函数

2. LTRIM(char[,set])函数

该函数会将 char 左边出现在 set 中的字符删除掉。如果 set 省略,则默认删除空格。

3. RTRIM(char[,set])函数

该函数会将 char 右边出现在 set 中的字符删除掉。如果 set 省略,则默认删除空格。

【例 7-10】 检索 DUAL 表并使用字符函数进行处理。

SQL> SELECT LTRIM('this','ts'),RTRIM('this','ts') FROM DUAL;

执行效果如图 7-12 所示。

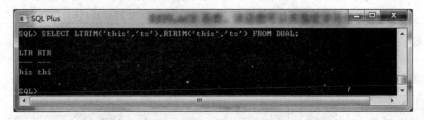

图 7-12　LTRIM()函数和 RTRIM()函数

7.1.8 替换字符串函数

REPLACE()函数可以在指定字符串中搜索是否存在另外一个字符串,如果存在则替换。该函数具体语法结构是

```
REPLACE(char,search_str[,replace_str])
```

参数如下。

(1) char:待搜索的目标字符串字符。

(2) search_str:在目标字符串中要搜索的字符串。

(3) replace_str:用于替代被搜索到的字符串。如果该参数省略,则从目标串中删除要搜索的字符串 search_str。

【例 7-11】 检索 DUAL 表并使用字符函数进行处理。

```
SQL > SELECT REPLACE('this is','is'),REPLACE('this is','is','was') FROM DUAL;
```

执行效果如图 7-13 所示。

图 7-13　REPLACE()函数

7.2 数 值 函 数

数值函数接收数字输入并且返回数字值,本节将介绍一些数值函数,如表 7-1 所示。

表 7-1　常用数值函数

名　　称	功 能 描 述
ABS(数字)	一个数的绝对值
CHR(数字)	ASCII 码与字符转换函数
CEIL(数字)	向上取整。不论小数点后的数为多少都要向前进位;例如: CEIL(123.01)=124;CEIL(−123.99)=−123;
FLOOR(数字)	向下取整。不论小数点后的数为多少都删除;例如: FLOOR(123.99)=123;FLOOR(−123.01)=−124;
MOD(被除数,除数)	取余数;例如: MOD(20,3)=2
ROUND(数字,从第几位开始取)	四舍五入。例如: ROUND(123.5,0)=124;ROUND(−123.5,0)=−124; ROUND(123.5,−2)=100;ROUND(−123.5,−2)=−100;
ABS(数字)	一个数的绝对值

名　称	功 能 描 述
CEIL(数字)	向上取整;不论小数点后的数为多少都要向前进位。例如: CEIL(123.01)=124; CEIL(-123.99)=-123;
TRUNC(数字,从第几位开始)	截断列、表达式或者 n 位小数值;例如: TRUNC(123.99,1)=123.9 TRUNC(-123.99,1)=-123.9 TRUNC(123.99,-1)=120 TRUNC(-123.99,-1)=-120 TRUNC(123.99)=123

7.2.1　绝对值、取余和判断数值函数

1. ABS(n)函数

求绝对值函数,该函数输入一个数值型的参数,或隐式转换为数值型的数据。

【例 7-12】　使用 ABS()函数求绝对值,结果如图 7-14 所示。

SQL> SELECT ABS(200), ABS(-200), ABS('-200') FROM DUAL;

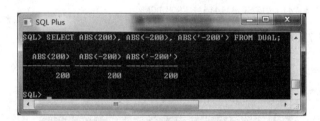

图 7-14　ABS()函数

2. MOD(n1,n2)函数

该函数表示返回 n1 除以 n2 的余数,该函数的参数为任意数值或者可以隐式转为数值型。如果 n2 为 0,则返回 n1。

【例 7-13】　使用 MOD 函数求余数,如图 7-15 所示。

SQL> SELECT MOD(15,2), MOD('-20',3), MOD(7.3,6),MOD(2,0) FROM DUAL;

图 7-15　MOD()函数

3. SIGN(n)函数

返回参数 n 的符号。整数返回 1,0 返回 0,负数返回-1。但是如果 n 为 BINARY_

FLOAT 或 BINARY_DOUBLE 类型时,n≥0 或者 n＝NaN 函数会返回 1。

【例 7-14】 使用 SING 函数()。

```
SQL > SELECT SIGN( - 12), SIGN(20), SIGN(0) FROM DUAL;
```

执行效果如图 7-16 所示。

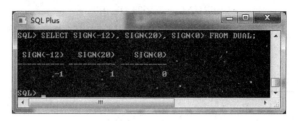

图 7-16　SIGN()函数

7.2.2　三角函数

COS(n)函数用于返回参数 n 的余弦,n 为弧度表示的角度。

【例 7-15】 使用 COS()函数。

```
SQL > SELECT COS(3.1415),COS('3.1415') FROM DUAL;
```

执行效果如图 7-17 所示。

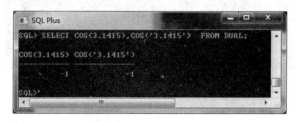

图 7-17　COS()三角函数

与 COS()函数类似的还有如下几个。

(1) ACOS(n):返回 n 的反余弦值。

(2) COSH(n):返回 n 的双余弦值。

(3) SIN(n):返回 n 的正弦函值。

(4) SINH(n):返回 n 的双曲正弦值。

(5) ASIN(n):返回 n 的反正弦值。

(6) TAN(n):返回 n 的正切值。

(7) TANH(n):返回 n 的双曲正切值。

(8) ATAN(n):返回 n 的反正切值。

7.2.3　以指定数值为准的整数函数

1. CEIL(n)函数

向上取整函数,其返回结果是大于等于输入参数的最小整数。该函数输入一个数值型的参数,或者可以隐式转换成数值的类型,可以是非整数。

【例7-16】 使用CEIL函数向上取整。

SQL > SELECT CEIL(12.35), CEIL(− 12.35), CEIL('12.35') FROM DUAL;

执行效果如图7-18所示。

图7-18 CEIL()函数

2. FLOOR(n)函数

向下取整函数,其返回结果是根据四舍五入的原则取整数。该函数输入一个数值型的参数,或者可以隐式地转换成数值的类型,可以是非整数。

【例7-17】 使用FLOOR函数向下取整。

SQL > SELECT FLOOR(12.35), FLOOR(− 12.35), FLOOR('12.35') FROM DUAL;

执行效果如图7-19所示。

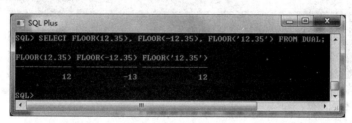

图7-19 FLOOR()函数

7.2.4 四舍五入截取函数

1. ROUND(n)函数

四舍五入函数,该函数的具体语法结构是

ROUND(n, int)

它将n四舍五入成第二个参数指定的形式的十进制数。参数int要求为整数,如果不为整数则自动截取整数部分。当int为正整数时,表示n被四舍五入int位小数。如果int为负数,则n被四舍五入至小数点向左int位。

【例7-18】 使用ROUND()函数。

SQL > SELECT ROUND(12.35,1), ROUND(− 15.5, − 1), ROUND(12.35,1.23) FROM DUAL;

执行效果如图7-20所示。

图 7-20　ROUND()函数

2. TRUNC(n)函数

截取函数。该函数的具体语法结构是

TRUNC(n, int)

它将 n 根据第二个参数指定的值截取。参数 int 要求为整数,如果不为整数则自动截取整数部分。当 int 为正整数时,表示 n 被截取到 int 位小数。如果 int 为负数,则 n 被截取小数点左第 int 位。

【例 7-19】　使用 TRUNC()函数。

SQL > SELECT TRUNC(12.35,1), TRUNC(− 15.5, − 1), TRUNC(12.35,1.23) FROM DUAL;

执行效果如图 7-21 所示。

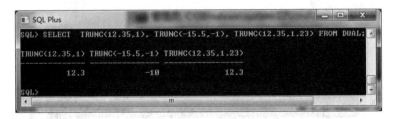

图 7-21　TRUNC()函数

7.3　日期时间函数

Oracle 数据库用内部数字格式存储日期:世纪,年,月,日,小时,分钟和秒。日期类型的函数操作日期、时间类型的相关数据,并返回日期或数字类型的数据。有效的 Oracle 日期在公元前 4712 年 1 月 1 日和公元 9999 年 12 月 31 日之间。常用日期函数如表 7-2 所示。

表 7-2　常用日期函数

名　　称	功 能 描 述
ADD_MONTHS(日期,数字)	在已有的日期上加一定的月份
LAST_DAY(日期)	求出该日期的最后一天
MONTHS_BETWEEN(日期 1,日期 2)	求出两个月之间的天数(注意返回的天数为小数),其结果可以是正的也可以是负的,如果日期 1 大于日期 2,结果是正的,反之为负
NEW_TIME(时间,时区,'gmt')	按照时区设定时间

名　称	功　能　描　述
NEXT_DAY(日期,char)	返回指定的日期之后并满足 char 指定条件的第一个日期
ROUND(日期)	四舍五入日期
TRUNC(日期)	截断日期

7.3.1　系统日期、时间函数

SYSDATE()是一个日期函数,它返回当前数据库服务器的日期和时间。可以像使用任何其他列名一样使用 SYSDATE()。例如,可以从一个表中选择 SYSDATE 来显示当前日期。习惯上是从一个 DUAL 虚拟表中选择 SYSDATE,如:SELECT　SYSDATE FROM　DUAL。

【例 7-20】　使用 SYSDATE()函数。

```
SQL > SELECT TO_CHAR(sysdate, 'YYYY - MM - DD HH24:MI:SS AM DY') FROM dual;
```

执行效果如图 7-22 所示。

图 7-22　SYSDATE()函数

7.3.2　指定月份函数

ADD_MONTHS(date,integer)函数返回在指定的日期上加一个月份后的日期。各参数具体含义如下。

(1) date:指定的日期。

(2) integer:要加的月份数,该值如果为负数,则表示减去的月份数。

该函数有些地方需要注意,当指定的日期是月的最后一天时,最后的函数返回的结果也将是新月的最后一天。而如果新的月份比指定日期月份的天数少,则函数自动回调有效日期。

```
SQL > SELECT TO_CHAR(ADD_MONTHS(TO_DATE( '2016 - 04 - 20','YYYY - MM - DD'),1),'YYYY - MM - DD'),
            TO_CHAR(ADD_MONTHS(TO_DATE( '2016 - 04 - 30','YYYY - MM - DD'),1),'YYYY - MM - DD'),
            TO_CHAR(ADD_MONTHS(TO_DATE( '2016 - 01 - 30','YYYY - MM - DD'),1),'YYYY - MM - DD')
      FROM DUAL;
```

执行效果如图 7-23 所示。

7.3.3　返回指定月份最后一天函数

LAST_DAY(date)函数返回指定月份的最后一天。示例脚本如下。

135

图 7-23　ADD_MONTHS()函数

SQL > SELECT LAST_DAY(SYSDATE) FROM DUAL;

执行效果如图 7-24 所示。

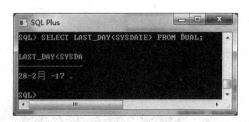

图 7-24　LAST_DAY()函数

【例 7-21】　显示所有雇员的 empno,hiredate,已被雇用的月,6 个月的试用期,受雇日期后的第一个星期五,受雇月的最后一天。

SQL > SELECT empno, hiredate, MONTHS_BETWEEN (SYSDATE, hiredate)
　　　　TENURE, ADD_MONTHS(hiredate, 6) REVIEW, NEXT_DAY (hiredate, 5),
　　　　LAST_DAY(hiredate) FROM emp WHERE empno = 7788;

执行效果如图 7-25 所示。

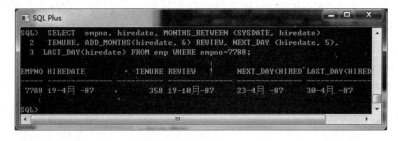

图 7-25　使用日期函数

7.4　转 换 函 数

在某些情况下,Oracle 服务器使用一种数据类型的数据,而在另外一种情况下我们希望使用一种不同数据类型的数据,如果这种情况发生,Oracle 服务器可以自动转换数据为期望的数据类型。

转换函数的目的是完成不同数据类型之间的转换,在此介绍平常使用频率比较高的转换函数。转换函数按照其表现的形式可以分为两种:一种数据类型的转换处理可以被 Oracle 服务器隐式进行,另外一种由用户显式进行,如图 7-26 所示。

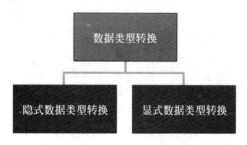

图 7-26   转换函数分类

【例 7-22】   隐式数据类型转换。结果如图 7-27 所示。

SQL > SELECT ename, sal FROM emp WHERE sal = '1100';

图 7-27   隐式转换函数

这里对员工的工资进行了选择,虽然员工的工资是数值型的,但把它写成了字符串型的,Oracle 仍然得到了正确的结果。这说明 Oracle 进行了隐式的从字符串到数值直接的转换。隐式转换可以分为直接赋值转换和表达式赋值转换,分别如表 7-3 和表 7-4 所示。

表 7-3   直接赋值隐式转换

源 类 型	目 标 类 型
VARCHAR2 或 CHAR	NUMBER
VARCHAR2 或 CHAR	DATE
NUMBER	VARCHAR2
DATE	VARCHAR2

表 7-4   表达式赋值隐式转换

源 类 型	目 标 类 型
VARCHAR2 或 CHAR	NUMBER
VARCHAR2 或 CHAR	DATE

尽管隐式数据类型转换是可用的,但建议做显式数据类型转换以确保 SQL 语句的可靠性。需要指出的是,只有当字符串表示一个有效的数时,CHAR 到 NUMBER 转换才能成功。

隐式数据转换不只是在前面提到的数据类型之间进行,还有其他一些隐式数据转换可以进行,例如,VARCHAR2 可以被隐式转换为 ROWID。

数据处理过程中典型的数据转换如图 7-28 所示。

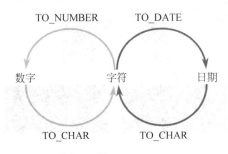

图 7-28　显式数据类型转换

显式数据类型转换用转换函数进行。转换函数负责将值从一种数据类型转换到另一种数据类型。通常,函数名的构成遵循"数据类型"到"数据类型"的约定,第一个数据类型是输入数据类型,后一个数据类型是输出数据类型。

7.4.1　数值转换成字符型函数

1. TO_CHAR(number)函数

该函数将一个数值型参数转换成字符型数据。函数具体语法结构是

```
TO_CHAR(number,[fmt[,nlsparms]])
```

参数如下。

(1) number:数值型数据。

(2) fmt:要转换成字符的格式。

(3) nlsparms:由参数指定 fmt 的特征。通常包括小数点字符、组分隔符、本地钱币符号。如果 nlsparms=NLS_NUMERIC_CHARACTERS 则用来指定小数位和千分位的分隔符,以及货币符号。

【例 7-23】　示例脚本如下所示,执行效果如图 7-29 所示。

```
SQL > SELECT TO_CHAR(123456.789,'99999999.9 $ ') FROM dual;
```

图 7-29　TO_CHAR(number)函数

2. TO_CHAR(date)函数

该函数将一个字符型参数转换成日期型数据。函数具体语法结构是

```
TO_CHAR(date,[fmt[,nlsparms]])
```

参数如下。

（1）date：数值型数据。

（2）fmt：要转换成字符的格式。

① YY 或 YYYY：指定年的位数,两位或四位;

② MM：月份数;

③ DD：当月第几天;

④ HH 或 HH12：十二进制小时数;

⑤ HH24：24 小时制;

⑥ MI：分钟数(0~59);

⑦ SS：秒数(0~59);

⑧ AM：(上午/下午);

⑨ RM：月份的罗马表示;

⑩ Month：用 9 个字符长度表示的月份名;

⑪ WW：当年第几周;

⑫ W：本月第几周;

⑬ D：周内第几天。

（3）nlsparms：使用的语言类型。nlsparms＝NLS_DATE_LANGUAGE 控制返回的月份和日所使用的语言。

【例 7-24】 示例脚本如下,执行效果如图 7-30 所示。

```
SQL > SELECT TO_CHAR(sysdate,'YYYY/MM/DD HH24:MI:SS'),
      TO_CHAR(sysdate,'Month','NLS_DATE_LANGUAGE = ENGLISH')
      FROM dual;
```

图 7-30　TO_CHAR(date)函数

7.4.2　字符转换成日期型函数

TO_DATE(char)函数将一个字符型参数转换成日期型数据。该函数具体语法结构是

```
TO_DATE(char,[fmt[,nlsparms]])
```

参数如下。

（1）char：数值型数据。

（2）fmt：要转换成字符的格式。

（3）nlsparms：控制格式化时使用的语言类型。

【例 7-25】 示例脚本如下，执行效果如图 7-31 所示。

```
SQL > SELECT TO_CHAR(TO_DATE('2016 – 06 – 01', 'YYYY – MM – DD'), 'MONTH')
      FROM dual;
```

图 7-31　TO_DATE()函数

7.4.3　字符转换成数字函数

TO_NUMBER(expr)函数将一个字符型参数转换成数值型数据。该函数具体语法结构是

```
TO_DATE(expr,[fmt[,nlsparms]])
```

参数如下。

（1） expr：转换的字符，其类型可以是 CHAR、VARCHAR2、NCHAR、NVARCHAR2。

（2）fmt：要转换成字符的格式。

（3）nlsparms：控制格式化时使用的语言类型。

【例 7-26】 示例脚本如下，执行效果如图 7-32 所示。

```
SQL > SELECT TO_NUMBER('00001227.479'),
      TO_NUMBER('ABC', 'XXXXXX')
      FROM DUAL;
```

图 7-32　TO_NUMBER()函数

7.4.4　其他转换成数字函数

除了上述转换函数之外，还有其他一些转换函数，如下。

（1）ASCIISTR(char)函数：可将任意字符集的字符串转换为对应的 ASCII 值。

（2）BIN_TO_NUM（data[，data..]）函数：二进制转换成对应的十进制，数位之间用"，"分隔。

（3）CAST（expr as type_name）函数：该函数是进行类型转换的，可以把 expr 参数转换成 type_name 类型。

（4）CONVERT（value，source_char_set，dest_char_set）函数：将 value 从源字符集 source_char_set 转换为目标结果集 dest_char_set。

（5）DECODE（value，search，result，default）函数：将 value 的值与 search 进行比较，如果相等，该函数返回 result 值，否则返回 default 值。

7.4.5 聚合函数

聚合函数是多行函数，其对一组行中的某个列执行计算并返回单一的值。聚合函数忽略空值。聚合函数经常与 SELECT 语句的 GROUP BY 子句一同使用，所以有的时候也把其称之为分组函数。常用聚合函数如表 7-5 所示。

表 7-5 常用聚合函数

名　　称	功　能　描　述
SUM()	求和
AVG()	求平均值
MAX()	求最大值
MIN()	求最小值
COUNT()	求个数

【例 7-27】 聚合函数示例。

```
SQL > SELECT deptno,COUNT( * ),AVG(sal),SUM(sal),MAX(sal),
      MIN(sal) FROM emp group by deptno;
```

执行效果如图 7-33 所示。

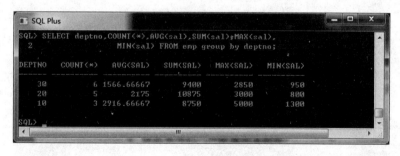

图 7-33 使用聚合函数

小　结

在本章中，简要介绍了 Oracle 函数分类，了解常用函数的使用。理解单行函数和多行函数的概念，及在 SELECT 语句中使用函数，掌握字符函数和转换函数的使用。

习　题

一、填空题

1. 说出常用的 6 种数值类型函数：_____、_____、_____、_____、_____和_____。

2. 用来截取字符串的函数是_____。

3. 用_____可以得到系统的当前日期。

4. 使用_____函数可以返回某个数值的 ACSII，_____可以返回某个 ASCII 值对应的十进制数。

5. 使用_____函数，可以把数字或日期类型的数据转换成字符串；使用 TO_DATE 函数，可以把_____转换成_____，默认的日期格式为_____。

二、选择题

1. 下列哪个聚合函数可以把一个列中的所有值相加求和？（　　）

 A. MAX( ) 函数　　　B. COUNT( ) 函数　C. SUM( ) 函数　　　D. MIN( ) 函数

2. 如果统计表中有多少行记录，应该使用下面的哪个聚合函数？（　　）

 A. MAX( ) 函数　　　　B. COUNT( ) 函数　C. AVG( ) 函数　　　　D. MIN( ) 函数

三、简答题

1. 试述单行函数和多行函数的区别。

2. 指定一个日期值，比如 2016 年 06 月 30 日，获得这个日期与当前日期间隔的月份与天数。

第 8 章 PL/SQL 编程基础

学习目标:

PL/SQL 是专门为 Oracle 数据库设计的一种高级数据库程序设计语言,是 Oracle 对标准数据库语言的扩展,是过程语言(Procedural Language)和结构化查询语言(SQL)结合而成的编程语言。PL/SQL 能运行在任何 Oracle 环境中,支持多种数据类型,如表类型,可使用条件和循环控制结构,可用于创建存储过程、触发器和程序包,还可以处理业务规则、数据库事件等。另外,PL/SQL 还支持许多增强的功能,如面向对象的程序设计和异常处理等。

通过本章的学习,希望读者掌握 PL/SQL 程序块的结构,熟悉数据类型及用法、游标的使用,理解掌握控制结构、异常处理的方法。

8.1 PL/SQL 程序块结构

PL/SQL 是块结构的语言,其基本组成单元是块(Block)。一个 PL/SQL 程序包含一个或多个块,每个块都可以划分为三个部分:声明部分、执行部分和异常处理部分。其中,执行部分是必需的,而声明部分和异常处理部分可选。PL/SQL 程序块的基本结构如下。

```
[DECLARE]
    -- 声明部分;
BEGIN
    -- 执行部分;
[EXCEPTION]
    -- 异常处理部分;
END;
/
```

结构说明如下。

声明部分:定义了变量、常量、类型和游标,由关键字 DECLARE 开始。PL/SQL 程序中使用的所有变量、常量等需要声明的内容都必须在声明部分集中定义。如果不需要声明常量和变量等,则可以忽略这一部分。

执行部分:执行部分是 PL/SQL 块的指令部分,由关键字 BEGIN 开始,关键字 END 结尾。所有的可执行 PL/SQL 语句都放在这一部分,该部分执行命令并操作变量。其他的 PL/SQL 块可以作为子块嵌套在该部分。PL/SQL 块的执行部分是必选的。注意:END 关键字后面用分号结尾。

异常处理部分:该部分是可选的,由 EXCEPTION 关键字开始,包含在可执行部分中,用于处理程序执行过程中产生的异常情况。

PL/SQL 块中的每一条语句都必须以分号结束,SQL 语句可以是多行的,但分号表示该语句的结束。一行中可以有多条 SQL 语句,它们之间以分号分隔。每一个 PL/SQL 块由 BEGIN 或 DECLARE 开始,以 END 结束。单行注释由"--"标识,多行注释由"/＊＊/"标识。

块是 PL/SQL 的基本程序单元,编写 PL/SQL 程序实际上就是编写 PL/SQL 块。要完成相对简单的应用功能,可能只需要编写一个 PL/SQL 块;而如果要实现复杂的应用功能,那么可能需要在一个 PL/SQL 块中嵌套其他 PL/SQL 块。

PL/SQL 块分为匿名块、命名块两种。匿名块指未命名的程序块,可以用在服务器端,也可以用在客户端;命名块指存储过程、函数、包和触发器等,可以在子程序的执行部分引用。

【例 8-1】 输出字符串"Hello World!"。

```
SQL > set serveroutput on
SQL > begin
  2     dbms_output.put_line('Hello World!');
  3   end;
  4   /
Hello World!
PL/SQL 过程已成功完成。
```

上述示例中,PL/SQL 块只包含执行体部分。dbms_output 是 Oracle 所提供的包,put_line 是 dbms_output 包的一个存储过程,能输出字符串、变量和常量的值。需要注意的是,如果在 SQL＊Plus 中显示 dbms_output.put_line 过程的输出内容,需要使用 set serveroutput on 命令打开服务器输出。

8.2 PL/SQL 的基本语法

8.2.1 常量和变量

在 PL/SQL 程序块中,经常要用到常量和变量。常量用于声明一个不可更改的值,而变量则可以在程序中根据需要存储不同的值。

定义常量和变量时,名称必须符合 Oracle 标识符的规定,如下。

(1) 名称必须以字母开头。

(2) 名称长度不能超过 30 个字符。

(3) 名称中不能包含减号(—)和空格。

(4) 不能是 SQL 保留字。

1. 声明常量

常量在声明时赋予初值,并且在程序运行时不允许修改。声明常量必须使用 CONSTANT 关键字,语法形式如下。

```
constant_name CONSTANT data_type { : = | DEFAULT } value ;
```

语法说明如下。

（1）constant_name：表示常量名。

（2）data_type：表示常量的数据类型。

（3）:=｜DEFAULT：:=为赋值操作符，可使用DEFAULT关键字代替。

（4）value：表示为常量赋的值。

2. 声明变量

PL/SQL是一种强壮的类型语言，在执行或异常处理部分引用变量前必须首先声明，声明变量的语法如下。

```
variable_name date_type [ [NOT NULL] { DEFAULT | : = } value]
```

语法说明如下。

（1）variable_name：定义变量的名称。

（2）date_type：定义变量的数据类型。

（3）NOT NULL：为变量定义了非空约束条件，此时必须为变量赋予非空初始值，而且在程序中不允许将其修改为NULL。

（4）:=｜DEFAULT：两者作用等价，可互相替换。

【**例8-2**】 根据圆的半径，输出圆的面积。

```
SQL > declare
  2     pi constant number : = 3.14;      -- 圆周率值
  3     r number default 3;               -- 圆的半径默认值3
  4     area number;                      -- 面积.
  5   begin
  6     area: = pi * r * r;               -- 计算圆的面积
  7     dbms_output.put_line('圆的面积为: '||area);  /* 输出圆的面积 */
  8   end;
  9   /
圆的面积为: 28.26
PL/SQL 过程已成功完成。
```

上述示例中，在程序块的语句后面进行了注释说明，以提高程序的可读性。Oracle中可以采用两种注释符号添加注释文本：双减号（－－）添加单行注释；正斜杠星号字符对（/ * … * /）添加单行或多行注释。

【**例8-3**】 根据员工编号，输出用户scott的emp表中的部分数据。

```
SQL > declare
  2     c_enum constant number(4): = 7788;
  3     v_ename varchar2(10);
  4     v_job varchar2(9);
  5     v_sal number(7,2);
  6   begin
  7     select ename,job,sal
  8     into v_ename,v_job,v_sal
  9     from emp where empno = c_enum;
 10     dbms_output.put_line ('该员工的编号为: '|| c_enum);
 11     dbms_output.put_line ('该员工的姓名为: '|| v_ename);
```

```
12    dbms_output.put_line ('该员工的职位为：'||v_job);
13    dbms_output.put_line ('该员工的工资为：'|| v_sal);
14  end;
15  /
```

该员工的编号为：7788
该员工的姓名为：SCOTT
该员工的职位为：ANALYST
该员工的工资为：3000
PL/SQL 过程已成功完成。

上述示例中定义了一个常量和三个变量，常量 c_enum 的值为 7788。使用 select…into 语句为三个变量赋值，值分别为 emp 中 ename、job 和 sal 列的值。需要注意的是，使用 select…into 语句为变量赋值，要求查询的结果必须是表中的一行，不能是多行或者没有记录。另外，Oracle 使用双竖线"||"来连接两个字符串。

8.2.2 数据类型

PL/SQL 不仅支持 Oracle SQL 的数据类型，还具备自身特定的数据类型。PL/SQL 的数据类型主要包括标量数据类型、LOB 数据类型、引用数据类型、属性数据类型和复合数据类型等。

1. 标量数据类型

标量数据类型没有内部分量，可以分为数字、字符、布尔和日期等数据类型。

1）数字数据类型

数字数据类型存储的数据为数字，用此数据类型存储的数据可用于计算，数字数据类型主要包括 BINARY_INTEGER、NUMBER、PLS_INTEGER 等，如表 8-1 所示。

表 8-1 PL/SQL 的数字数据类型

类　　型	说　　明
BINARY_INTEGER	介于 -2^{31} 和 2^{31} 的整数
PLS_INTEGER	介于 -2^{31} 和 2^{31} 的整数。类似于 BINARY_INTEGER，只是 PLS_INTEGER 值上的运行速度更快
NATURAL	BINARY_INTEGER 子类型，表示从 0 开始的自然数
NATURALN	与 NATURAL 一样，只是要求 NATURALN 类型变量值不能为 NULL
POSITIVE	BINARY_INTEGER 子类型，正整数
POSITIVEN	与 POSITIVE 一样，只是要求 POSITIVE 的变量值不能为 NULL
SIGNTYPE	BINARY_INTEGER 子类型。值有：1、-1、0
NUMBER(P,S)	其中，P 是精度，最大 38 位；S 是刻度位数，表示小数点后的最大位数
BINARY_FLOAT	32 位单精度浮点数
BINARY_DOUBLE	64 位双精度浮点数
DECIMAL	最高精度为 38 位的定点数
INT、INTEGER、SMALLINT	NUMBER 的子类型，38 位精度整数

2）字符数据类型

字符数据类型用于存储字符串或字符数据。字符数据类型主要包括 CHAR、NCHAR、

VARCHAR2、NVARCHAR2 等,如表 8-2 所示。

表 8-2　PL/SQL 的字符数据类型

类　　型	说　　明
CHAR(length[BYTE|CHAR])	固定长度的字符数据,表示长度为 length 个字符,最长 32 767B,默认长度是 1B,如果内容不够用空格代替
VARCHAR2（length［BYTE | CHAR])	可变长度的字符数据,表示长度最多为 length 个字符,最长 32 767B。在 PL/SQL 中使用没有默认长度,因此必须指定
NCHAR(length)	固定长度的 unicode 字符数据,表示长度为 length 个字符
NVARCHAR2(length)	固定长度的 unicode 字符数据,表示长度最多为 length 个字符
LONG	可变长度的字符数据类型,在数据库存储中,可以保存高达 2GB 的数据,作为变量,可以表示一个最大长度为 32 760B 的可变字符串
RAW(length)	类似于 CHAR,以字节为单位,用于存储二进制数据和字节字符串
LONGRAW	类似于 LONG,作为数据库列最大可存储 2GB 的数据,作为变量,最大为 32 760B
STRING	与 VARCHAR2 相同

3）布尔数据类型

BOOLEAN 类型用于存储逻辑值 TRUE、FALSE 和 NULL。NULL 表示丢失的、未知的或不能用的值。对于 BOOLEAN 变量只能进行逻辑操作。

4）日期数据类型

日期数据类型用来处理固定长的日期和时间值,日期的格式由初始化参数 NLS_DATE_FORMAT 指定。日期函数 sysdate 返回当前日期和时间。

2. LOB 数据类型

LOB(Large Object,大对象)数据类型用于存储类似图像、声音等大型数据对象。LOB 数据对象可以是二进制数据,也可以是字符数据,其最大长度不超过 4GB。LOB 数据类型支持任意访问方式。LOB 存储在一个单独的位置,同时一个“LOB 定位符”存储在一个原始的表中,该定位符是一个指向实际数据的指针。在 PL/SQL 中操作 LOB 数据对象可使用 Oracle 提供的 DBMS_LOB. LOB 包。LOB 数据类型可以分为以下 4 种类型。

1）BFILE

二进制文件,存储在数据库外的只读操作系统文件,大小受操作系统限制。数据库中仅存储指向外部文件的指针。

2）BLOB

可变长度二进制数据,以字节进行量度,最大长度可达 2GB。BLOB 主要用来保存非传统数据,如图片、声音以及混合媒体等。

3）CLOB

可变长度字符数据,以字节进行量度,最大长度可达 2GB。CLOB 用于存储较大的单字节字符集数据,如文档等。

4）NCLOB

可变长度的 Unicode 字符数据,最大长度可达 2GB。NCLOB 用于存储较大的双字节字符集数据,如文档等。

3. 引用数据类型

PL/SQL 中的引用数据类型是用户定义的指向某一数据缓冲区的指针，与 C 语言中的指针类似。游标即为 PL/SQL 中的引用类型。

4. 属性数据类型

PL/SQL 变量通常被用来存储数据库表中列对应的数据，此时变量就应该与列的数据类型一致。此时，如果表中列的数据类型发生变化，变量的数据类型只有修改才能与相应的列的数据类型保持一致。因此，如果应用系统中有很多这样的代码，那么这样的修改是非常困难的。为此，PL/SQL 提供了属性数据类型％TYPE 和％ROWTYPE，以使变量的数据类型与列的数据类型自动保持一致。

1）％TYPE 属性

％TYPE 用于将变量的数据类型隐式地指定为数据库表中列的数据类型。使用％TYPE 定义变量的格式如下。

变量名 [已有变量名 | 表名. 列名 | 记录名. 列名] ％TYPE;

从％TYPE 属性的格式可以看出，％TYPE 属性不仅能将变量的数据类型指定为数据库表中列的数据类型，而且能将变量的数据类型与现有变量以及记录列的数据类型保持一致。

【例 8-4】 使用％TYPE 属性定义变量实例。

```
SQL> declare
  2    c_enum constant scott. emp. empno % type: = 7788;
  3    v_ename scott. emp. ename % type;
  4    v_job scott. emp. job % type;
  5    v_sal scott. emp. sal % type;
  6  begin
  7    select ename, job, sal
  8    into v_ename, v_job, v_sal
  9    from emp where empno = c_enum;
 10    dbms_output. put_line ('该员工的编号为: ' || c_enum);
 11    dbms_output. put_line ('该员工的姓名为: ' || v_ename);
 12    dbms_output. put_line ('该员工的职位为: ' ||v_job);
 13    dbms_output. put_line ('该员工的工资为: ' || v_sal);
 14  end;
 15  /
该员工的编号为: 7788
该员工的姓名为: SCOTT
该员工的职位为: ANALYST
该员工的工资为: 3000
PL/SQL 过程已成功完成。
```

2）％ROWTYPE 属性

使用％TYPE 可以使一个变量指定为列的数据类型，而％ROWTYPE 可以引用数据库表中一行中每列的数据类型。用％ROWTYPE 定义变量的格式如下。

变量名 [表名 | 游标名 | 游标变量] ％ROWTYPE;

此时变量名可以用来存储数据库表中的一行记录,可以通过变量名.列名的方式访问相应的列。

【例 8-5】 使用％ROWTYPE 属性定义变量实例

```
SQL > declare
  2    c_enum constant scott. emp. empno % type: = 7788;
  3    one_emp scott. emp % rowtype;
  4  begin
  5    select *
  6    into one_emp
  7    from scott. emp where empno = c_enum ;
  8    dbms_output. put_line ('该员工的编号为: '|| c_enum );
  9    dbms_output. put_line ('该员工的姓名为: '|| one_emp. ename);
 10    dbms_output. put_line ('该员工的职位为: '|| one_emp. job);
 11    dbms_output. put_line ('该员工的工资为: '|| one_emp. sal);
 12  end;
 13  /
该员工的编号为: 7788
该员工的姓名为: SCOTT
该员工的职位为: ANALYST
该员工的工资为: 3000
PL/SQL 过程已成功完成。
```

5. 复合数据类型

PL/SQL 的复合数据类型是用户定义的。常用的复合数据类型有记录、表和数组。复合数据类型是标量数据类型的组合,使用这些数据类型可以拓宽应用范围。对于复合数据类型,应先定义,再声明,最后才能使用。

1) 记录类型

PL/SQL 记录是由一组相关的记录成员组成的,通常用来表示对应数据库表中的一行。使用 PL/SQL 记录时应自定义记录类型和记录变量。引用记录成员时,必须将记录变量作为前缀。自定义记录类型需要使用 TYPE 语句,语法如下。

```
TYPE record_type_name IS RECORD (
     field_name data_type [ [ NOT NULL ] { : = | DEFAULT } value ]
     [ , … ]
);
```

语法说明如下。

(1) record_type_name:创建的记录类型的名称。

(2) IS RECORD:表示创建的是记录类型。

(3) field_name:记录类型中的字段名。

【例 8-6】 记录类型的定义与使用实例。

```
SQL > declare
  2    type emp_record_type is record(
  3    emp_number  number(4),
  4    emp_name varchar2(10),
  5    emp_job varchar2(9),
```

```
 6      emp_sal number(7,2)
 7      );
 8      one_emp emp_record_type;
 9    begin
10      select empno,ename,job,sal
11      into one_emp
12      from scott.emp where empno = &v_num;
13      dbms_output.put_line ('查询的员工的编号为: '|| one_emp.emp_number);
14      dbms_output.put_line ('该员工的姓名为: '|| one_emp.emp_name);
15      dbms_output.put_line ('该员工的职位为: '|| one_emp.emp_job);
16      dbms_output.put_line ('该员工的工资为: '|| one_emp.emp_sal);
17    end;
18    /
输入 v_num 的值:  7788
原值    12: from scott.emp where empno = &v_num;
新值    12: from scott.emp where empno = 7788;
查询的员工的编号为: 7788
该员工的姓名为: SCOTT
该员工的职位为: ANALYST
该员工的工资为: 3000
PL/SQL 过程已成功完成。
```

上述代码中自定义一个记录类型 emp_record_type,该类型有 4 个字段,然后使用 emp_record_type 定义了一个 one_emp 变量,最后在程序执行部分根据用户输入的员工编号,输出了相应员工的信息。

2）表类型

使用记录类型变量只能保存一行数据,这限制了 SELECT 语句的返回行数,如果 SELECT 语句返回多行就会出错。而 Oracle 提供了另外一种自定义类型,也就是表类型,它是对记录类型的扩展,允许处理多行数据,类似于表。

创建表类型的语法如下。

```
TYPE table_type_name IS TABLE OF data_type [ NOT NULL ]
INDEX BY BINARY_INTEGER ;
```

语法说明如下。

（1）table_type_name：创建的表类型名称。

（2）IS TABLE：表示创建的是表类型。

（3）data_type：表中元素的类型,可以是任何合法的 PL/SQL 数据类型。

（4）INDEX BY BINARY_INTEGER：指定系统创建一个主键索引,用于引用表类型变量中的特定行。

定义表类型后,可以声明该类型的变量,声明变量就可以引用表元素,引用表元素的方法如下。

```
表名(索引变量)
```

其中,索引变量是 BINARY_INTEGER 类型的变量或是可转换为 BINARY_INTEGER 类型变量的表达式。

【例 8-7】 表类型的定义与使用实例。

```
SQL > declare
  2     type table_type is table of scott.emp % rowtype
  3     index by binary_integer;
  4     new_emp table_type ;
  5   begin
  6     new_emp (1).empno : = 5800 ;
  7     new_emp (1).ename : = 'TOM ';
  8     new_emp (1).job : = 'CLERK';
  9     new_emp (1).sal : = 3500 ;
 10     new_emp (2).empno : = 5900 ;
 11     new_emp (2).ename : = 'LUCY';
 12     new_emp (2).job : = 'MANAGER';
 13     new_emp (2).sal : = 3000 ;
 14     dbms_output.put_line (new_emp (1).empno || ',' ||
 15                           new_emp (1).ename || ',' ||
 16                           new_emp (1).job || ',' ||
 17                           new_emp (1).sal) ;
 18     dbms_output.put_line (new_emp (2).empno || ',' ||
 19                           new_emp (2).ename || ',' ||
 20                           new_emp (2).job || ',' ||
 21                           new_emp (2).sal) ;
 22   end;
 23 /
5800,TOM,CLERK,3500
5900,LUCY,MANAGER,3000
PL/SQL 过程已成功完成。
```

为了方便操作表类型变量的数据,使程序易于维护,PL/SQL 提供了表方法。表方法是内置的存储过程或函数,使用方式如下。

变量名.方法名[参数列表]

主要的表方法如下。

COUNT:返回自定义表中的行数。

DELETE:删除表中的行,有三种形式:DELETE(i)指删除表中索引 i 标记的行;DELETE(i,j)指删除表中索引 i 和索引 j 之间的所有行;DELETE 删除表中的所有行。

EXISTS(n):判断表中的第 n 个表元素是否存在,如果存在返回 TRUE,否则返回 FALSE。

FIRST:返回表中的第一个索引值,如果表为空返回 NULL。

LAST:返回表中的最后一个索引值,如果表为空返回 NULL。

PRIOR(n):返回第 n 个元素前面元素的索引值,如果前面没有表元素返回 NULL。

NEXT(n):返回第 n 个元素后面元素的索引值,如果后面没有表元素返回 NULL。

3) 数组类型

数组也是一种复合数据类型。数组和表类似,其不同之处在于,声明了一个数组就确定了数组中元素的数目。同时进行数组存储时,其元素的次序是固定且连续的,而且索引变量

151

第 8 章

从 1 开始一直到其定义的最大值为止。语法如下：

```
TYPE array_type_name IS VARRAY(MAX_SIZE) OF data_type ;
```

语法说明如下。

（1）array_type_name：创建的数组类型名称。

（2）IS VARRAY：表示创建的是数组类型。

（3）MAX_SIZE：数组元素个数的最大值。

（4）data_type：数组中元素的类型，可以是任何合法的 PL/SQL 数据类型。

数组类型名是用户定义的；所有数组元素的类型都是一致的。

【例 8-8】 数组类型的定义与使用实例。

```
SQL > declare
  2   type array_type is varray(30) of varchar2(100);
  3   var_arr array_type : = array_type('SCOTT','SMITH','ALLEN','JAMES');
  4   begin
  5     dbms_output.put_line(var_arr(1)|| ','||
  6                            var_arr(2)|| ','||
  7                            var_arr(3)|| ','||
  8                            var_arr(4));
  9   end;
 10   /
SCOTT,SMITH,ALLEN,JAMES
PL/SQL 过程已成功完成。
```

8.2.3 绑定变量

1. SQL 的硬解析和软解析

当一个用户与数据库建立连接后，会向数据库发送 SQL 语句。Oracle 在接收到这些 SQL 后，会先对这个 SQL 做一个 Hash 函数运算，得到一个 Hash 值，然后到共享池中寻找是否有和这个 Hash 值匹配的 SQL 存在。如果找到了，Oracle 将直接使用已经存在的 SQL 的执行计划去执行当前的 SQL，然后将结果返回给用户。如果在共享池中没有找到相同 Hash 值的 SQL，Oracle 会认为这是一条新的 SQL，将会进行解析。Oracle SQL 解析分为硬解析和软解析。

当 Oracle 在共享池里找不到相同的 SQL 时，将会对 SQL 进行硬解析，包括以下 5 个执行步骤。

（1）语法分析；

（2）权限与对象检查；

（3）在共享池中检查是否有完全相同的 SQL；

（4）选择执行计划；

（5）产生执行计划。

当 Oracle 在共享池里找到相同的 SQL 时，将跳过硬解析中后面的两个步骤，仅需要执行硬解析中前三个步骤，称为 SQL 软解析。

创建解析树、生成执行计划等开销昂贵，需要占用大量的系统资源。因此，在项目设计开发中,倡导设计开发人员对功能相同的代码要努力保持代码的一致性,应当极力避免硬解析,尽量使用软解析。

2. 绑定变量

Oracle 能够重复利用执行计划的方法就是采用绑定变量。绑定变量实际上就是用于替代 SQL 语句中常量的替代变量,能够使得每次提交的 SQL 语句都完全一样,从而提高查询的效率。

绑定变量又称为主机变量,在 SQL * PLUS 环境中声明,可以作为参数传递给过程。声明绑定变量的语法如下。

```
VARIABLE var_name datatype
```

例如:

```
SQL > variable v_num number
```

当用 VARIABLE 命令声明一个数字类型的变量时,不使用精度和标度值。声明一个字符型变量时,不使用长度。在 SQL * PLUS 环境中,用 PRINT 命令来显示绑定变量的值。

普通 SQL 语句:

```
select ename, sal, job from emp where empno = 7900;
select ename, sal, job from emp where empno = 7788;
select ename, sal, job from emp where empno = 7902;
```

含绑定变量的 SQL 语句:

```
select ename, sal, job from emp where empno = :emp_num;
```

在 SQL * Plus 中,使用绑定变量:

```
SQL > variable emp_num number
SQL > exec :emp_num: = 7900
PL/SQL 过程已成功完成。
SQL > select ename, sal, job from emp where empno = :emp_num;
ENAME    SAL    JOB
-----  ----  ------
JAMES    950    CLERK
```

8.3 控 制 结 构

PL/SQL 不仅能嵌入 SQL 语句,还能处理各种基本的控制结构,如条件控制、循环控制和顺序控制。

8.3.1 条件控制

条件控制是根据一个条件测试的真或假来执行不同的程序段,是程序设计中最重要的控制结构。Oracle 提供了两种条件控制语句对程序进行逻辑控制,分别是 IF 语句和 CASE

语句。

1. IF 语句

在 PL/SQL 块中,IF 语句可以包含 IF、ELSIF(请注意 ELSIF 关键字的写法)、ELSE、THEN 和 END IF 等关键字。其完整的语法形式如下。

```
IF condition1 THEN
    statements1
[ ELSIF condition2 THEN
    statements2 ] [ , … ]
[ ELSE
    statements3 ]
END IF ;
```

语法说明如下。

(1) condition<n>:布尔表达式,其值为 TRUE 或 FALSE。

(2) statements<n>:PL/SQL 语句,在对应的条件为 TRUE 时被执行。

需要注意的是,ELSIF 子句可以没有,也可以有一到多条。另外,在 IF、ELSIF 和 ELSE 子句中可以嵌入其他 IF 条件语句。

【例 8-9】 查询 JAMES 的工资,如果大于 900 元,则发奖金 800 元。

```
SQL > declare
  2    newSal emp. sal % type;
  3    begin
  4    select sal into newSal from emp
  5    where ename = 'JAMES';
  6    if newSal > 900 then
  7    update emp
  8    set comm = 800
  9    where ename = 'JAMES';
 10    end if;
 11    end;
 12    /
PL/SQL 过程已成功完成。
```

【例 8-10】 查询 JAMES 的工资,如果大于 900 元,则发奖金 800 元,否则发奖金 400 元。

```
SQL > declare
  2    newSal emp. sal % type;
  3    begin
  4    select sal into newSal from emp where ename = 'JAMES';
  5    if newSal > 900 then
  6    update emp set comm = 800 where ename = 'JAMES';
  7    else
  8    update emp set comm = 400 where ename = 'JAMES';
  9    end if;
 10    end;
 11    /
PL/SQL 过程已成功完成。
```

【例 8-11】 查询 JAMES 的工资,如果大于 1500 元,则发放奖金 100 元,如果工资大于 900 元,则发奖金 800 元,否则发奖金 400 元。

```
SQL > declare
  2     newSal emp. sal % type;
  3     begin
  4     select sal into newSal from emp where ename = 'JAMES';
  5     if newSal > 1500 then
  6     update emp set comm = 100 where ename = 'JAMES';
  7     elsif newSal > 900 then
  8     update emp set comm = 800 where ename = 'JAMES';
  9     else
 10     update emp set comm = 400 where ename = 'JAMES';
 11     end if;
 12     end;
 13     /
PL/SQL 过程已成功完成。
```

上述三个示例分别演示了 IF 语句的三种基本格式:IF…THEN、IF…THEN…ELSE 和 IF…THEN…ELSIF 的用法,三者都以 ENDIF 为结束标记。

2. CASE 语句

CASE 语句用于根据条件将单个变量或表达式与多个值进行比较。在执行 CASE 语句前,该语句先计算选择器的值。CASE 语句使用选择器与 WHEN 子句中的表达式匹配。语法如下。

```
CASE selector
    WHEN expression1 THEN statements1;
    WHEN expression2 THEN statements2;
    …
    WHEN expressionN THEN statementsN;
    [ ELSE default_statements ; ]
END CASE ;
```

其中

(1) selector:选择器。

(2) WHEN expression1 THENstatements1:其中,expression1 表示要与 selector 进行匹配的表达式。如果两者匹配成功,则执行语句序列 statements1;如果匹配不成功,则继续下一次比较。

(3) ELSE default_statements:如果所有的 WHEN 子句中的表达式的值都与 selector 不匹配,则执行语句序列 default_statements,也就是默认值。如果不设置此选项,而又没有找到匹配的表达式,则 Oracle 将报错。

【例 8-12】 输入一个字母 A、B、C,分别输出对应的级别信息。

```
SQL > declare
  2   v_grade char(1): = upper('&grade');
  3   begin
  4   case v_grade
  5   when 'A' then
```

```
 6   dbms_output.put_line('Excellent');
 7   when 'B' then
 8   dbms_output.put_line('Very Good');
 9   when 'C' then
10   dbms_output.put_line('Good');
11   else
12   dbms_output.put_line('No such grade');
13   end case;
14   end;
15   /
```

输入 p_grade 的值： B
原值   2:   v_grade char(1): = upper('&grade');
新值   2:   v_grade char(1): = upper('B');
Very Good
PL/SQL 过程已成功完成。

上述示例中，&grade 表示在运行时由键盘输入字符串到 grade 变量中。v_grade 分别与 WHEN 后面的值匹配，如果匹配成功就执行相应的 WHEN 子句后的语句序列。

CASE 语句还有另外一种形式：搜索 CASE 语句，即不使用选择器，而是计算 WHEN 子句中的各个条件表达式，找到第一个为 TRUE 的表达式，然后执行对应的语句序列。语法如下。

```
CASE
    WHEN condition1 THEN statements1;
    WHEN condition2 THEN statements2;
    …
    WHEN condition N THEN statementsN;
    [ ELSE default_statements ; ]
END CASE ;
```

【例 8-13】 使用搜索 CASE 语句实现例 8-12 的功能。

```
SQL > declare
 2   v_grade char(1): = upper('&grade');
 3   p_grade varchar2(20) ;
 4   begin
 5   p_grade : =
 6   case
 7   when v_grade = 'A' then
 8   'Excellent'
 9   when v_grade = 'B' then
10   'Very Good'
11   when v_grade = 'C' then
12   'Good'
13   else
14   'No such grade'
15   end;
16   dbms_output.put_line(p_grade);
17   end;
18   /
```

```
输入 grade 的值:  B
原值   2:        v_grade char(1): = upper('&grade');
新值   2:        v_grade char(1): = upper('B');
Very Good
```
PL/SQL 过程已成功完成。

上述示例中,搜索 CASE 语句通过判断 WHEN 子句中的条件表达式是否为 TRUE,来执行对应的 THEN 子句后的语句。同时,CASE 语句作为表达式使用,将返回值赋值给变量 p_grade。

8.3.2 循环控制

循环控制是指根据一定的逻辑条件重复执行一系列有规律的语句。PL/SQL 中有三种循环结构,分别是基本循环、WHILE 循环和 FOR 循环。

1. 基本 LOOP 循环

基本 LOOP 循环的形式是 LOOP 语句,LOOP 和 END LOOP 之间的语句可以无限次地执行。语法如下。

```
LOOP
  statements;
  …
  EXIT [WHEN condition];
END LOOP;
```

使用该语句时,无论条件是否满足,语句至少会执行一次。当 condition 的条件为 TRUE 时,会退出循环,执行 END LOOP 之后的语句。

【例 8-14】 使用基本 LOOP 循环结构,计算 $1+2+3+\cdots+100$ 的值。

```
SQL> declare
  2   counter number(3): = 0;
  3   sumResult number: = 0;
  4   begin
  5   loop
  6   counter : = counter + 1;
  7   sumResult : = sumResult + counter;
  8   exit when counter > = 100;
  9   end loop;
 10   dbms_output. put_line('1 + 2 + 3 + … + 100 的和为'||sumResult);
 11   end;
 12   /
1 + 2 + 3 + … + 100 的和为 5050
```
PL/SQL 过程已成功完成。

2. WHILE 循环

WHILE 循环是在 LOOP 循环的基础上添加循环条件,如果条件为 TRUE,则执行循环体内的语句,否则终止循环,转到 END LOOP 之后的语句。语法如下。

```
WHILE condition
LOOP
```

```
    statements;
END LOOP;
```

【例 8-15】 使用 WHILE 循环结构,计算 $1+2+3+\cdots+100$ 的值。

```
SQL > declare
  2   counter number(3) : = 0;
  3   sumResult number: = 0;
  4   begin
  5   while(counter < 100)
  6   loop
  7   counter : = counter + 1;
  8   sumResult : = sumResult + counter;
  9   end loop;
 10   dbms_output.put_line('1 + 2 + 3 + … + 100 的和为'||sumResult);
 11   end;
 12   /
1 + 2 + 3 + … + 100 的和为 5050
PL/SQL 过程已成功完成。
```

3. FOR 循环

LOOP 循环和 WHILE 循环的循环次数取决于循环条件；而 FOR 循环的循环次数是事先指定的。语法如下。

```
FOR loop_variable IN [ REVERSE ] lower_bound .. upper_bound
LOOP
    statements ;
END LOOP ;
```

语法说明如下。

(1) loop_variable：循环变量,该变量不需要事先创建。该变量的作用域仅限于循环内部,也就是说只可以在循环内部使用或修改该变量的值。

(2) IN：为 loop_variable 指定取值范围。

(3) REVERSE：指定 loop_variable 从取值范围中逆向取值,在每一次循环中 loop_variable 的值递减。如果不使用此选项,则每一次循环 loop_variable 的值递增。

(4) lower_bound .. upper_bound：表示循环变量 loop_variable 的取值范围。其中, lower_bound 为循环下限值；upper_bound 为循环上限值；双点号(..)为 PL/SQL 中的范围符号。

【例 8-16】 使用 FOR 循环结构,计算 $1+2+3+\cdots+100$ 的值。

```
SQL > declare
  2   sumResult number: = 0;
  3   begin
  4   for counter in 1..100
  5   loop
  6   sumResult : = sumResult + counter;
  7   end loop;
  8   dbms_output.put_line('1 + 2 + 3 + … + 100 的和为'||sumResult);
  9   end;
```

```
 10   /
```
1 + 2 + 3 + … + 100 的和为 5050

PL/SQL 过程已成功完成。

8.3.3　顺序控制

顺序控制用于按顺序执行语句。用户可以使用标签使程序获得更好的可读性。程序块或循环都可以被标记。标签的形式是<< LABEL_NAME >>。

1. GOTO 语句

GOTO 语句将程序控制无条件地跳转到标签指定的语句去执行。标签在 PL/SQL 块中必须具有唯一的名称，标签后必须紧跟可执行语句或者 PL/SQL 块。PL/SQL 中对 GOTO 语句有一些限制。对于块、循环、IF 语句而言，从外层跳到内层是非法的。

2. NULL 语句

NULL 语句不会执行任何操作，只是将控制权转到下一条语句。NULL 语句是可执行语句。NULL 语句在 IF 或者其他语句语法要求至少需要一条可执行语句，但又不需要具体操作的地方使用，比如 GOTO 的目标位置不需要执行任何语句时。使用 NULL 语句的主要好处是可以提高 PL/SQL 的可读性。

【例 8-17】　使用 GOTO 语句实现当员工工资小于 1000 时，将员工工资提高 100。

```
SQL > declare
  2   salary emp. sal % type;
  3   emp_num emp. empno % type;
  4   begin
  5   select empno, sal into emp_num, salary from emp where empno = &num;
  6   -- 根据工资的大小, 选择不同的分支;
  7   if salary < 800 then
  8   goto update;
  9   else
 10   goto quit;
 11   end if;
 12   << update >>
 13   update emp set sal = sal + 100 where empno = emp_num;
 14   << quite >>
 15   NULL;
 16   end;
 17   /
输入 num 的值:  7788
原值    5:    select empno, sal into emp_num, salary from emp where empno = &num;
新值    5:    select empno, sal into emp_num, salary from emp where empno = 7788;
PL/SQL 过程已成功完成。
```

8.4　游　　标

游标是构建在 PL/SQL 中，用来查询数据库，获取记录结果集的指针。使用游标，程序员可以一次访问一行结果集，在结果集中的每行记录上完成执行过程代码的任务。也就是说,游标可以让我们以编程的方式访问数据。

在 Oracle 中最常使用的游标类型是显式游标和隐式游标。对于所有 SQL 的数据操纵语句和单行查询语句,Oracle 分配隐式游标;而显式游标主要用于处理查询语句返回的多行数据。

8.4.1 隐式游标

Oracle 为所有数据操纵语句和单行查询语句隐式声明游标。用户不用提供明确的代码来处理游标就可以在用户的 PL/SQL 中使用隐式游标,处理结果集中的记录,而用户不需要显式编写代码管理游标的生命周期(游标在运行数据操纵语句时打开,完成时关闭)。Oracle 预先定义一个名为 SQL 的隐式游标,通过检查隐式游标的属性可以获取与最近执行的 SQL 语句相关的信息。数据操纵语句的结果保存在 4 个游标属性中,这些属性用于控制程序流程或者了解程序的状态。隐式游标的属性包括: ％FOUND、％NOTFOUND、％ROWCOUNT 和％ISOPEN。其中,％FOUND、％NOTFOUND、％ISOPEN 是布尔值;％ROWCOUNT 是整数值。

1. ％FOUND 属性和％NOTFOUND 属性

如果 insert、update 和 delete 语句操纵一行或多行,或者 select…into 语句返回一行,％FOUND 返回 true;否则返回 false。％NOTFOUND 属性是％FOUND 属性的逻辑非。

2. ％ISOPEN 属性

相关 SQL 语句执行结束后 Oracle 将自动关闭隐式游标,因此％ISOPEN 属性的值总是 false。

3. ％ROWCOUNT 属性

返回 insert、update 和 delete 语句操纵的行数,或者 select…into 语句返回的行数。

游标属性只能在 PL/SQL 过程中使用,而不能在 SQL 语句中使用。在 Oracle 自动打开隐式游标前,游标属性的值都为 NULL。如果一个 select…into 语句没有返回一行,PL/SQL 将产生预定义异常 NO_DATA_FOUND。

【例 8-18】 隐式游标属性使用实例。

```
SQL > declare
  2   begin
  3   delete from emp where job = 'MANAGER';
  4   if SQL % FOUND then
  5   dbms_output.put_line('删除行数: ' || SQL % ROWCOUNT);
  6   else
  7   dbms_output.put_line('没有删除任何行');
  8   end if;
  9   end;
 10   /
删除行数: 3
PL/SQL 过程已成功完成。
```

8.4.2 显式游标

显式游标是用户显式编写 PL/SQL 程序进行管理的游标,游标的整个生命周期都在用户的控制之下。因此，用户可以详细地控制 PL/SQL 如何在结果集中访问记录。用户可以定义游标、打开游标、从游标中获取数据，使用合适的 PL/SQL 代码关闭游标。

使用显式游标要严格遵循 4 个步骤：声明游标、打开游标、检索游标和关闭游标。

1. 声明游标

声明游标主要是定义一个游标名称与一条查询语句关联起来，从而可以利用该游标对此查询语句返回的结果集进行单行操作。声明游标的语法如下。

```
CURSOR cursor_name
    [ (
        parameter_name [ IN ] data_type [ { : = | DEFAULT } value ]
        [ , … ]
    ) ]
IS select_statement
[ FOR UPDATE [ OF column [ , … ] ] [ NOWAIT ] ];
```

语法说明如下。

（1）cursor_name：游标名称。

（2）parameter_name [IN]：为游标定义输入参数，IN 关键字可以省略。用户需要在打开游标时为输入参数赋值，也可使用参数的默认值。

（3）data_type：为输入参数指定数据类型，但不能指定精度或长度。例如，字符串类型可以使用 VARCHAR2，而不能使用 VARCHAR2(10) 之类的精确类型。

（4）select_statement：查询语句。

（5）FOR UPDATE：用于在使用游标中的数据时，锁定游标结果集与表中对应数据行，其他用户不能更新锁定的数据行，游标只有行级锁定。

（6）OF：主要用于多表连接锁定，可以指定要锁定哪几张表，若在 OF 中指定了列，则只有与这些列相关的表的行才会锁定。

（7）NOWAIT：如果表中的数据行被某用户锁定，那么其他用户的 FOR UPDATE 操作将会一直等到数据行的锁定被释放后才会执行。而如果使用了 NOWAIT 关键字，则其他用户在使用 OPEN 命令打开游标时会立即返回错误信息。

2. 打开游标

只有打开游标后，Oracle 才会执行游标关联的查询语句，产生相应的结果集。在打开游标时，如果游标有输入参数，用户还需要为这些参数赋值，否则将会报错（除非参数设置了默认值）。打开游标使用 OPEN 语句，其语法如下。

```
OPEN cursor_name [ ( value [ , … ] ) ];
```

3. 检索游标

检索游标，实际上就是从游标结果集中获取单行数据并保存到定义的变量中。检索游标使用 FETCH 语句，其语法如下。

```
FETCH cursor_name INTO variable [ , … ];
```

4. 关闭游标

在提出和处理了结果集中的所有数据后，就可以关闭游标。关闭游标后，Oracle 将释放游标相关联的资源。关闭游标使用 CLOSE 语句,其语法如下。

```
CLOSE cursor_name ;
```

5. 游标的属性

显式游标的属性包括:％FOUND、％NOTFOUND、％ROWCOUNT 和％ISOPEN。

(1)％FOUND:游标打开之后,还没有执行第一个 FETCH 语句时,返回 NULL。如果 FETCH 提取了一行记录,则返回 true,否则返回 false。

(2)％NOTFOUND:％FOUND 属性的逻辑非,常被作为提出游标结果集数据退出循环的条件。

(3)％ROWCOUNT:返回到目前为止已经从游标中提取的行数。

(4)％ISOPEN:判断游标是否打开。如果游标已经打开,返回 true,否则返回 false。

【例 8-19】 使用基本 loop 循环读取游标中的记录。

```
SQL > declare
  2  cursor emp_cursor(dept_num number: = 20)
  3  is
  4  select ename, sal from emp where deptno = dept_num;
  5  v_ename emp.ename % type;
  6  v_sal emp.sal % type;
  7  begin
  8  open emp_cursor(&dnum);
  9  loop
 10  fetch emp_cursor into v_ename, v_sal;
 11  exit when emp_cursor % NOTFOUND;
 12  dbms_output.put_line('当前检索的是第'||emp_cursor % ROWCOUNT||'行:'
 13  ||'姓名 '||v_ename||','||'工资 '||v_sal);
 14  end loop;
 15  close emp_cursor;
 16  end;
 17  /
输入 dnum 的值: 30
原值    8: open emp_cursor(&dnum);
新值    8: open emp_cursor(30);
当前检索的是第 1 行:姓名 ALLEN,工资 1600
当前检索的是第 2 行:姓名 WARD,工资 1250
当前检索的是第 3 行:姓名 MARTIN,工资 1250
当前检索的是第 4 行:姓名 TURNER,工资 1500
当前检索的是第 5 行:姓名 JAMES,工资 950
PL/SQL 过程已成功完成。
```

上述代码中,声明了一个带有 number 类型参数的游标,打开游标时使用临时变量为游标参数赋值,使用基本 loop 循环结构循环读取游标中的记录并输入。

【例 8-20】 使用 for 循环读取游标中的记录。

```
SQL > declare
  2  cursor emp_cursor(dept_num number: = 20)
  3  is
  4  select empno, ename, job, sal
```

```
    5  from scott.emp where deptno = dept_num;
    6  begin
    7  for one_emp in emp_cursor(30)
    8  loop
    9  dbms_output.put_line('当前检索的是第'||emp_cursor % ROWCOUNT||'行:'
   10  ||'姓名 '||one_emp.ename||','||'工资 '||one_emp.sal);
   11  end loop;
   12  end;
   13  /
当前检索的是第 1 行:姓名    ALLEN,工资    1600
当前检索的是第 2 行:姓名    WARD,工资    1250
当前检索的是第 3 行:姓名    MARTIN,工资    1250
当前检索的是第 4 行:姓名    TURNER,工资    1500
当前检索的是第 5 行:姓名    JAMES,工资    950
PL/SQL 过程已成功完成。
```

【例 8-21】 使用游标将 emp 表中部门号为 20 的员工的薪水增加 200 元。

```
SQL > declare
    2  cursor emp_cursor is select * from emp for update;
    3  begin
    4  for emp_record in emp_cursor loop
    5  if emp_record.deptno = 20 then
    6  update emp set sal = sal + 200 where current of emp_cursor;
    7  end if;
    8  end loop;
    9  commit;
   10  end;
   11  /
PL/SQL 过程已成功完成。
```

当程序从游标的结果集中取出单个行时,访问的是游标的当前行。如果在处理过程中需要删除或更新游标的当前行对应的表中的数据行,则可以通过在声明游标时使用 FOR UPDATE 子句,在 UPDATE 和 DELETE 语句中使用 WHERE CURRENT OF 子句实现。

8.4.3 游标变量

隐式游标和显式游标都是静态定义的,当用户使用它们的时候查询语句已经确定。如果用户需要在运行的时候动态关联不同的 SQL 查询,则可以使用 REF CURSOR 和游标变量。

声明游标变量之前,需先声明 REF CURSOR 类型。声明 REF CURSOR 类型的语法如下。

```
TYPE ref_cursor_name IS REF CURSOR [RETURN return_type]
```

说明:RETURN 语句为可选子句,用于指定游标提取结果集的返回类型。声明游标类型时,包括 RETURN 语句表示为强类型 REF 游标,不包括 RETURN 语句表示弱类型 REF 游标,能够获取任何类型的结果集。

【例 8-22】 使用 REF 游标变量获取 emp 表中的员工记录。

```
SQL > declare
  2    -- 声明一个记录类型和一个记录变量
  3    type emp_rec is record(
  4    emp_name emp.ename % type,
  5    emp_sal emp.sal % type
  6    );
  7    one_emp emp_rec;
  8    -- 定义一个游标类型
  9    type emp_cur_type is ref cursor return emp_rec;
 10    -- 定义一个游标变量
 11    emp_refcur emp_cur_type;
 12    begin
 13    -- 把 emp_refcur 与一个 SQL 语句关联起来
 14    open emp_refcur for select ename, sal from emp where deptno = &dept_num;
 15    -- 循环取出游标中的记录
 16    loop
 17    fetch emp_refcur into one_emp;
 18    -- 判断 emp_refcur 是否为空
 19    exit when emp_refcur % NOTFOUND;
 20    dbms_output.put_line('姓名：'||one_emp.emp_name||'工资：'||one_emp.emp_sal);
 21    end loop;
 22    close emp_refcur;
 23    end;
 24    /
输入 dept_num 的值： 20
原值   14: open emp_refcur for select ename, sal from emp where deptno = &dept_num;
新值   14: open emp_refcur for select ename, sal from emp where deptno = 20;
姓名：SMITH 工资：1000
姓名：JONES 工资：3175
姓名：SCOTT 工资：3200
姓名：ADAMS 工资：1300
姓名：FORD 工资：3200
PL/SQL 过程已成功完成。
```

8.5 异 常 处 理

异常是 PL/SQL 程序执行期间出现的错误。当产生异常的时候，Oracle 数据库会将程序控制传递到程序块的异常处理部分。如果程序中没有异常处理的语句，程序将停止执行。因此，PL/SQL 程序员需要对应该出现的异常进行控制，也就是进行异常处理。

处理异常需要使用 EXCEPTION 语句块，其语法如下。

```
EXCEPTION
    WHEN exception_name1 THEN
    Codes for handling exception;
    WHEN exception_name2 THEN
    Codes for handling exception;
    [ … ]
    WHEN OTHERS THEN
```

```
Codes for handling exception;
```

用户必须在独立的 WHEN 语句中为每个异常设计异常处理代码。WHEN OTHERS 子句必须放置在异常处理部分的最后面,作为默认处理器处理没有显式处理的异常。当异常发生时,控制转到异常处理部分,Oracle 查找当前对应的 WHEN…THEN 语句,捕捉异常,THEN 之后的代码被执行。如果没有找到相应的异常,那么将执行 WHEN OTHERS 语句。

8.5.1 预定义异常

为了 PL/SQL 应用程序开发和维护的方便,Oracle 为用户提供了大量预定义异常,检查可能导致用户失败的一般条件。预定义异常具有固定的异常码和异常名称,定义在 Oracle 的核心 PL/SQL 库中,用户可以在用户的 PL/SQL 异常处理部分使用异常名称对其进行标识。常见的预定义异常如表 8-3 所示。

表 8-3　Oracle 预定义异常

异 常 名 称	异 常 码	描　　　述
DUP_VAL_ON_INDEX	ORA-00001	试图向唯一索引列插入重复值
INVALID_CURSOR	ORA-01001	试图进行非法游标操作
INVALID_NUMBER	ORA-01722	试图将字符串转换为数字
NO_DATA_FOUND	ORA-01403	SELECT INTO 语句中没有返回任何记录
TOO_MANY_ROWS	ORA-01422	SELECT INTO 语句中返回多于一条记录
ZERO_DIVIDE	ORA-01476	试图用 0 作为除数
VALUE_ERROR	ORA-06502	发生算术、转换、截断等错误
CURSOR_ALREADY_OPEN	ORA-06511	试图打开一个已经打开的游标

【例 8-23】　使用 SELECT…INTO 语句获取部门编号为 20 的员工记录,使用"too_many_rows"预定义异常捕获错误信息。

```
SQL > DECLARE
  2  newSal emp.sal % TYPE;
  3  begin
  4  select sal into newSal from emp where deptno = 20;
  5  exception
  6  when too_many_rows then
  7  dbms_output.put_line('返回的记录多于一行!');
  8  when others then
  9  dbms_output.put_line('未知异常');
 10  END;
 11  /
返回的记录多于一行!
PL/SQL 过程已成功完成。
```

8.5.2 非预定义异常

非预定义异常即其他标准的 Oracle 错误,只有固定异常码,没有异常名称,如违反了表的检查约束、外键约束等。对于这种异常情况的处理,需要用户在 PL/SQL 程序中使用 PRAGMA EXCEPTION_INIT 语句将异常名称与异常代码绑定,然后由 Oracle 自动进行引发。

PRAGMA 由编译器控制,在编译时进行处理,而不是在运行时处理。EXCEPTION_
INIT 告诉编译器将异常名与 Oracle 异常码绑定起来,这样可以通过异常名引用任意的内
部异常。PRAGMA EXCEPTION_INIT 的语法如下。

```
PRAGMA EXCEPTION_INIT ( exception_name , oracle_error_number ) ;
```

语法说明如下。

(1) exception_name 为异常名称,必须在 PL/SQL 程序的声明部分使用 EXCEPTION
类型进行定义。

(2) oracle_error_number 为 Oracle 错误号,与异常码相关联,例如错误代码为 ORA-
02290,则错误号为-02290。

【例 8-24】 假设 person 表的 sex 列定义了 CHECK 约束,要求该列的值只能为"男"或
"女",使用 INSERT 语句向 sex 列插入不符合 CHECK 约束要求的值,使用非预定义异常
捕获错误信息。

```
SQL> declare
  2  sex_check exception;
  3  pragma exception_init(sex_check, - 2290);
  4  begin
  5  insert into person(id, sex) values(1, '列');
  6  exception
  7  when sex_check then
  8  dbms_output.put_line('插入值违反了 sex 列的检查约束!');
  9  end;
 10  /
插入值违反了 sex 列的检查约束!
PL/SQL 过程已成功完成。
```

8.5.3 自定义异常

在 PL/SQL 程序开发中,用户还可以自定义异常,自定义异常可以让用户采用与
PL/SQL引擎处理错误相同的方式进行处理,用户自定义异常的使用有以下三个步骤。

(1) 异常定义:在 PL/SQL 程序块的声明部分采用 EXCEPTION 关键字声明异常。

(2) 异常引发:在程序可执行区域,使用 RAISE 关键字进行引发。

(3) 异常处理:在 PL/SQL 程序块的异常处理部分对异常情况做出相应的处理。

【例 8-25】 使用 SELECT…INTO 语句获取员工 JAMES 的工资,使用用户自定义异
常捕获工资少于 5000 的错误信息。

```
SQL> declare
  2  v_sal emp.sal % type;
  3  myexp exception; -- 定义异常变量 myexp
  4  begin
  5  select sal into v_sal from emp where ename = 'JAMES';
  6  if v_sal < 5000 then
  7  raise myexp; -- 引发异常 myexp
```

```
 8    end if;
 9    exception
10    when NO_DATA_FOUND then
11    dbms_output.put_line('没有发现记录!');
12    when MYEXP then
13    dbms_output.put_line('工资太少了!'); -- 处理异常 myexp
14    end;
15    /
```
工资太少了!
PL/SQL 过程已成功完成。

8.5.4 引发应用程序异常

调用 DBMS_STANDARD 包定义的 RAISE_APPLICATION_ERROR 过程，可以重新定义异常错误信息，将应用程序专有的错误从服务器端转达到客户端应用程序。它为应用程序提供了一种与 Oracle 交互的方式。语法如下。

```
RAISE_APPLICATION_ERROR ( error_number , error_message ) ;
```

其中，

（1）error_number：错误号。可以使用 $-20\,000 \sim -20\,999$ 的整数。

（2）error_message：自定义异常提示信息，长度要小于 512B。

【例 8-26】 假设 manager 表中有三列：mid（主键列）、mname（管理员名称）和 mgrade（管理员级别）。要求不能删除级别为 1 的管理员，否则返回异常信息。

```
SQL > declare
 2    manager_grade number;
 3    begin
 4    select mgrade into manager_grade from manager where mid = 1;
 5    if(manager_grade is not null) and (manager_grade = 1) then
 6    raise_application_error( -20001,'不能删除管理级别为 1 的记录');
 7    end if;
 8    delete from manager where mid = 1;
 9    end;
10    /
declare
*
第 1 行出现错误:
ORA - 20001: 不能删除管理级别为 1 的记录
ORA - 06512: 在 line 6
```

小　结

在本章中，主要介绍了 PL/SQL 程序块的基本结构，主要由三部分组成：声明部分、执行部分和异常处理部分。在 PL/SQL 程序中，可以使用多种数据类型定义变量和常量：基本的 SQL 数据类型，如数值型、日期型等，PL/SQL 专有的数据类型，如：BINARY_INTEGER、%TYPE、%ROWTYPE 等。PL/SQL 程序的三种控制结构为：条件控制、循环控制和顺序控制。游标处理客户端发送给服务器端 SQL 语句的方法,重点讨论了隐式游标、显式游标和游标变量的使用。PL/SQL 程序中预定义异常、非预定义异常、自定义异常和引发应用程序异常的使用方法。

习　题

一、选择题

1. 下列声明常量的语句哪个是正确的? (　　)

　A. name constant varchar2(8);

　B. name varchar2(8):＝'candy';

　C. name varchar2(8) default 'candy';

　D. name constant varchar2(8):＝'candy';

2. 当使用 FETCH 检索游标执行失败时,下列游标属性的值为 TRUE 的是(　　)。

　A. %ISOPEN　　　　　　　　　　B. %FOUND

　C. %NOTFOUND　　　　　　　　D. %ROWCOUNT

3. 要更新游标结果集中的当前行,应使用的子句是(　　)。

　A. WHERE CURRENT OF　　　　B. FOR UPDATE

　C. FOR DELETE　　　　　　　　D. FOR MODIFY

4. 关于以下分支结构,如果 i 的初值是 15,则分支结构结束后 j 的值是(　　)。

```
IF i > 20 THEN
  j:＝i * 2;
ESLIF i > 15 THEN
  j:＝i * 3;
ELSE
  j:＝i * 4;
END IF;
```

　A. 30　　　　　　B. 15　　　　　　C. 45　　　　　　D. 60

二、简答题

1. 简述常量和变量在创建和使用时的区别。

2. 在 PL/SQL 中为什么引入%TYPE 和%ROWTYPE? 两者有何不同?

3. 简述使用显式游标的 4 个步骤。

4. 简述 4 种不同类型的异常。

三、编程题

1. 编写程序,显示 1~100 的素数。

2. 编写程序,用以接收雇员编号,如果雇员的雇佣日期超过 5 年,则其发放奖金为薪水的 50%;如果超过 3 年,则其发放奖金为薪水的 30%;其余员工发放奖金为薪水的 10%。

3. 编写程序,用于接受用户输入的 deptnum,并从 emp 表中检索显示该部门的员工数。如果引发 NO_DATA_FOUND 异常,则显示消息"该部门不存在"。

4. 编写程序,在 emp 表中查找姓名为 ALLEN 员工的相关信息,并获取 TOO_MANY_ROWS 和 NO_DATA_FOUND 异常。

第 9 章 | PL/SQL 高级编程

学习目标：

第 8 章介绍的 PL/SQL 程序块都是匿名的，包含的代码无法保存在 Oracle 数据库中，当需要再次使用这些程序块的时候，只能重新编写和编译它们。为了提高系统的性能，Oracle 提供了一系列"命名程序块"，包括存储过程、函数、程序包和触发器等。"命名程序块"可以被独立编译并存储在数据库中，需要的时候可以通过名称直接调用，并且不需要重新编译。

通过本章的学习，希望读者掌握存储过程的创建和调用方法、不同类型参数的存储过程的应用，熟悉函数的定义和执行，理解掌握程序包的定义和使用，理解和掌握触发器的定义和类型、不同类型触发器的应用。

9.1 存 储 过 程

存储过程是一种命名的 PL/SQL 程序块，由一组为了完成特定功能的 SQL 语句集组成。存储过程经编译后保存在数据库中，因此执行存储过程要比执行存储过程中封装的 SQL 语句更有效率。存储过程不可以被 SQL 语句直接调用，只能通过 EXCUTE 命令执行、CALL 命令调用或者在 PL/SQL 程序块的执行部分被直接调用。

9.1.1 创建和调用存储过程

创建一个存储过程与编写一个匿名的 PL/SQL 程序块有很多相似的地方，例如包括声明部分、执行部分和异常处理部分。但这二者的实现细节还是有很多差别的，例如存储过程的声明部分不需要关键字 DECLARE、创建存储过程需要 PORCEDURE 关键字等。创建存储过程的基本语法如下。

```
CREATE [ OR REPLACE ] PROCEDURE procedure_name
[ ( parameter [ IN | OUT | IN OUT ] data_type )[ , … ]  ]
{ IS | AS }
    [ declaration_section ; ]
BEGIN
    procedure_body ;
END [ procedure_name ] ;
```

语法说明如下。

（1）procedure_name：存储过程的名称，如果数据库已经有同名对象，可以使用 OR

REPLACE,这样新的存储过程将覆盖掉原来的存储过程。

（2）parameter：存储过程的参数，若是输入参数，则需要在其后面指定关键字 IN；若是输出参数，则需要在其后面指定关键字 OUT；若是输入输出参数，则需要在其后面指定关键字 IN OUT。在 IN 或 OUT 后面可以指定参数的数据类型，但不能指定数据类型的具体长度。

（3）declaration_section：存储过程的声明部分，在 AS 或 IS 关键字之后。

（4）procedure_body：过程体，包括存储过程的执行部分和异常处理部分。

【例 9-1】 创建一个存储过程，实现向 dept 表中插入一条记录。

```
SQL> create or replace procedure pro_insertDept is
  2  begin
  3  insert into dept values(50,'MARKET','HUSTON');
  4  commit;
  5  dbms_output.put_line('插入记录成功!');
  6  end pro_insertEmp;
  7  /
过程已创建。
```

存储过程创建好后，过程体中的内容并没有被执行，只进行了编译，要想执行过程中的内容还需要调用存储过程。除了在 PL/SQL 程序块中的执行体部分使用过程名称直接调用外，调用过程还可以使用 CALL 命令和 EXECUTE 命令，语法如下。

```
CALL procedure_name ( [ parameter [ , … ] ] );
```

或

```
EXEC[UTE] procedure_name [ ( parameter [ , … ] ) ] ;
```

【例 9-2】 使用三种方法调用存储过程 pro_insertDept。

```
SQL> call pro_ pro_insertDept ();
插入记录成功!
调用完成。
```

或

```
SQL> execute pro_insertDept;
插入记录成功!
PL/SQL 过程已成功完成。
```

或

```
SQL> begin
  2  pro_insertDept;
  3  end;
  4  /
插入记录成功!
PL/SQL 过程已成功完成。
```

9.1.2 存储过程的参数

1. IN 模式参数

输入类型的参数，参数值由调用方传入，并且只能被存储过程读取。如果不为参数指定模式,则其模式默认为 IN。

【例 9-3】 创建一个存储过程,定义三个 IN 模式的参数,实现向 dept 表中插入一条记录。

```
SQL> create or replace procedure pro_insertDept(
  2  dept_num in number,
  3  dept_name in varchar2,
  4  dept_loc in varchar2)is
  5  var_count number;
  6  begin
  7  select count(deptno) into var_count from dept where deptno = dept_num;
  8  if(var_count = 0) then
  9  insert into dept values(dept_num,dept_name,dept_loc);
 10  commit;
 11  dbms_output.put_line('部门插入成功!');
 12  else
 13  dbms_output.put_line('部门已存在,无法插入!');
 14  end if;
 15  end pro_insertDept;
 16  /
```
过程已创建。

在调用或执行这种带有 IN 参数的存储过程时,调用者需要向存储过程中传递若干参数值,以保证执行体部分有具体的数值参与数据操作。调用或执行存储过程给参数赋值有以下两种方式。

1) 按位置传递

按位置传递参数是指调用过程时只提供参数值,而不指定该值赋予哪个参数,Oracle 会自动按存储过程中参数的先后顺序为参数赋值,如果值的个数(或数据类型)与参数的个数(或数据类型)不匹配,则会返回错误。因此,采用这种方式时,调用者提供的参数值的顺序必须与存储过程定义的参数顺序一致。

2) 指定名称传递

指定名称传递参数,是指在调用过程时不仅提供参数值,还指定该值所赋予的参数。在这种情况下,可以不按参数顺序赋值。指定名称传递参数的赋值形式为:

```
parameter_name => value
```

【例 9-4】 使用两种参数赋值方式调用存储过程 pro_insertDept。

```
SQL> exec pro_insertDept(60, 'MARKET', 'HOUSTON');
部门插入成功!
PL/SQL 过程已成功完成。
```

或

```
SQL> exec pro_insertDept(dept_loc =>'HOUSTON',dept_name =>'MARKET',dept_num => 60);
部门插入成功!
PL/SQL 过程已成功完成。
```

2. OUT 模式参数

输出类型的参数,参数在存储过程内部赋值,并返回给调用者。使用这种类型的输入参数,必须在参数名称后面添加 OUT 关键字。

【例 9-5】 创建一个存储过程,定义一个 OUT 模式的参数,实现根据部门编号获取部门名称。

```
SQL > create or replace procedure pro_selectDept(
  2   dept_num in number,
  3   dept_name out varchar2
  4   ) is
  5   begin
  6   select dname into dept_name from dept where deptno = dept_num;
  7   exception
  8   when no_data_found then
  9   dbms_output.put_line('该部门不存在!');
 10   end pro_selectDept;
 11   /
过程已创建。
```

存储过程定义了一个 OUT 参数,通过 OUT 类型的参数返回值。因此,当调用或执行该存储过程时,都需要定义变量来保存这个 OUT 参数的值。下面以两种方式调用带 OUT 模式参数的存储过程 pro_selectDept。

1) 在 PL/SQL 程序块中调用

这种方式需要在 PL/SQL 程序块的声明部分,定义与存储过程中 OUT 参数兼容的对应变量。

【例 9-6】 在 PL/SQL 程序块中定义一个变量 var_dname,然后调用存储过程 pro_selectDept,并将变量 var_dname 传递给存储过程,以接收 OUT 参数的返回值。

```
SQL > declare
  2   var_dname dept.dname % type;
  3   begin
  4   pro_selectDept(60,var_dname);
  5   dbms_output.put_line('60 号部门对应的部门名称为: '||var_dname);
  6   end;
  7   /
60 号部门对应的部门名称为: MARKET
PL/SQL 过程已成功完成。
```

2) 使用 EXEC 命令执行

在 SQL * PLUS 环境中,使用 EXEC 命令执行带 OUT 模式参数的存储过程,需要使用 VARIABLE 关键字定义相应变量,用以存储 OUT 参数的返回值。

【例 9-7】 使用 VARIABLE 定义一个变量 var_dname,然后使用 EXEC 执行存储过程 pro_selectDept,并将变量 var_dname 传递给存储过程,以接收 OUT 参数的返回值。

```
SQL > variable var_dname varchar2(10);
SQL > exec pro_selectDept(60,:var_dname);
PL/SQL 过程已成功完成。
```

然后使用 PRINT 命令打印输出变量 var_dname 的值。

```
SQL > print :var_dname;
VAR_DNAME
---------------------------
MARKET
```

3．IN OUT 模式参数

IN OUT 模式参数同时拥有 IN 与 OUT 参数的特性，它既接收用户的传值，又允许在过程体中修改其值，并可以将值返回。使用这种模式的参数需要在参数后面添加 IN OUT 关键字。不过，IN OUT 参数不接收常量值，只能使用变量为其传值。

【例 9-8】 创建一个存储过程，定义两个 IN OUT 模式的参数，实现两个数值的交换。

```
SQL > create or replace procedure exchange_value
  2   (value1 in out number, value2 in out number)
  3   as
  4   temp number;
  5   begin
  6   temp: = value1;
  7   value1: = value2;
  8   value2: = temp;
  9   end exchange_value;
 10   /
过程已创建。
```

在上面的 exchange_value 中，定义了两个 IN OUT 参数，参数在存储过程调用的时候，会传入变量的值，在存储过程的执行部分实现两个变量值的交换。

【例 9-9】 在 PL/SQL 程序块中定义两个变量，然后调用存储过程 exchange_value，并将变量的值传递给存储过程，实现两个变量值的交换。

```
SQL > declare
  2   var_value1 number(4): = 123;
  3   var_value2 number(4): = 321;
  4   begin
  5   dbms_output.put_line('交换前两个变量的值分别为: '||var_value1||','||var_value2);
  6   exchange_value(var_value1, var_value2);
  7   dbms_output.put_line('交换后两个变量的值分别为: '||var_value1||','||var_value2);
  8   end;
  9   /
交换前两个变量的值分别为: 123, 321
交换后两个变量的值分别为: 321, 123
PL/SQL 过程已成功完成。
```

9.1.3　修改与删除存储过程

修改存储过程是在 CREATE PROCEDURE 语句中添加 OR REPLACE 关键字，其他内容与创建存储过程一样，其实质是删除原有过程，然后创建一个全新的过程，只不过前后两个过程的名称相同而已。

删除存储过程需要使用 DROP PROCEDURE 语句,其语法形式如下。

```
DROP PROCEDURE procedure_name ;
```

9.1.4 查询存储过程的定义信息

通过 USER_SOURCE 数据字典视图可以查询存储过程的定义信息,它包括属于当前用户所有存储的对象(存储过程、函数,包、触发器等)源代码。

【例 9-10】 通过数据字典 USER_SOURCE 查询 pro_selectDept 过程的定义信息。

```
SQL> column text format a45;
SQL> column name format a15;
SQL> select * from user_source where name = 'EXCHANGE_VALUE';
NAME             TYPE         LINE      TEXT
--------------   ---------    ----      -------------------------
EXCHANGE_VALUE   PROCEDURE     1        procedure exchange_value
EXCHANGE_VALUE   PROCEDURE     2        (value1 in out number, value2 in out number)
EXCHANGE_VALUE   PROCEDURE     3        as
EXCHANGE_VALUE   PROCEDURE     4        temp number;
EXCHANGE_VALUE   PROCEDURE     5        begin
EXCHANGE_VALUE   PROCEDURE     6        temp: = value1;
EXCHANGE_VALUE   PROCEDURE     7        value1: = value2;
EXCHANGE_VALUE   PROCEDURE     8        value2: = temp;
EXCHANGE_VALUE   PROCEDURE     9        end exchange_value;
已选择 9 行。
```

其中,NAME 表示对象名称;TYPE 表示对象类型;LINE 表示定义信息中文本所在的行数;TEXT 表示对应行的文本信息。

9.2 函　　数

函数和存储过程相似,也是数据库中存储的命名的 PL/SQL 程序块,同样可以接收用户的传递值,向用户返回值。与过程不同的是,函数必须返回一个值。

9.2.1 创建函数

创建函数需要使用 CREATE FUNCTION 语句,其语法如下。

```
CREATE [ OR REPLACE ] FUNCTION function_name
[
    ( parameter [ IN | OUT | IN OUT ] data_type )
    [ , … ]
]
RETURN data_type
{ IS | AS }
    [ declaration_section ; ]
BEGIN
    function_body ;
END [ function_name ] ;
```

创建函数的语法与创建存储过程非常类似,不同的是函数中需要有 RETURN 子句,该子句指定函数返回值的数据类型,但不能指定其精度,而函数体中也需要使用 RETURN 语句对应数据类型的值,该值可以是一个常量,也可以是一个变量。

【例 9-11】 创建一个函数,实现根据雇员的名称获取其年工资。

```
SQL> create or replace function annual_income(name varchar2)
  2   return number is
  3   annual_sal number(7,2);
  4   begin
  5   select sal * 12 + nvl(comm, 0) into annual_sal from emp where ename = name;
  6   return annual_sal;
  7   end;
  8   /
函数已创建。
```

9.2.2 调用函数

由于函数有返回值,所以在调用函数时,必须有一个变量来保存函数的返回值,这样函数和这个变量就组成了一个赋值表达式。

【例 9-12】 在 PL/SQL 块中调用函数 annual_income(),计算输出雇员的年工资。

```
SQL>    declare
  2    var_income number;
  3    begin
  4    var_income: = annual_income('SCOTT');
  5    dbms_output.put_line('雇员 SCOTT 的年工资: '||var_income);
  6    end;
  7    /
雇员 SCOTT 的年工资: 38400
PL/SQL 过程已成功完成。
```

9.2.3 修改和删除函数

修改函数是在 CREATE FUNCTION 语句中添加 OR REPLACE 关键字,其他内容与创建函数一样,其实质是删除原有函数,然后创建一个新函数,只不过前后两个函数的名称相同而已。

删除函数需要使用 DROP FUNCTION 语句,其语法形式如下。

```
DROP FUNCTION function_name ;
```

9.3 程 序 包

程序包由变量、常量、游标、存储过程、函数等组成,能构建供程序员重用的代码库,实现程序模块化。当第一次调用程序包中的存储过程或函数等元素时,程序包被整体加载到内存中,这样将加快程序包中任何元素的访问速度,从而提高程序的运行效率。

9.3.1 程序包规范

程序包规范用于规定在程序包中可以使用哪些常量、变量、游标、存储过程和函数等元素。程序包规范必须在程序包体之前创建,其语法格式如下。

```
CREATE [ OR REPLACE ] PACKAGE package_name
{ IS | AS }
package_specification ;
END package_name ;
```

语法说明如下。

(1) package_name:创建的程序包的名称。

(2) package_specification:用于列出用户可以使用的存储过程、函数、数据类型和变量等。

【例 9-13】 创建一个程序包规范 sp_package,在该规范中声明一个存储过程 pro_selectDept 和一个函数 annual_income。

```
SQL> create package sp_package is
  2   procedure pro_selectDept(dept_num number, dept_name out varchar2);
  3   function annual_income(name varchar2) return number;
  4   end;
  5   /
程序包已创建。
```

从上面的代码可知,在程序包规范中声明的存储过程和函数只有头部的声明,而没有函数体和存储过程体。只定义了"规范"的程序包还不可以使用,如果试图访问包中的元素,Oracle 将会产生错误提示。

9.3.2 程序包体

程序包体包含规范中声明的存储过程、函数和游标等元素的实现代码,另外,也可以在程序包体中声明一些内部变量。程序包体的名称必须和程序包规范的名称相同,这样通过这个相同的名称 Oracle 就可以将两者结合组成程序包,并实现一起进行编译代码。在实现实际代码时,可以将存储过程或函数作为一个独立的 PL/SQL 块进行处理。

与创建程序包规范不同的是,创建程序包体使用 CREATE PACKAGE BODY 语句,其基本语法如下。

```
CREATE [ OR REPLACE ] PACKAGE BODY package_name
{ IS | AS }
package_body ;
END package_name ;
```

其中,package_body 是程序包中存储过程、函数等元素的具体实现代码。

【例 9-14】 创建一个程序包体,实现在程序包规范 sp_package 中声明的存储过程 pro_selectDept 和函数 annual_income。

```
SQL> create or replace package body sp_package is
```

```
 2  procedure pro_selectDept(dept_num number, dept_name out varchar2)
 3  is
 4  begin
 5  select dname into dept_name from dept where deptno = dept_num;
 6  exception
 7  when no_data_found then
 8  dbms_output.put_line('该部门不存在!');
 9  end pro_selectDept;
10  function annual_income(name varchar2) return number is
11  annual_salary number;
12  begin
13  select sal * 12 + nvl(comm, 0) into annual_salary from emp
14  where ename = name;
15  return annual_salary;
16  end annual_income;
17  end sp_package;
18  /
```
程序包体已创建。

9.3.3 调用程序包中的元素

在前面多次用到系统定义的程序包 DBMS_OUTPUT 输出结果,而 PUT_LINE 就是该程序包中的存储过程。可见调用程序包中的元素时,使用如下形式。

```
package_name.[ element_name ] ;
```

其中,element_name 表示程序包中元素名称,可以是存储过程名、函数名、变量名和常量名等。

【例 9-15】 在 PL/SQL 程序块中,调用程序包 sp_package 中的函数 annual_salary(),实现获取雇员的年工资。

```
SQL > declare
  2  var_income number;
  3  begin
  4  var_income: = sp_package.annual_income('SCOTT');
  5  dbms_output.put_line('雇员 SCOTT 的年工资: '||var_income);
  6  end;
  7  /
雇员 SCOTT 的年工资: 38400
PL/SQL 过程已成功完成。
```

9.3.4 删除程序包

删除程序包需要使用 DROP PACKAGE 语句。如果程序包被删除,则对应的程序包规范和程序包体都被删除。删除程序包的语法如下。

```
DROP PACKAGE package_name ;
```

9.4 触 发 器

触发器可以看作一种"特殊"的存储过程,它定义了一些数据库相关事件(如 INSERT、UPDATE、CREATE 等事件)发生时应执行的"功能代码块",通常用于管理复杂的完整性约束和业务规则等。

9.4.1 触发器简介

"触发事件"是触发器中非常重要的一个概念。触发器的执行不是由用户或应用程序进行的,而是通过触发事件由系统自动触发。能够引起触发器运行的操作被称为触发事件,例如,执行 INSERT、UPDATE、DELETE 等 DML 语句对表或视图执行数据处理操作;执行 CREATE、ALTER、DROP 等 DDL 语句在数据库中创建、修改、删除模式对象;引发系统启动或退出等数据库系统事件;引发用户登录或退出数据库操作的用户事件等。

根据触发器的触发事件和触发器的执行情况,将 Oracle 所支持的触发器分为以下 5 种类型。

(1) 行级触发器:当 DML 语句对每一行数据进行操作时都会引起该触发器的运行。

(2) 语句级触发器:无论 DML 语句影响多少行数据,其所引起的触发器仅执行一次。

(3) INSTEAD OF 触发器:该触发器是定义在视图上,而不是定义在表上的,它是用来替换所使用的实际语句的触发器。

(4) 用户事件触发器:是指与 DDL 操作或用户登录、退出数据库等事件相关的触发器。

(5) 系统事件触发器:是指在 Oracle 实例的启动、关闭等数据库系统事件中进行触发的触发器。

所有触发器,不管是何类型,都可以使用相同的语法创建。创建触发器使用 CREATE TRIGGER 语句,其基本语法如下。

```
CREATE [ OR REPLACE ] TRIGGER trigger_name
[ BEFORE | AFTER | INSTEAD OF ] trigger_event
{ ON table_name | view_name | shema_name | db_name }
[ FOR EACH ROW ]
[ ENABLE | DISABLE ]
[ WHEN trigger_condition ]
[ DECLARE declaration_statements ; ]
BEGIN
    trigger_body ;
END [ trigger_name ] ;
```

语法说明如下。

(1) trigger_name:触发器的名称。

(2) BEFORE | AFTER | INSTEAD OF:表示"触发时机"的关键字。BEFORE 表示执行 DML 操作之前触发,这种方式能够防止某些错误操作发生而便于回滚或实现某些业务规则;AFTER 表示执行 DML 操作之后触发,这种方式便于记录该操作或做某些事后处

理操作；INSTEAD OF 表示触发器为替代触发器。

（3）trigger_event：触发器事件，例如 INSERT、UPDATE、CREATE 等事件。

（4）ON table_name | view_name | shema_name | db_name：表示操作的对象是数据表、视图、用户模式和数据库等，对它们执行某种数据操作，将引起触发器的运行。

（5）FOR EACH ROW：指定触发器为行级触发器，当 DML 语句对每一行数据进行操作时都会引起触发器的执行。如果不指定该子句，则表示创建的为语句级触发器，这时无论数据操作影响多少行，触发器只会执行一次。

（6）ENABLE | DISABLE：用于指定触发器被创建之后的初始状态为启用状态（ENABLE）还是禁用状态（DISABLE）。

（7）WHEN trigger_condition：触发条件子句，其中 WHEN 是关键字，trigger_condition 是触发条件表达式，只有当该表达式的值为 TRUE 时，遇到触发事件才会自动执行触发器，使其执行触发操作，否则即使遇到触发事件也不会执行触发器。

（8）trigger_body：PL/SQL 语句，触发器功能实现的主体。

9.4.2 语句级触发器

语句级触发器，顾名思义，就是针对一条 DML 语句而引起的触发器执行。在语句级触发器中，不使用 FOR EACH ROW 子句，也就是说无论数据操作影响多少行，触发器都只会执行一次。

【例 9-16】 使用触发器对 scott 模式下 dept 表的各种 DML 操作进行监控，将对 dept 表的各种 DML 操作和操作时间存储在日志表 dept_log 中。

（1）在 scott 模式下创建 dept_log 数据表，定义两个字段，分别用来存储操作种类和操作时间信息。

```
SQL > create table dept_log
  2  (
  3    operate_type varchar2(10),  -- 存储操作种类信息
  4    operate_time timestamp      -- 存储操作时间信息
  5  );
表已创建。
```

（2）创建一个触发器 tri_dept，实现当向 dept 执行插入、更新和删除操作时，触发器执行输出对 dept 表所做的具体操作。

```
SQL > create or replace trigger tri_dept
  2  before insert or update or delete
  3  on dept                -- 当 dept 表发生插入,修改,删除操作时引起该触发器执行
  4  declare
  5  var_type varchar2(10);  -- 声明一个变量,存储对 dept 表执行的操作类型
  6  begin
  7  if inserting then
  8  var_type := '插入';    -- 当触发事件是 INSERT 时,存储操作类型为"插入"
  9  elsif updating then
 10  var_type := '修改';
 11  elsif deleting then
 12  var_type := '删除';
```

```
13    end if;
14    insert into dept_log values(var_type,sysdate);
15    end tri_dept;
16    /
触发器已创建
```

在上面的代码中,使用 before 关键字来指定"触发时机",它指定当前触发器在 DML 语句执行之前被触发,这使得它非常适合于强化安全性、启用业务逻辑和进行日志信息记录。当然也可使用 after 关键字,它通常用于记录该操作或者某些事后处理工作。具体使用哪一种关键字,要根据实际需要而定。

另外,为了具体判断对 dept 表执行了哪种类型的操作,即具体引发了哪种"触发事件",代码中还使用了条件谓词(inserting、updating 和 deleting)。如果条件谓词的值为 true,那么就是相应类型的 DML 语句(insert、update 和 delete)引发了触发器的运行。对于条件谓词,用户甚至还可以在其中判断特定列是否被更新,例如,要判断用户是否对 dept 表中 dname 列进行了修改,可以使用下面的语句。

```
if updating(dname) then
do something about update dname
end if;
```

在上面的条件谓词中,即使用户修改了 dept 表中的数据,但却没有影响到 dname 列的值,那么条件谓词的值仍然为 false,这样相关的 do something 语句就不会执行。

(3) 对 dept 表进行插入、修改和删除操作引发触发器 tri_dept 的执行。

```
SQL> insert into dept values(88,'售后服务部','郑州');
已创建 1 行。
SQL> update dept set loc = '河南郑州' where deptno = 88;
已更新 1 行。
SQL> delete from dept where deptno = 88;
已删除 1 行。
```

触发器的执行与存储过程截然不同,存储过程的执行由应用程序或用户进行,而触发器必须由一定的"触发事件"来诱发执行。根据 tri_dept 触发器的设计情况可知,上面的代码将会使它触发三次,会向 dept_log 表中插入三条记录。

(4) 查看 dept_log 表中的数据信息,查看触发器 tri_dept 的执行情况。

```
SQL> select * from dept_log;
OPERATE_TY    OPERATE_TIME
-------    ----------------------------
插入           15 - 1 月 - 16 09.39.20.000000 上午
修改           15 - 1 月 - 16 09.40.04.000000 上午
删除           15 - 1 月 - 16 09.40.28.000000 上午
```

从查询结果可知,dept_log 表中有三条日志记录,说明触发器成功执行三次,而且条件谓词的判断也是正确的。

9.4.3 行级触发器

行级触发器会针对 DML 操作所影响的每一行数据都执行一次触发器。创建这种类型的触发器时，必须使用 for each row 这个选项。

【例 9-17】 创建触发器 tri_book，实现当向 book 表插入记录时，为 book 表的主键列自动赋值。

（1）在 scott 模式下创建 book 数据表，其中包括图书的 ID 列和图书名称列。

```
SQL > create table book(
  2   bid number(4) primary key,
  3   bname varchar2(30)
  4   );
表已创建。
```

（2）使用 create sequence 语句创建一个序列，命名为 seq_book。

```
SQL > create sequence seq_book
  2   start with 1
  3   increment by 1
  4   ;
序列已创建。
```

（3）创建一个触发器 tri_book，实现当向 book 插入数据时，自动为 bid 列赋值。

```
SQL > create or replace trigger tri_book
  2   before insert
  3   on book
  4   for each row
  5   begin
  6   if :new.bid is null then
  7   select book_seq.nextval into :new.bid from dual;
  8   end if;
  9   end tri_book;
 10   /
触发器已创建
```

在上面的代码中，使用了 for each row 选项，创建的为行级触发器。为了给 book 表的当前插入行的 id 列赋值，这里使用了 :new.bid 列标识符，用来指向新行的 bid 列，给它赋值。

在行级触发器中，可以访问当前正在受影响的数据行，通过使用列标识符实现。列标识符分为"原值标识符"和"新值标识符"，原值标识符用于标识当前行某列的原始值，记作":old.column_name"（如 :old.bid），通常在 update 语句和 delete 语句中使用；新值标识符用于标识当前行某个列的新值，记作":new.column_name"（如 :new.bid），通常在 insert 语句和 update 语句中使用。

（4）向 book 表中插入数据，引发触发器执行。

```
SQL > insert into book(bname) values('红楼梦');
已创建 1 行。
```

从运行结果可知，尽管向 book 表中插入数据时，没有指定主键列 bid 的值，数据插入仍然是成功的。

（5）查询 book 表的数据信息，查看触发器 tri_book 的执行情况。

```
SQL > select * from book;
BID    BNAME
----   -------------
   1    红楼梦
```

从查询结果可知,book 表中有一条记录,主键列的值为 1,实现了通过触发器 tri_book 为 book 表的主键列 bid 自动赋值。

9.4.4　INSTEAD OF 触发器

INSTEAD OF 触发器用于执行一个替代操作来代替触发事件的操作,而触发事件本身最终不会被执行。不过,Oracle 中的 INSTEAD OF 触发器只能定义在视图上,而不能定义在数据表上。

前面章节提到视图支持 DML 操作,但并不是所有的列都支持,例如对列进行了数学或函数运算,则不能对该列进行 DML 操作,这时就可以使用 INSTEAD OF 触发器。在视图上定义了 INSTEAD OF 触发器后,用户对视图的 DML 操作就变成了执行触发器中的 PL/SQL 语句块,这样就可以通过在 INSTEAD OF 触发器中编写适当的代码对构成视图的基表进行操作。

【例 9-18】　创建触发器 tri_insert_view,实现通过 emp_view 视图向基表 emp 插入记录。

(1) 在 scott 模式下创建 emp_view 视图,视图检索 emp 表中的所有数据,同时将 emp 表的 sal 列的值加 100。

```
SQL > create or replace view emp_view
  2    as
  3    select empno, ename, sal + 100 new_sal
  4    from emp;
视图已创建。
```

由于视图 emp_view 中的 new_sal 列进行了数学计算,所以不能直接对该列进行 DML 操作,这时如果试图进行 DML 操作,Oracle 将会提示错误。

(2) 创建一个定义在视图 emp_view 上的触发器 tri_insert_view,在该触发器主体中实现对视图 emp_view 的基表 emp 插入数据。

```
SQL > create or replace trigger tri_insert_view
  2    instead of insert
  3    on emp_view
  4    for each row
  5    begin
  6    insert into emp(empno, ename, sal)
  7    values(:new.empno, :new.ename, :new.new_sal);
  8    end tri_insert_view;
  9    /
触发器已创建
```

(3) 触发器 tri_insert_view 创建成功后,再向视图 emp_view 插入数据时,将不会产生错误信息,而会引起触发器 tri_insert_view 运行,从而实现向 emp 表中插入数据。

```
SQL> insert into emp_view values(7777,'tiger',2000);
已创建 1 行。
```

（4）查询 emp_view 的数据信息，查看触发器 tri_insert_view 的执行情况。

```
SQL> select empno,ename,new_sal from emp_view where empno=7777;
EMPNO    ENAME    NEW_SAL
----     -----    -------
7777     tiger    2100
```

从查询结果可知，触发器 tri_insert_view 替代了触发器事件的执行，对视图执行插入操作成功，而触发事件本身没有执行。

9.4.5 系统事件触发器

系统事件触发器在发生如数据库启动或关闭等系统事件时触发，而不是在执行 DML 语句时触发。数据库事件包括服务器的启动或关闭、用户登录或退出以及服务器错误。表 9-1 给出了数据库事件的种类和出现的时机。

表 9-1   系统事件和触发时机

系 统 事 件	允 许 时 机	说　　明
STARTUP	之后	实例启动时触发
SHUTDOWN	之前	实例正常关闭时触发
SEVERERROR	之后	服务器发生错误时触发
LOGON	之后	用户成功登录之后触发
LOGOFF	之前	用户注销开始时触发

系统触发器也有一些内部的属性函数可供使用。这些属性函数允许触发器获得触发事件的相关信息。事件属性函数是 SYS 拥有的独立 PL/SQL 函数。系统没有为这些函数指定默认的替代名称，为了识别这些函数，程序中必须在它们的前面加上前缀 SYS。表 9-2 对这些属性函数进行了说明。

表 9-2   系统事件的属性函数

系 统 事 件	数 据 类 型	说　　明
SYSEVENT	VARCHAR2(20)	返回激活触发器的系统事件
INSTANCE_NUM	NUMBER	返回当前实例号
DATABASE_NAME	VARCHAR2(50)	返回当前数据库名
SERVER_ERROR	NUMBER	接收一个 NUMBER 类型的参数，返回该参数所指示的错误堆栈中相应位置的错误
IS_SERVERERROR	BOOLEAN	接收一个错误号作为参数，如果所指示的 Oracle 错误返回在堆栈中，则返回 TRUE
LOGIN_USER	VARCHAR2(30)	返回激活触发器的用户 ID

创建系统事件触发器需要使用 ON DATABASE 子句，表示创建的是数据库级的触发器，同时创建用户要具有 DBA 权限。

【例 9-19】　创建系统事件触发器，实现对本次数据库启动以来的登录用户的名称和登录时间进行记录。

（1）创建用户登录事件记录表 userlog。

```
SQL> create table userlog (
  2   username varchar2(20),
  3   logon_time date
  4   );
表已创建。
```

（2）创建数据库 LOGON 事件触发器，记录登录数据库的用户名和登录时间。

```
SQL> create or replace trigger tri_user_logon
  2   after logon
  3   on database
  4   begin
  5   insert into userlog
  6   values(sys.login_user,sysdate);
  7   end;
  8   /
触发器已创建
```

（3）验证触发器 tri_user_logon 的执行情况。

```
SQL> conn hr/hr
已连接。
SQL> conn scott/tiger;
已连接。
SQL> select username,logon_time from userlog;
USERNAME              LOGON_TIME
----------           --------------
HR                    17 - 1 月 - 16
SCOTT                 17 - 1 月 - 16
```

9.4.6 用户事件触发器

用户事件触发器也称为客户触发器，是能够与 INSERT、UPDATE 和 DELETE 语句以外的 DML、DDL、用户的登录/注销等操作事件相关联的触发器。引发该类触发器的用户事件主要包括 CREATE、ALTER、DROP、GRANT、REVOKE、RENAME、TRUNCATE、COMMENT、ANALYZE、LOGON 和 LOGOFF 等。

【例 9-20】 创建用户事件触发器，实现在日志信息表 ddl_oper_log 中记录 SCOTT 用户的 DDL 操作信息。

（1）创建日志信息表 ddl_oper_log，用于保存 DDL 操作信息。

```
SQL> create table ddl_oper_log(
  2   db_obj_name varchar2(20),      -- 数据对象名称
  3   db_obj_type varchar2(20),      -- 对象类型
  4     oper_action varchar2(20),    -- 具体 DDL 行为
  5     oper_user varchar2(20),      -- 操作用户
  6     oper_date date               -- 操作日期
  7   );
```

表已创建。

（2）创建一个用户触发器，用于将当前模式下的 DDL 操作信息保存到上面创建的 ddl_oper_log 日志信息表中。

```
SQL > create or replace trigger tri_ddl_oper
  2      before create or alter or drop
  3      on scott.schema -- 在 scott 模式下的 DDL 操作将引发该触发器运行。
  4  begin
  5      insert into ddl_oper_log values(
  6              ora_dict_obj_name, -- 操作的数据对象名称
  7              ora_dict_obj_type, -- 对象类型
  8              ora_sysevent,      -- 用户事件名称
  9              ora_login_user,    -- 登录用户
 10              sysdate);
 11  end;
 12  /
触发器已创建
```

上面的代码中，当向日志信息表 ddl_oper_log 插入数据时，使用了若干事件属性，它们各自的含义如下。

① ora_dict_obj_name：获取 DDL 操作所对应的数据库对象。

② ora_dict_obj_type：获取 DDL 操作所对应的数据库对象的类型。

③ ora_sysevent：获取触发器的用户事件名。

④ ora_login_user：获取登录用户名。

（3）在 SCOTT 模式下，创建一个数据表和一个视图，然后删除视图和修改数据表，验证触发器 tri_ddl_oper 的执行情况。

```
SQL > create table tb_test(id number );
表已创建。
SQL > create view view_test as select empno,ename from emp;
视图已创建。
SQL > drop view view_test;
视图已删除。
SQL > alter table tb_test add name varchar2(10);
表已更改。
SQL > select * from ddl_oper_log;
DB_OBJ_NAME   DB_OBJ_TYPE   OPER_ACTION   OPER_USER   OPER_DATE
--------      --------      --------      -------     --------

VIEW_TEST     VIEW          DROP          SCOTT       17-2月 -16
TB_TEST       TABLE         ALTER         SCOTT       17-2月 -16
TB_TEST       TABLE         CREATE        SCOTT       17-2月 -16
VIEW_TEST     VIEW          CREATE        SCOTT       17-2月 -16
```

从上面的操作过程和运行结果可知，用户 SCOTT 的 DDL 操作信息都被保存到 ddl_oper_log 日志信息表中，DDL 操作引起触发器的执行。

9.4.7 管理触发器

1. 禁用和启用触发器

在创建触发器时，可以使用 ENABLE 和 DISABLE 关键字指定触发器的初始状态为启

用或禁用,默认情况下为 ENABLE。

在需要的时候,也可以使用 ALTER TRIGGER 语句修改触发器的状态,其语法如下。

```
ALTER TRIGGER trigger_name ENABLE | DISABLE;
```

如果需要修改某个表上的所用触发器的状态,还可以使用如下形式。

```
ALTER TABLE ENABLE | DISABLE ALL TRIGGERS;
```

2. 修改和删除触发器

修改触发器只需要在 CREATE TRIGGER 语句中使用 OR REPLACE 关键字。

删除触发器使用 DROP TRIGGER 语句,其语法信息如下。

```
DROP TRIGGER trigger_name;
```

小　结

在本章中,主要介绍了存储过程、函数、程序包和触发器的定义和使用。存储过程可以有三种不同类型的参数:IN 模式参数、OUT 模式参数、IN OUT 模式参数,三种参数分别适用不同的应用。函数和存储过程相似,可以接收用户的传递值,但函数必须返回一个值。程序包分为两部分:程序包规范和程序包体,不仅能构建供程序员重用的代码库,实现程序模块化,而且能提高程序的运行效率。触发器是一种"特殊"的存储过程,通常用于管理复杂的完整性约束和业务规则,主要包括语句级触发器、行级触发器、INSTEAD OF 触发器、系统事件触发器和用户事件触发器。

习　题

一、选择题

1. 假设有存储过程 pro_add_client,其创建语句的头部内容如下:

create procedure pro_add_client(c_id in number, c_name in varchar2)

请问下列调用该存储过程的语句错误的是(　　)。

    A. EXEC pro_add_client(1, 'tiger');

    B. EXEC pro_add_client('tiger', 1);

    C. EXEC pro_add_client(c_id=> 1, c_name=>'tiger');

    D. EXEC pro_add_client(c_name=>'tiger', c_id=> 1);

2. 下面关于程序包的叙述错误的是(　　)。

    A. 程序包体中的过程和函数必须在程序包规范部分说明

    B. 必须先创建程序包规范,然后创建包体

    C. 可以通过程序包名.元素名的方式调用程序包中的元素

    D. 程序包能够实现程序模块化,提高程序的运行效率

3. 下面对 before 触发器和 instead of 触发器叙述正确的是(　　)。

A. before 触发器在触发事件执行之前被触发,触发事件本身将不会被执行

B. instead of 触发器在触发事件执行之前被触发,触发事件本身仍然执行

C. before 触发器在触发事件执行之前被触发,触发事件本身仍然执行

D. instead of 触发器在触发事件执行之后被触发,触发事件本身仍然执行

4. 下面关于:NEW 和:OLD 的理解正确的是( )。

A. :NEW 和:OLD 可以分别获取新数据和旧数据

B. :NEW 和:OLD 在语句级触发器和行级触发器中都可以使用

C. 行级触发器触发事件为 INSERT 时可以使用:OLD

D. 语句级触发器触发事件为 UPDATE 时只能使用:NEW

二、简答题

1. 简述存储过程的三种不同类型的参数。

2. 简述存储过程与函数的异同点。

3. 简述 5 种不同类型的触发器。

三、编程题

1. 编写一个过程,将 10 号部门员工薪水上涨 10％,20 号部门员工的薪水上涨 20％,其他部门员工的薪水保持不变。

2. 编写一个程序包,此程序包有一个存储过程和一个函数,存储过程实现根据员工编号打印员工的岗位,函数实现根据部门编号返回该部门的平均工资。

3. 创建一个 emp 表的触发器 emp_total,每次向雇员表插入、删除或更新雇员信息时,将新的统计信息存入到统计表 emptotal 中,使统计表总能反映最新的统计信息。统计表用于记录各部门雇员总人数、总工资,结构如下。

部门编号 number(2),总人数 number(5),总工资 number(10,2)

第 10 章　数据库安全管理

学习目标：

　　安全管理是评价一个数据库产品性能的重要指标。本章介绍 Oracle 11g 数据库的安全管理机制，内容包括用户管理、权限管理、角色管理、概要文件管理、数据库审计等。

10.1　数据库安全性概述

　　Oracle 数据库的安全管理是从用户登录数据库就开始的。在用户登录数据库时，系统对用户身份进行验证，在对数据进行操作时，系统检查用户的操作是否具有相应的权限，并限制用户对存储空间和系统资源的使用。

　　Oracle 11g 的安全性体系包括以下几个层次。

　　(1) 物理层的安全性：数据库所在结点必须在物理上得到可靠的保护。

　　(2) 用户层的安全性：哪些用户可以使用数据库，使用数据库的哪些对象，用户具有什么样的权限等。

　　(3) 操作系统的安全性：数据库所在的主机的操作系统的弱点将可能提供恶意攻击数据库的入口。

　　(4) 网络层的安全性：Oracle 11g 主要是面向网络提供服务。因此，网络软件的安全性和网络数据传输的安全性至关重要。

　　(5) 数据库系统层的安全性：通过对用户授予特定的访问数据库对象的权利的办法来确保数据库系统的安全。

　　Oracle 数据库的安全可分为两个层面：系统安全性和数据安全性。系统安全性是在系统级控制数据库的存取和使用的机制，包括有效的用户名和口令、用户是否有权限连接数据库、创建数据库模式对象时可使用的磁盘存储空间大小、用户的资源限制、是否启动数据库的审计等。数据安全性是在对象级控制数据库的存取和使用的机制，包括可存取的模式对象和在该模式对象上所允许进行的操作等。

　　Oracle 11g 数据库安全机制包括用户管理、权限管理、角色管理、表空间管理、概要文件管理、数据审计这 6 个方面。

10.2　用 户 管 理

　　用户(User)管理是 Oracle 数据库安全管理的核心和基础，是 DBA 安全策略中重要的组成部分。用户是数据库的使用者和管理者，Oracle 数据库通过设置用户及其安全参数来控制用户对数据库的访问和操作。

Oracle 数据库的用户管理包括创建用户、修改用户的安全参数、删除用户和查询用户信息等。

在创建 Oracle 数据库时系统会自动创建一些初始用户。

（1）SYS——是数据库中具有最高权限的数据库管理员，被授予了 DBA 角色。可以启动、修改和关闭数据库，拥有数据字典。这是用于执行数据库管理任务的用户。用于数据字典的所有基础表和视图都存储在 SYS 方案中，在 SYS 方案中的表只能由数据库系统来操作，不能由用户操作。

（2）SYSTEM——是一个辅助的数据库管理员，不能启动和关闭数据库，但可以进行其他一些管理工作，如创建用户、删除用户等。一般用于创建显示管理信息的表和视图，或系统内部表和视图。用户不要在 SYS 方案中存储不用于数据库管理的表。

（3）SCOTT——是一个用于测试网络连接的用户，默认口令为 TIGER。

（4）PUBLIC——实质上是一个用户组，数据库中任何一个用户都属于该组成员。若要为数据库中每个用户都授予某个权限，只需把权限授予为 PUBLIC 就可以了。

其他自动创建的用户取决于安装了哪些功能或选项。此外，用户的安全属性包括如下几种。

1. 用户身份认证方式

在用户连接数据库时，必须经过身份认证。Oracle 数据库用户有以下三种身份认证。

（1）数据库身份认证：用户口令以加密方式保存在数据库内部，用户连接数据库时必须输入用户名和口令，通过数据库认证后才能登录数据库。这是默认的认证方式。

（2）外部身份认证：用户的账户由 Oracle 数据库管理，但口令管理和身份验证由外部服务完成，外部服务可以是操作系统或网络服务。当用户试图建立与数据库的连接时，数据库不会要求用户输入用户名和口令，而从外部服务中获取当前用户的登录信息。

（3）全局身份认证：当用户试图建立与数据库的连接时，Oracle 使用网络中的安全管理服务器（Oracle Enterprise Security Manager）对用户进行身份认证。Oracle 的安全管理服务器可以提供全局范围内管理数据库用户的功能。

2. 默认表空间

用户在创建数据库对象时，如果没有显式指明该对象在哪个表空间中存储，系统自动将该数据库对象存储在当前用户的默认表空间中。如果没有为用户指定默认表空间，系统将数据库的默认表空间作为用户的默认表空间。

3. 临时表空间

用户进行排序、汇总和执行连接、分组等操作时，系统首先使用内存中的排序区 SORT AREA SIZE。如果该区域内存不够，则自动使用用户的临时表空间。如果没有为用户指定临时表空间，则系统将数据库的默认临时表空间作为用户的临时表空间。

4. 表空间配额

表空间配额限制用户在永久表空间中可用的存储空间大小。默认情况下，新用户在任何表空间中都没有任何配额。用户在临时表空间中不需要配额。

5. 概要文件

每个用户都有一个概要文件限制用户对数据库系统资源的使用，同时设置用户的口令管理策略。如果没有为用户指定概要文件,Oracle 数据库将为用户自动指定 DEFAULT 概要文件。

6. 账户状态

在创建用户时,可设定用户的初始状态,包括用户口令是否过期以及账户是否锁定等。锁定账户后,用户就不能与 Oracle 数据库建立连接,必须对账户解锁后才可访问数据库,也可以在任何时候对账户进行锁定或解锁。

10.2.1 创建用户

使用 CREATE USER 语句创建用户,执行该语句的用户必须具有 CREATE USER 权限。创建一个用户时,Oracle 数据库自动为该用户创建一个同名的方案模式,用户的所有数据库对象都存在该同名模式中。一旦用户连接到数据库,该用户就可以存取自己方案中的全部实体。

CREATE USER 语句的语法格式为:

```
CREATE USER user_name   IDENTIFIED
[BY Password | EXTERNALLY | GLOBALLY AS  'external_name']
[DEFAULT TABLESPACE tablespace_name ]
[TEMPORARY TABLESPACE temp_tablespace_name]
[QUOTA n K | M | UNLIMITED ON tablespace_name]
[PROFILE profile_name]
[PASSWORD EXPIRE ]
[ACCOUNT LOCK | UNLOCK];
```

对其中的参数说明如下。

(1) BY password:设置用户的数据库身份认证,其中 password 为用户口令。

(2) EXTERNALLY:设置用户的外部身份认证。

(3) GLOBALLY AS'external_name':设置用户的全局身份认证,其中,external_name 为 Oracle 的安全管理服务器相关信息。

(4) DEFAULT TABLESPACE:设置用户的默认表空间。

(5) TEMPORARY TABLESPACE:设置用户的临时表空间。

(6) QUOTA:指定用户在特定表空间上的配额,即用户在该表空间中可以分配的最大空间。

(7) PROFILE:为用户指定概要文件,默认为 DEFAULT,采用系统默认的概要文件。

(8) PASSWORD EXPIRE:设置用户口令的初始状态为过期,用户在首次登录数据库时必须修改口令。

(9) ACCOUNT LOCK:设置用户初始状态为锁定,默认为不锁定。

(10) ACCOUNT UNLOCK:设置用户初始状态为不锁定或解除用户的锁定状态。

注意:创建新用户后,必须为用户授予适当权限,才可进行数据库操作。例如,授予用户 CREATE SESSION 权限后,用户才可以连接到数据库。

【例 10-1】 创建一个用户 czpy,口令为 hncju,默认表空间为 USERS,在该表空间的配额为 50MB。口令设置为过期状态,即首次连接数据库时需要修改口令。

使用的 SQL 命令如下。

```
SQL > CREATE USER czpy IDENTIFIED BY hncju
DEFAULT TABLESPACE USERS
QUOTA 50M ON USERS
PASSWORD EXPIRE;
用户已创建。
```

10.2.2 修改用户

用户创建后,可以更改用户的属性,如口令、默认表空间、临时表空间、表空间配额、概要文件和用户状态等。但不允许修改用户的名称,除非将其删除。

修改数据库用户使用 ALTER USER 语句来实现,执行该语句的用户必须具有 ALTER USER 的系统权限。ALTER USER 语句的语法格式为:

```
ALTER USER user_name   [IDENTIFIED]
[BY password | EXTERNALLY| GLOBALLY AS 'external_name']
[DEFAULT TABLESPACE tablespace_name]
[TEMPORARY TABLESPACE temp_tablespace_name]
[QUOTA n K | M | UNLIMITED ON tablespace_name]
[PROFILE profile_name]
[DEFAULT ROLE role_list| ALL [EXCEPT role_list] | NONE
[PASSWORD EXPIRE]
[ACCOUNT LOCK | UNLOCK];
```

对其中的参数说明如下。
(1) role_list:角色列表。
(2) ALL:表示所有角色。
(3) EXCEPTrole_list:表示除了 role_list 列表中角色之外的其他角色。
(4) NONE:表示没有默认角色。

注意:指定的角色必须是使用 GRANT 命令直接授予该用户的角色。

【例 10-2】 修改用户 czpy 的默认表空间为 USERS2,且在该表空间的配额改为 30MB。SQL 命令如下。

```
SQL > ALTER USER czpy
DEFAULT TABLESPACE USERS2
QUOTA 30M ON USERS2;
用户已更改。
```

10.2.3 删除用户

当一个用户不再使用时,可以将其删除。删除用户时将该用户及其所创建的数据库对象从数据字典中删除。删除用户使用 DROP USER 语句实现,执行该语句的用户必须具有 DROP USER 的系统权限。DROP USER 语句的语法格式为:

```
DROP USER user_name [CASCADE];
```

如果用户拥有数据库对象,必须在 DROP USER 语句中使用 CASCADE 选项,Oracle 数据库会先删除该用户的所有对象,然后再删除该用户。如果其他数据库对象(如存储过程、函数等)引用了该用户的数据库对象,则这些数据库对象将被标志为失效(INVALID)。

10.2.4 查询用户信息

可以通过查询数据字典视图或动态性能视图来获取用户信息。

(1) ALL_USERS:包含数据库所有用户的用户名、用户 ID 和用户创建时间。

(2) DBA_USERS:包含数据库所有用户的详细信息。

(3) USER_USERS:包含当前用户的详细信息。

(4) DBA_TS_QUOTAS:包含所有用户的表空间配额信息。

(5) USER_TS_QUOTAS:包含当前用户的表空间配额信息。

(6) V＄SESSION:包含用户会晤信息。

(7) V＄OPEN_CURSOR:包含用户执行的 SQL 语句信息。

【**例 10-3**】 查看数据库中的所有用户名及其默认表空间。

```
SQL > SELECT USERNAME FROM DBA_USERS;
USERNAME
------------------------------
MGMT_VIEW
SYS
SYSTEM
DBSNMP
SYSMAN
czpy
OUTLN
FLOWS_FILES
MDSYS
ORDSYS
EXFSYS


USERNAME
------------------------------
WMSYS
APPQOSSYS
APEX_030200
OWBSYS_AUDIT
ORDDATA
CTXSYS
ANONYMOUS
XDB
ORDPLUGINS
OWBSYS
SI_INFORMTN_SCHEMA


USERNAME
------------------------------
OLAPSYS
SCOTT
ORACLE_OCM
```

```
XS $ NULL
BI
PM
MDDATA
IX
SH
DIP
OE
USERNAME
------------------------------
APEX_PUBLIC_USER
HR
SPATIAL_CSW_ADMIN_USR
SPATIAL_WFS_ADMIN_USR
已选择 37 行。

SQL > SELECT TABLESPACE_NAME FROM DBA_TABLESPACES;

TABLESPACE_NAME
------------------------------
SYSTEM
SYSAUX
UNDOTBS1
TEMP
USERS
EXAMPLE
已选择 6 行。
```

10.3 权 限 管 理

权限(Privilege)是 Oracle 数据库定义好的执行某些操作的能力。用户在数据库中可以执行什么样的操作,以及可以对哪些对象进行操作,完全取决于该用户所拥有的权限。权限分为以下两类。

(1) 系统权限——是在数据库级别执行某种操作的权限,或针对某一类对象执行某种操作的权限。例如 CREATE SESSION 权限、CREATE ANY TABLE 权限。它一般是针对某一类方案对象或非方案对象的某种操作的全局性能力。

(2) 对象权限——是指对某个特定的数据库对象执行某种操作的权限。例如,对特定表的插入、删除、修改、查询的权限。对象方案一般是针对某个特定的方案对象的某种操作的局部性能力。

将权限授予用户包括直接授权和间接授权两种方式。其中,直接授权是使用 GRANT 语句直接把权限授予用户:而间接授权是先把权限授予角色,再将角色授予用户。同时,权限也可以传递。

10.3.1 授予权限

授予权限包括系统权限的授予和对象权限的授予。

授权的方法可以是利用 GRANT 命令直接为用户授权,也可以是间接授权,即先将权限授予角色,然后再将角色授予用户。

1. 系统权限的授予

系统权限有以下两类。

(1) 对数据库某一类对象的操作能力,通常带有 ANY 关键字,例如 CREATE ANY INDEX、ALTER ANY INDEX、DROP ANY INDEX。

(2) 数据库级别的某种操作能力,例如 CREATE SESSION。

在 Oracle 1lg 中有 206 个系统权限。可以在数据字典表 SYSTEM_PRIVILEGE_MAP 中看到所有这些权限,用 SELECT 语句可以查询这些权限:

```
SQL>CONNECT  sys / hncju AS sysdba;
已连接。
SQL>SELECT COUNT( * )  FRON SYSTEM _PRIVILEGE _MAP;
```

提示:系统权限中有一种 ANY 权限,具有 ANY 权限的用户可以在任何用户模式中进行操作。

系统权限可以划分为群集权限、数据库权限、索引权限、过程权限、概要文件权限、角色权限、回退段权限、序列权限、会话权限、同义词权限、表权限、表空间权限、用户权限、视图权限、触发器权限、管理权限、其他权限等。

群集权限如表 10-1 所示。

表 10-1　群集权限

群 集 权 限	功　　能
CREATE CLUTER	在自己方案中创建群集
CREATE ANY CLUTER	在任何方案中创建群集
ALTER ANY CLUTER	在任何方案中更改群集
DROP ANY CLUTER	在任何方案中删除群集

数据库权限如表 10-2 所示。

表 10-2　数据库权限

数据库权限	功　　能
ALTER DATABASE	更改数据库的配置
ALTER SYSTEM	更改系统初始化参数
AUDIT SYSTEM	审计 SQL,还有 NOAUDIT SYSTEM
AUDIT ANY	审计任何方案的对象

索引权限如表 10-3 所示。

表 10-3　索引权限

索 引 权 限	功　　能
CREATE ANY INDEX	在任何方案中创建索引
ALTER ANY INDEX	在任何方案中更改索引
DROP ANY INDEX	在任何方案中删除索引

过程权限如表 10-4 所示。

表 10-4　过程权限

过 程 权 限	功　　能
CREATE PROCEDURE	在自己方案中创建函数、过程或程序包
CREATE ANY PROCEDURE	在任何方案中创建函数、过程或程序包
ALTER ANY PROCEDURE	在任何方案中更改函数、过程或程序包
DROP ANY PROCEDURE	在任何方案中删除函数、过程或程序包
EXECUTE ANY PROCEDURE	在任何方案中执行函数、过程或程序包

概要文件权限如表 10-5 所示。

表 10-5　概要文件权限

概要文件权限	功　　能
CREATE PROFILE	创建概要文件(例如资源/密码配置)
ALTER PROFILE	更改概要文件(例如资源/密码配置)
DROP PROFILE	删除概要文件(例如资源/密码配置)

角色权限如表 10-6 所示。

表 10-6　角色权限

角 色 权 限	功　　能
CREAT ROLE	创建角色
ALTER ANY ROLE	更改任何角色
DROP ANY ROLE	删除任何角色
GRANT ANY ROLE	向其他角色或用户授予任何角色

回退段权限如表 10-7 所示。

表 10-7　回退段权限

回退段权限	功　　能
CREATE ROLLBACK SEGMENT	创建回退段
AFTER ROLLBACK SEGMENT	更改回退段
DROP ROLLBACK SEGMENT	删除回退段

序列权限如表 10-8 所示。

表 10-8　序列权限

序 列 权 限	功　　能
CREATE SEQUENCE	在自己方案中创建序列
CREATE ANY SEQUENCE	在任何方案中创建序列
ALTER ANY SEQUENCE	在任何方案中更改序列
DROP ANY SEQUENCE	在任何方案中删除序列
SELECT ANY SEQUENCE	在任何方案中选择序列

会话权限如表 10-9 所示。

表 10-9　会话权限

会 话 权 限	功　　能
CREATE SESSION	创建会话,连接到数据库
ALTER SESSION	更改会话
ALTER RESOURSE COST	更改概要文件中的计算资源消耗的方式
RESTRICTED SESSION	在受限会话模式下连接到数据库

同义词权限如表 10-10 所示。

表 10-10　同义词权限

同义词权限	功　　能
CREATE SYNONYM	在自己方案中创建同义词
CREATE ANY SYNONYM	在任何方案中创建同义词
CREATE PUBLIC SYNONYM	创建公用同义词
DROP ANY SYNONYM	在任何方案中删除同义词
DROP PUBLIC SYNONYM	删除公共同义词

表权限如表 10-11 所示。

表 10-11　表权限

表　权　限	功　　能
CREATE TABLE	在自己方案中创建表
CREATE ANY TABLE	在任何方案中创建表
ALTER ANY TABLE	在任何方案中更改表
DROP TABLE	在任何方案中删除表
COMMENT ANY TABLE	在任何方案中为任何表添加注释
SELECT ANY TABLE	在任何方案中选择任何表中记录
INSERT ANY TABLE	在任何方案中向任何表插入新记录
UPDATE ANY TABLE	在任何方案中更改任何表中记录
DELECT ANY TABLE	在任何方案中删除任何表中记录
LOCK ANY TABLE	在任何方案中锁定任何表
FLASHBACK ANY TABLE	允许使用 AS OF 对表进行闪回查询

表空间权限如表 10-12 所示。

表 10-12　表空间权限

表空间权限	功　　能
CREATE TABLESPACE	创建表空间
ALTER TABLESPACE	更改表空间
DROP TABLESPACE	删除表空间
MANAGE TABLESPACE	管理表空间
UNLIMITED TABLESPACE	不受配额限制使用表空间

用户权限如表 10-13 所示。

表 10-13　用户权限

用 户 权 限	功　　能
CREATE USER	创建用户
ALTER USER	更改用户
BECOME USER	成为另一个用户
DROP USER	删除用户

视图权限如表 10-14 所示。

表 10-14　视图权限

视 图 权 限	功　　能
CREATE VIEW	在自己方案中创建视图
CREATE ANY VIEW	在任何方案中创建视图
DROP ANY VIEW	在任何方案中删除视图
COMMENT ANY VIEW	在任何方案中为任何视图添加注释
FLASHBACK ANY VIEW	允许使用 AS OF 对视图进行闪回查询

触发器权限如表 10-15 所示。

表 10-15　触发器权限

触发器权限	功　　能
CREATE TRIGGER	在自己方案中创建触发器
CREATE ANY TRIGGER	在任何方案中创建触发器
ALTER ANY TRIGGER	在任何方案中更改触发器
DROP ANY TRIGGER	在任何方案中删除触发器
ADMINISTER DATABASE TRIGGER	允许创建 ON DATABASE 触发器

管理权限如表 10-16 所示。

表 10-16　管理权限

管 理 权 限	功　　能
SYSDBA	系统管理员权限
SYSOPER	系统操作员权限

其他权限如表 10-17 所示。

表 10-17　其他权限

其 他 权 限	功　　能
ANALYZE ANY	对任何方案中的表、索引进行分析
GRANT ANY OBJECT PRIVILEGE	授予任何对象权限
GRANT ANY PRIVILEGE	授予任何系统权限
SELECT ANY DICTIONARY	允许从系统用户的数据字典表中进行选择

系统权限的授予使用 GRANT 语句,语法格式为:

```
GRANT SYS_PRIV_list TO
user_list|role_list| PUBLIC
[WITH ADMIN OPTION];
```

对其中的参数说明如下。

(1) SYS_PRIV_list:表示系统权限列表,以逗号分隔。

(2) user_list:表示用户列表,以逗号分隔。

(3) role_list:表示角色列表,以逗号分隔。

(4) PUBLIC:表示对系统中所有的用户授权。

(5) WITH ADMIN OPTION:表示允许系统权限接收者再把此权限授予其他用户。

在给用户授予系统权限时,需要注意如下几点。

(1) 只有 DBA 才应当拥有 ALTER DATABASE 的系统权限。

(2) 应用程序开发者一般需要拥有 CREATE TABLE、CREATE VIEW 和 CREATE INDEX 等系统权限。

(3) 普通用户一般只具有 CREATE SESSION 系统权限。

(4) 只有授权时带有 WITH ADMIN OPTION 子句时,用户才可以将获得的系统权限再授予其他用户,即系统权限的传递性。

【例 10-4】 给已经创建的 czpy 用户授予 sysdba 系统权限。

```
SQL > CONNECT sys/hncju AS sysdba;
已连接。
SQL > GRANT sysdba TO czpy;
授权成功。
```

授权成功后,使用 czpy 用户连接。

```
SQL > CONNECT czpy/hncju AS sysdba
已连接。
```

连接后就可以使用 sysdba 系统权限了。

【例 10-5】 创建一个 stu 用户,使其具有登录、连接的系统权限。

```
SQL > CONNECT sys/hncju AS sysdba;
已连接。
SQL > CREATE USER stu IDENTIFIED BY hncju
DEFAULT TABLESPACE users
TEMPORARY TABLESPACE temp;
用户已创建。
SQL > GRANT create session TO stu;
授权成功。
SQL > CONNECT stu/hncju;
已连接。
```

2. 对象权限的授予

对象权限是用户之间的表、视图、序列模式对象的相互存取操作的权限。对属于某一用户模式的所有模式对象,该用户对这些模式对象具有全部的对象权限。也就是说,模式的拥有者对模式中的对象具有全部对象权限。同时,模式的拥有者还可以将这些对象权限授予其他用户。

在 Oracle 数据库中共有 9 种类型的对象权限,不同类型的模式对象有不同的对象权限,而有的对象并没有对象权限,只能通过系统权限进行控制,如簇、索引、触发器、数据库链接等。

按照不同的对象类型,Oracle 数据库中设置了不同种类的对象权限。对象权限及对象之间的对应关系如表 10-18 所示。

表 10-18　对象权限与对象间的对应关系

	ALTER	DELETE	EXECUTE	INDEX	INSERT	READ	REFERENCE	SELECT	UPDATE
DIRECTORY						√			
FUNCTION			√						
PROCEDURE			√						
PACKAGE			√						
SEQUENCE	√							√	
TABLE	√	√		√	√		√	√	√
VIEW		√			√			√	√

其中,画"√"表示某种对象所具有的对象权限,空白则就表示该对象没有某种权限。

对象权限由该对象的拥有者为其他用户授权,非对象的拥有者不得为对象授权,将对象权限授出后,获权用户可以对对象进行相应的操作,没有授予的权限不得操作。对象权限被授出后,对象的拥有者属性不会改变,存储属性也不会改变。

使用 GRANT 语句可以将对象权限授予指定的用户、角色、PUBLIC 公共用户组,语法格式如下。

```
GRANT obj_priv_list | ALL ON [schema.]object
TO user_list| role_list [WITH GRANT OPTION];
```

对其中的参数说明如下。

(1) obj_priv_list:表示对象权限列表,以逗号分隔。

(2) [schema.]object:表示指定的模式对象默认为当前模式中的对象。

(3) user_list:表示用户列表,以逗号分隔。

(4) role_list:表示角色列表,以逗号分隔。

(5) WITH ADMIN OPTION:表示允许系统权限接收者再把此权限授予其他用户。

【例 10-6】　用户 hr 将 employees 表的查询表的对象权限授予 czpy。

```
SQL > CONNECT hr/hr;
已连接。
SQL > GRANT select, insert, update ON employees TO czpy;
授权成功。
SQL > CONNECT czpy/hncju;
已连接。
SQL > SELECT FIRST_NAME, LAST_NAME, JOB_ID, SALARY FROM hr.employees
      where salary > 15000;
```

第 10 章

数据库安全管理

FIRST_NAME	LAST_NAME	JOB_ID	SALARY
Steven	King	AD_PRES	24000
Neena	Kochhar	AD_VP	17000
Lex	De Haan	AD_VP	17000

那么 czpy 就具备了对 hr 的表 employees 的 select 对象权限,但不具备其他对象权限(比如 update)。

10.3.2 回收权限

当用户不使用某些权限时,应尽量收回权限,只保留其最小权限。

1. 系统权限的回收

数据库管理员或者具备向其他用户授权的用户都可以使用 REVOKE 语句将授予的权限回收。系统权限的回收使用 REVOKE 语句,其语法格式为:

```
REVOKE sys_priv_list
FROM user_list| role_list | PUBLIC
```

注意:多个管理员授予用户同一个系统权限后,其中一个管理员回收其授予该用户的系统权限时,该用户将不再拥有相应的系统权限。

为了回收用户系统权限的传递性(授权时使用了 WITH ADMIN OPTION 子句),必须先回收其系统权限,然后再授予其相应的系统权限。

注意:如果一个用户获得的系统权限具有传递性,并且给其他用户授权,那么该用户系统权限被回收后,其他用户的系统权限并不受影响。

2. 对象权限的回收

对象的拥有者可以将授出的权限收回,回收对象权限可以使用 REVOKE 语句。回收对象权限的 REVOKE 语句的语法格式为:

```
REVOKEobj_priv_list I ALL ON[schema.]object FROM user_list I role_list
```

注意:在多个管理员授予用户同一个对象权限后,其中一个管理员回收其授予该用户的对象权限时,该用户不再拥有相应的对象权限。

为了回收用户对象权限的传递性(授权时使用了 WITH GRANT OPTION 子句),必须先回收其对象权限,然后再授予其相应的对象权限。

注意:如果一个用户获得的对象权限具有传递性(授权时使用了 WITH GRANT OPTION 子句),并且给其他用户授权,那么该用户的对象权限被回收后,其他用户的对象权限也被回收。

【例 10-7】 hr 用户回收 czpy 对 employees 表的 select 对象权限。

```
SQL > CONNECT hr/hncju
已连接。
SQL > REVOKE select ON employees FROM czpy;
撤销成功。
```

10.4 角色管理

角色(Role)是权限管理的一种工具,即有名称的权限集合。

可以使用角色为用户授权,同样也可以从用户中回收角色。由于角色集合了多种权限,所以当为用户授予角色时,相当于为用户授予了多种权限。这样就避免了向用户逐一授权,从而简化了用户权限的管理。

角色分为系统预定义角色和用户自定义角色两类。

(1)系统预定义角色:是在 Oracle 数据库创建时由系统自动创建的一些常用角色,并由系统授权了相应的权限,DBA 可以直接利用预定义的角色为用户授权,也可以修改预定义角色的授权。Oracle 数据库中有三十多个预定义角色。可以通过数据字典视图 DBA_ROLES 查询当前数据库中所有的定义角色,通过 DBA_SYS_PRIVS 查询各个预定义角色所具有的系统权限。表 10-19 列出了常用的预定义角色。

(2)用户自定义角色:由用户定义,并由用户为其授权。

表 10-19　常用的预定义角色及其具有的系统权限

角　　色	角色具有的部分权限
CONNECT	CREATE DATABASE_LINK、CREATE SESSION、ALTER SESSION、CREATE TABLE、CREATE CLUSTER、CREATE SEQUENCE、CREATE SYNONYM、CREATE VIEW
RESOURCE	CREATE CLUSTER、CREATE OPERATOR、CREATE TRIGGER、CREATE TYPE、CREATE SEOUENCE、CREATE INDEXTYPE、CREATE PROCEDURE、CREATE TABLE
DBA	ADMINISTER DATABASE TEIGGER、ADMINISTER RESOURCE MANAGE、CREATE…、CREATE ANY…、ALTER…、ALTER ANY…、DROP…、DROP ANY…、EXECUTE…、EXECUTE ANY…
EXP_FULL_DATABASE	ADMINISTER RESOURCE MANAGE、BACKUP ANY TABLE、EXECUTE ANY PROCEDURE、SELECT ANY TABLE、EXECUTE ANY TYPE
IMP_FULL_DATABASE	ADMINISTER DATABSE TEIGGER、ADMINISTER RESOURCE MANAGE、CREATE ANY…、ALTER ANY…、DROP…、DROP ANY…、EXECUTE ANY…

【例 10-8】　查询数据字典 DBA_ROLES 了解数据库中内部的角色信息。

```
SQL > CONNECT sys/hncju;
已连接。
SQL > SELECT role,password_required from dba_roles;
ROLE                         PASSWORD
------------------------     ---------
  CLERK                      NO
  SALES                      YES
  MANAGER                    EXTERNAL
```

Oracle 数据库允许用户自定义角色,并对自定义角色进行权限的授予和回收,同时允许自定义角色进行修改、删除和使角色生效或失效。

10.4.1 创建角色

如果系统预定义的角色不符合用户的需要,数据库管理员还可以创建更多的角色。创建角色的用户必须具有 CREATE ROLE 系统权限。

创建角色语句的语法格式为:

```
CREATE ROLE role_name[NOT IDENTIFIED][IDENTIFIED BY password]
```

对其中的参数说明如下。

(1) role_name:用于指定自定义角色名称,该名称不能与任何用户名或其他角色相同。

(2) NOT IDENTIFIED:用于指定该角色由数据库授权,使该角色生效时不需要口令。

(3) IDENTIFIED BY password:用于设置角色生效时的认证口令。

【例 10-9】 创建不同类型的角色。

```
SQL > CREATE ROLE high_manager_role;
角色已创建。
SQL > CREATE ROLE middle_manager_role IDENTIFIED BY middlerole;
角色已创建。
SQL > CREATE ROLE low_manager_role IDENTIFIED BY lowrole;
角色已创建。
```

10.4.2 角色权限的授予与回收

在角色创建时,它并不具有任何权限,这时的角色是没有用处的。因此,在创建角色后,通常还需要立即为它授予权限。给角色授权即给角色授予适当的系统权限、对象权限或已有的角色。在数据库运行过程中,也可以为角色增加权限,或回收其权限。

角色权限的授予与回收和用户权限的授予与回收类似,其语法详见权限的授予与回收。

【例 10-10】 给 high_manager_role、middle_manager_role、low_manager_role 角色授权及回收权限。

```
SQL > GRANT CONNECT, CREATE TABLE, CREATE VIEW TO low_manager_role;
授权成功。
SQL > GRANT CONNECT, CREATE TABLE, CREATE VIEW TO middle_manager_role;
授权成功。
SQL > GRANT CONNECT, RESOURCE, DBA TO high_manager_role;
授权成功。
SQL > GRANT SELECT, UPDATE, INSERT, DELETE ON scott.emp TO high_manager_role;
授权成功。
SQL > REVOKE CONNECT FROM low_manager_role;
撤销成功。
SQL > REVOKE CREATE TABLE, CREATE VIEW FROM middle_manager_role;
撤销成功。
SQL > REVOKE UPDATE, DELETE, INSERT ON scott.emp FROM high_manager_role;
撤销成功。
```

给角色授权时应该注意,一个角色可以被授予另一个角色,但不能授予其本身,不能产生循环授权。

10.4.3　修改角色

修改角色是指修改角色生效或失败时的认证方式,也就是说,是否必须经过 Oracle 确认才允许对角色进行修改。

修改角色的语法格式为:

```
ALTER ROLE role_name
[NOT IDENTIFIED] | [IDENTIFIED BY password];
```

【例 10-11】　为 high_manager_role 角色添加口令,取消 middle_manager_role 的角色口令。

```
SQL > ALTER ROLE high_manager_role IDENTIFIED BY highrole;
角色已丢弃。
SQL > ALTER ROLE middle_manager_role NOT IDENTIFIED;
角色已丢弃。
```

10.4.4　角色的生效与失效

角色的失效是指角色暂时不可用。当一个角色生效或失效时,用户从角色中获得的权限也生效或失效。因此,通过设置角色的生效或失效,可以动态改变用户的权限。在进行角色生效或失效设置时,需要输入角色的认证口令,避免非法设置。

设置角色生效失效时使用 SET ROLE 语句,语法格式为:

```
SET ROLE [role_name [IDENTIFIED BY password ]] | ALL| [EXCEPT role_name]] | [NONE];
```

对其中的参数说明如下。

(1) role_name:表示进行生效或失效设置的角色名称。

(2) IDENTIFIED BY password:用于设置角色生效或失效时的认证口令。

(3) ALL:表示使当前用户所有角色生效。

(4) EXCEPT role_name:表示除了特定角色外,其余所有角色生效。

(5) NONE:表示使当前用户所有角色失效。

【例 10-12】　角色的失效与生效。

设置当前用户所有角色失效:

```
SQL > SET ROLE NONE;
角色集
```

设置某一个角色生效:

```
SQL > SET ROLE high_manager_role IDENTIFIED BY highrole;
角色集
```

同时设置多个角色生效:

```
SQL > SET ROLE middle_manager_role,low_manager_role IDENTIFIED BY lowrole;
角色集
```

数据库安全管理

10.4.5 删除角色

如果不再需要某个角色或者某个角色的设置不太合理时,就可以使用 DROP ROLE 来删除角色,使用该角色的用户的权限同时也被收回。

DROP ROLE 语句的语法格式为:

```
DROP ROLE role_name;
```

【例 10-13】 删除角色 low_manager_role:

```
SQL > DROP ROLE low_manager_role;
角色已删除。
```

10.4.6 使用角色进行权限管理

1. 给用户或角色授予角色

使用 GRANT 语句可以将角色授予用户或其他角色,语法格式为:

```
GRANT role_ list TO user_list | role_list;
```

【例 10-14】 将 CONNECT、high_manager_role 角色授予用户 czpy,将 RESOURCE、CONNECT 角色授予角色 middle_manager_role。

```
SQL > GRANT CONNECT,high_manager_role TO czpy;
授权成功。
SQL > GRANT RESOURCE,CONNECT TO middle_manager_role;
授权成功。
```

2. 从用户或角色回收角色

可以使用 REVOKE 语句从用户或其他角色回收角色,其语法格式为:

```
REVOKE role_list FROM user_list|role_list;
```

【例 10-15】 回收角色 middle_manager_role 的 RESOURCE、CONNECT 角色。

```
SQL > REVOKE RESOURCE,CONNECT FROM middle_manager_role;
撤销成功。
```

3. 用户角色的激活与屏蔽

使用 ALTER USER 语句来设置用户的默认角色状态,也可激活或屏蔽用户的默认角色。ALTER USER 语句格式为:

```
ALTER USER user_name DEFAULT ROLE
[role_name] | [ALL [EXCEPT role_name ] ] | [NONE];
```

【例 10-16】 用户角色的激活或屏蔽。
屏蔽用户的所有角色:

```
SQL > ALTER USER czpy DEFAULT ROLE NONE;
用户已更改。
```

激活用户的某些角色：

```
SQL> ALTER USER czpy DEFAULT ROLE CONNECT,DBA;
用户已更改。
```

激活用户的所有角色：

```
SQL> ALTER USER czpy DEFAULT ROLE ALL;
用户已更改。
```

激活除某个角色外的其他所有角色：

```
SQL> ALTER USER czpy DEFAULT ROLE ALL EXCEPT DBA;
用户已更改。
```

10.4.7 查询角色信息

(1) DBA_ROLES：包含数据库中所有的角色及其描述。

(2) DBA_ROLE_PRIVS：包含为数据库中所有用户和角色授予的角色信息。

(3) USER_ROLE_PRIVS：包含为当前用户授予的角色信息。

(4) ROLE_ROLE_PRIVS：为角色授予的角色信息。

(5) ROLE_SYS_PRIVS：为角色授予的系统权限信息。

(6) ROLE_TAB_PRIVS：为角色授予的角色权限信息。

(7) SESSION_PRIVS：当前会话所具有的系统权限信息。

(8) SESSION_ROLES：当前会话所具有的角色信息。

【例 10-17】 查询 DBA 角色所具有的系统权限信息。

```
SQL> SELECT * FROM ROLE_SYS_PRIVS WHERE ROLE = 'DBA';
ROLE                        PRIVILEGE                          ADM
--------------              --------------------------------   ----
DBA                         CREATE SESSION                     YES
DBA                         ALTER SESSION                      YES
DBA                         DROP TABLESPACE                    YES
DBA                         BECOME USER                        YES
DBA                         DROP ROLLBACK SEGMENT              YES
DBA                         SELECT ANY TABLE                   YES
DBA                         INSERT ANY TABLE                   YES
DBA                         UPDATE ANY TABLE                   YES
DBA                         DROP ANY INDEX                     YES
DBA                         SELECT ANY SEQUENCE                YES
DBA                         CREATE ROLE                        YES
... ...
ROLE                        PRIVILEGE                          ADM
--------------              --------------------------------   ----
DBA                         CREATE ANY CUBE                    YES
DBA                         CREATE MEASURE FOLDER              YES
DBA                         CREATE CUBE BUILD PROCESS          YES
DBA                         FLASHBACK ARCHIVE ADMINISTER       YES

已选择 202 行。
```

10.5 概要文件管理

概要文件是数据库和系统资源限制的集合,是 Oracle 数据库安全策略的重要组成部分。

利用概要文件,可以限制用户对数据库和系统资源的使用,同时还可以对用户口令进行管理。

在 Oracle 数据库创建的同时,系统会创建一个名为 DEFAULT 的默认概要文件。如果没有为用户显式地指定一个概要文件,系统默认将 DEFAULT 概要文件作为用户的概要文件。默认的概要文件 DEFAULT 对资源没有任何的限制,DBA 通常要根据需要创建、修改、删除自定义的概要文件。

10.5.1 概要文件中的参数

概要文件中的参数有以下两类。

(1) 资源限制参数。资源限制参数包括 CPU_PER_SESSION(一次会话可用的 CPU 时间)、CPU_PER_CALL(每条 SQL 语句所用 CPU 时间)、CONNECT_TIME(每个用户连接到数据库的最长时间)、IDLE_TIME(每个用户会话能连接到数据库的最长时间)、SESSION_PER_USER(用户同时连接的数目)、LOGICAL_READS_PRE_SESSION(每个会话读取的数据块数)、LOGICAL_READS_PRE_CALL(每条 SQL 语句所能读取的数据块数)、PRIVATE_SGA(共享服务器模式下一个会话可使用的内存 SGA 区的大小)、COMPOSITE_LIMIT(对混合资源进行限定)等。

(2) 口令管理参数。口令管理参数包括 FAILED_LOGIN_ATTEMPTS(限制用户登录数据库时的次数)、PASSWORD_ LIFE_TIME(设置用户口令的有效时间,单位为天数)、PASSWORD_REUSE _TIME(设置新口令的天数)、PASSWORD_REUSE_MAX(设置口令在能够被重新使用之前必须改变的次数)、PASSWORD_LOCK_TIME(设置该用户账户被锁定的天数)1、PASSWORD _ GRACE _ TIME(设置口令失效的"宽限时间")、PASSWORD_VERIFY_FUNCTION(设置判断口令复杂性的函数)等。在 Oracle 11g 中,口令管理复杂度功能具有新的改进。在 $ORACLE HOMFdrdbms/admin 的密码验证文件 UTLPWDMG. SQL 中,不仅提供了先前的验证函数 VERIFY_FUNCTION,还提供了一个新建的 VERIFY_FUNCTION 11G 函数。

10.5.2 概要文件中的管理

1. 创建概要文件

具有 CREATE PROFILE 系统权限的用户可以用 CREATE PROFILE 语句来创建概要文件,其语法格式为:

```
CREATE PROFILE profile_name LIMIT
resource_parameters | password_parameters;
```

对其中的参数说明如下。

（1）profile_name：用于指定要创建的概要文件名。

（2）resource_parameters：用于设置资源限制参数，形式为 resource_parameters_name integer|UNLIMITED|DEFALUT。

（3）password_parameters：用于设置口令参数，形式为 password_parameters_name integer|UNLIMITED|DEFALUT。

【例 10-18】 创建一个名为 pwd_profile 的概要文件，如果用户连续三次登录失败，则锁定该账户，30 天后该账户自动解锁。

```
SQL > CREATE PROFILE pwd_profile LIMIT
FAILED_LOGIN_ATTEMPTS 3
PASSWORD_LOCK_TIME 30;
配置文件已创建
```

可以在创建用户时为用户指定概要文件，也可以在修改用户时为用户指定概要文件。

【例 10-19】 将上面创建的概要文件 pwd_profile 分配给 czpy 用户。

```
SQL > ALTER USER czpy PROFILE pwd_profile;
用户已更改。
```

2. 修改概要文件

概要文件创建后，具有 ALTER PROFILE 系统权限的用户可以使用 ALTER PROFILE 语句修改，其语法格式为：

```
ALTER PROFILE profile_name LIMIT
resource_parameters|password_parameters;
```

注意：对概要文件的修改只有在用户开始一个新的会话时才会生效。

【例 10-20】 修改 pwd_profile 概要文件，将用户口令有效期设置为 10 天。

```
SQL > ALTER PROFILE pwd_profile LIMIT
PASSWORD_LIFE_TIME 10;
配置文件已更改
```

3. 删除概要文件

具有 DROP PROFILE 系统权限的用户可以使用 DROP PROFILE 语句删除概要文件。

其语法格式为：

```
DROP PROFILE profile_name [CASCADE];
```

注意：如果要删除的概要文件已经指定给用户，则必须在 DROP PROFILE 语句中使用 CASCADE 子句。如果为用户指定的概要文件被删除，则系统自动将 DEFAULT 概要文件指定给该用户。

【例 10-21】 删除概要文件 pwd_profile：

```
SQL > DROP PROFILE pwd_profile CASCADE;
配置文件已删除。
```

4. 查询概要文件

可以通过数据字典视图或动态性能视图查询概要文件信息。

（1）USER_PASSWORD_LIMITS：包含通过概要文件为用户设置的口令策略信息。

（2）USER_RESOURCE_LIMITS：包含通过概要文件为用户设置的资源限制参数。

（3）DBA_PROFILES：包含所有概要文件的基本信息。

10.6　数据库审计

审计是监视和记录用户对数据库所进行的操作，以供 DBA 进行统计和分析。利用审计可以完成下列任务。

（1）调查数据库中的可疑活动。

（2）监视和收集特定数据库活动的数据。

10.7　使用 OEM 进行安全管理

以上的数据库安全管理，也可以在企业管理器（Oracle Enterprise Manager，OEM）中进行。

1. 使用 OEM 创建用户

（1）打开企业管理器，并创建用户窗口，在窗口中必须输入用户名和口令。

（2）设置默认表空间和临时表空间。可以直接输入表空间名称，也可以通过单击"浏览"按钮进行表空间的选择。在窗口中选择表空间后，单击"选择"按钮即可。

（3）查看生成的 SQL 语句。单击"显式 SQL"按钮即可查看生成的 SQL 语句。

2. 使用 OEM 删除用户

通过企业管理器删除用户的步骤如下。

（1）在企业管理器的"用户"窗口中选择将要被删除的用户。

（2）然后单击"删除"按钮即可。

3. 使用 OEM 创建角色

在 Oracle 企业管理器 OEM 中可以通过图形界面完成对角色的管理。下面介绍使用"安全管理"来创建角色，其操作步骤如下。

（1）打开 IE，在地址栏里输入"https：//localhost：1158/em"，出现安全警报对话框时，单击"是"按钮继续，接着再单击"是"按钮。

（2）以 SYS 用户连接 OEM 页面，出现"数据库实例"页的主目录，切换到"服务器"属性页。

（3）单击"安全性"下的"角色"超链接，打开"角色"页面。

（4）单击"创建"按钮，进入"创建角色"页面。

提示：在此页面中可以输入角色的名称，选择是否需要验证。如果选择验证，则还需要输入角色的密码。

（5）输入角色名称 stu1，选择验证后，切换到"角色"属性页。

（6）为新创建的角色授予角色，单击"编辑列表"按钮，在"可用角色"列表框中，列出了当前系统中所有可以使用的角色,从中选择想要授予新角色的角色,单击中间的"移动"按钮,将系统中可用的角色移动到"所选角色"列表框中,即将指定的角色授予新创建的角色。

提示:如果想取消某个授予的角色,可以在"所选角色"列表框中选中相应的角色,单击中间的"移去"按钮回收授予的角色。

(7) 选择好角色后,单击"确定"按钮,从"修改角色"窗口回到"创建角色"窗口。

单击"系统权限""对象权限"或"使用者组权限"超链接,可以在相应的页面中为新创建的角色授予相应的权限。

(8) 单击"确定"按钮,这样就完成了通过 OEM 为数据库创建一个新角色。

在 OEM 中的其他数据库安全管理和上面类似,在此不一一介绍。

小　　结

本章主要介绍了 Oracle 11g 数据库的安全管理机制,内容包括用户管理、权限管理、角色管理、概要文件管理、数据库"审计"等。

习　　题

1. 创建一个口令认证的数据库用户 usera_exer,口令为 usera,默认表空间为 USERS,配额为 10MB,初始账户为锁定状态。

2. 创建一个口令认证的数据库用户 userb_exer,口令为 userb。

3. 将用户 usera_exer 的账户解锁。

4. 为 usera_exer 用户授予 CREATE SESSION 权限、scott.emp 的 SELECT 权限和 UPDATE 权限,同时允许该用户将获得的权限授予其他用户。

第 11 章　数据备份与恢复

学习目标:

本章介绍数据库备份、恢复配置,包括数据库的备份与恢复、数据库的失败类型、实例恢复、可恢复性的设置等。

11.1　配置数据库的备份与恢复

11.1.1　备份与恢复问题

DBA 无法独立地进行备份与恢复。机构所能够忍受的停机时间与数据损失量是业务分析人员(而非 DBA)的职责。业务分析人员与终端用户协力确定特定的需求,而 DBA 则适当地配置数据库。为了完成这个工作,DBA 会请求与系统管理员以及其他技术支持人员进行合作。在某些时候还需要考虑预算限制,对于一个不丢失任何数据并且百分之百正常运行的环境来说,其造价比不要求实现上述目标的环境的造价要高许多。在对正常运行时间和数据丢失量做出更高的要求时,性能也可能会随之退化。

考虑业务需求、性能以及资金成本的最终结果通常是一个折中的方案。记录这个方案极其重要,记录的形式通常是一个服务级别协议,这个协议详细描述了实现的功能以及不同失败类型的影响。服务级别协议与备份和恢复相关的三个方面是:平均失败时间(Mean Time Between Failures,MTBF)、平均恢复时间(Mean Time To Recover,MTTR)和数据损失量。DBA 的目标就是在减少 MTTR 和数据损失量的同时增加 MTBF。

11.1.2　失败类别

失败可以被分成若干大的类别。对于每种失败来说,Oracle 都会提供适当的解决方法。所有失败最好都被记录在一个服务级别协议内,当然在程序指南中还应当记录解决失败的相关步骤。

1. 语句失败

一条 SQL 语句可能会由于多种原因而失败。虽然很多原因不是出现在 DBA 的管理范围之内,但是 DBA 必须时刻准备修正这些错误。最初的修正应当是自动的。当某条 SQL 语句失败时,执行这条语句的服务器进程会检测问题并回滚该语句。

2. 用户进程失败

用户进程也可能由于多种原因而失败,这些原因包括:用户的异常退出,终端的重新启动,导致地址违规的程序。

3. 网络失败

在与网络管理员共同协作的情况下,DBA应当能够通过配置Oracle Net来杜绝网络失败。此时,需要考虑的三个方面为:侦听器、网络接口卡以及路由。

4. 用户错误

长久以来,用户错误无疑是管理中涉及的最糟情况。10g版本的Oracle数据库显著改善了这种状况。但是,问题在于用户错误不是Oracle所关心的错误。

5. 介质失败

介质失败意味着对磁盘的损坏,因此磁盘上存储的文件会受到损坏。这个问题不是DBA造成的,但是DBA必须对此有所准备。

6. 实例失败

实例失败(instance failure)是指实例的无序关闭,通常称为崩溃(crash)。断电、关闭或重启服务器以及许多至关重要的硬件问题都会导致实例失败。在一个Oracle后台进程可能失败的某些情况下,也会触发即时的实例失败。

11.1.3 实例恢复

实例恢复不仅可以重新构成在崩溃时未被保存至数据文件的任何已提交事务,而且可以回滚已被写至数据文件的任何未提交事务。这种恢复是完全自动的,我们无法随意停止实例恢复过程。如果实例恢复失败,那么唯一的可能是在实例失败的同时还存在介质失败,此时只有在使用介质恢复技术还原和恢复受损文件后才能打开数据库。介质恢复的最后一个步骤是自动的实例恢复。

11.1.4 实例恢复的过程

因为实例恢复是完全自动的,所以与介质恢复不同的是,实例恢复的处理极为快速。大体上,实例恢复只不过是使用联机日志文件的内容将数据库高速缓存区重新构建至崩溃之前的状态。这个过程将重演从崩溃时未被写至磁盘的数据块的相关重做日志中抽取出的所有变化。完成上述操作后,就能够打开数据库。此时,数据库仍然存在错误,但是由于用户看到的实例已被修复,因此允许用户进行连接。实例恢复的这个阶段被称为前滚,该阶段将恢复所有变化(也就是针对已提交事务和未提交事务的数据块变化与撤销块变化)。每条重做记录都具有重新构造一个变化所需的最少信息——数据块的地址以及新值。在前滚期间,会读取每条重做记录,相应的数据块从数据文件载入数据库高速缓存区,并且应用相应的变化。随后,数据块会被写回磁盘。

向前回滚结束后,崩溃看上去似乎从未发生过。不过此时数据库中还存在未提交的事务,这些事务必须被回滚,Oracle将在实例恢复的回滚阶段自动完成未提交事务的回滚操作。然而,上述操作发生在数据库已被打开且使用之后。如果用户在连接时遇到某些需要回滚但是尚未回滚的数据,那么将不存在任何问题。由于前滚阶段会填充保护未提交事务的撤销段,因此服务器能够以正常的方式回滚变化,从而实现读一致性。

11.1.5 实例恢复不可能导致数据库出现错误

读者现在应当具有这样的概念:重做流中始终存在足够的信息,从而不仅能够重新构造发生崩溃前进行的所有操作,而且能够重新构造回滚崩溃时正在进行的事务所需的撤销信息。不过在做出结论之前,让我们先来看看下面的场景。

用户 John 启动了一个事务。John 使用某些新值更新某个表的一条记录,其服务器进程则将旧值复制至一个撤销段。用户 Damir 也启动了一个事务。两个用户都未提交事务,并且也没有在磁盘上写下任何数据。如果此时实例崩溃,那么就不会存在(甚至重做日志中也不存在)与任一个事务相关的记录。因此,两个事务都不会被恢复,但是这并不是一个问题。因为都未被提交,所以两个事务都不应当被恢复(未提交的工作绝不会被保存)。

随后,用户 John 提交了自己的事务。这个提交操作会触发 LGWR 进程将日志缓冲区中的内容写入联机重做日志文件,只有在 LGWR 进程结束后,"commit complete(提交完成)"消息才会被返回给 John 的用户进程。但是,数据文件中仍然不会写入任何数据。如果此时出现实例失败,那么前滚阶段会重新构造这两个事务,不过处理完所有重做后仍然不会得到针对 Damir 的更新操作的提交记录,这将通知 SMON 进程回滚 Damir 所做的变化,同时保留 John 所做的变化。

然而,如果 DBWR 进程在实例崩溃前将某些数据块写入磁盘,那么又将出现怎样的情况呢?John(或者另一个用户)可能频繁地重新查询与其相关的数据,而 DAMIR 对数据进行了未提交的更改,并且需要使这些变化不可视。因此,DBWN 进程确定在磁盘上优先写入 Damir 所做的变化,然后再写入 John 所做的变化。DBWN 进程总是会在磁盘上先写入不活跃的数据块,然后再写入活跃的数据块。因此,此时数据文件存储了 Damir 的未提交事务,但是丢失了 John 的已提交事务。这是最糟糕的错误类型。不过经过仔细考虑可以发现:即使此时实例崩溃(原因可能是断电或异常关闭),前滚也仍然能够收拾混乱的局面。重做流中始终存在重新构建已提交变化所需的足够信息,其原因显而易见:提交操作在 DBWN 进程完成写入之前不会结束。不过,因为 LGWR 进程将所有数据块的所有变化都写至日志文件,因此日志文件中也将存在重新构建撤销段所需的足够信息,因而能够回滚 DAMR 未提交的事务。

综上所述,因为 LGWR 进程总是先于 DBWN 进程进行写操作,并且在提交的同时进行实时的写操作,所以在重做流中始终存在足够的信息,从而能够重新构建任何未被写入数据文件的已提交变化以及回滚任何已被写入数据文件的未提交变化。重做与回滚的这种实例恢复机制能够使 Oracle 数据库绝对不可能出现错误。

执行 SHUTDOWN ABORT 命令能否使数据库出现错误?答案是绝对不会!这个命令不可能使数据库出现错误。尽管如此,使用 SHUTDOWN ABORT 命令也仍然是一种不好的习惯。

11.1.6 调整实例恢复

MTTR(各种事件出现之后的平均恢复时间)是许多服务级别协议的一个重要部分。实例恢复虽然能够保证不产生错误,但是在数据库打开之前却需要耗费大量的时间来完成实例恢复的前滚。这个时间取决于两个因素:需要读取的重做数以及应用重做时需要在数据文件上完成的读/写操作数。这两个因素都受检查点的控制。

检查点(checkpoint)保证了在某个特定的时间,DBWN 进程将构成一个特定系统更改号(System Change Number,SCN)的所有数据变化都已写入数据文件。在一个实例崩溃事件中,只有 SMON 进程需要重演从上一个检查点位置开始生成的重做。无论是否被提交,在这个检查点位置之前所做的全部变化都已被写入数据文件。因此,显然不需要使用重做来重新构造在该检查点位置之前已提交的事务。此外,在这个检查点之前未提交事务所做的变化也会被写入数据文件,因此也不需要重新构造该检查点之前的撤销数据,回滚需要使用的这些数据已经存在于磁盘上的撤销段内。

检查点位置越近,实例恢复就越快。如果检查点位置是最近的,那么就不需要前滚,此时可以立即打开实例并直接进入回滚阶段。不过,实现这种操作会耗费大量的财力。为了前移检查点的位置,DBWN 进程必须将变化的数据块写至磁盘。过多的磁盘 I/O 会削弱数据库的性能。但是另一方面,如果不频繁使用 DBWN 进程,那么在实例崩溃之后,SMON 进程就必须处理数百兆字节的重做以及在数据文件上执行数百万次的读/写操作,实例失败后的 MTTR 可能会增加数小时。

在过去,调整实例恢复时间在很大程度上是靠经验与猜测。总是能够很容易地知道实例恢复实际花费的时间:查看告警日志,从中可以看到执行 STARTUP 命令的时间、数据库启动结束的时间以及所处理的重做数。

11.1.7 实例恢复与 MTTR

该操作将以示例来说明检查点对实例失败后 MTTR 的影响。

(1) 使用 SQL * Plus,以用户 SYS 身份进行连接。

```
SQL > conn sys as sysdba
```

输入口令:

已连接。

(2) 将 FAST_START_MTTR_TARGET 参数设置为零,从而禁用检查点调整功能。

```
SQL > alter system set fast_start_mttr_target = 0;
SQL > show parameter mttr;
NAME                              TYPE          VALUE
--------------------------        ------        -----
fast_start_mttr_target            integer       0
```

(3) 创建一个表并启动一个事务,从而模拟一个工作负荷。

```
SQL > CREATE TABLE tl AS SELECT * FROM all_objects Where 1 = 2;
表已创建。
SQL > INSERT INTO tl SELECT * FROM all_objects;
已创建 71390 行。
```

(4) 运行如下所示的查询,查看在此时出现崩溃的情况下恢复实例需要完成的工作。

```
SQL > SELECT RECOVERY_ESTIMATED_IOS,ACTUAL_REDO_BLKS,ESTIMATED_MTTR
from V $ instance_recovery;
RECOVERY_ESTIMATED_IOS   ACTUAL_REDO_BLKS   ESTIMATED_MTTR
------------------       --------------     ------------
         1361                24111                0
```

这个查询会显示实例恢复期间需要在数据文件上进行的读/写操作数以及必须处理的重做数据块,此外,ESTIMATED_MTTR 列显示了以秒为单位的实例恢复时间。

(5) 提交这个事务,然后重新运行步骤(2)中的查询。可以看到查询结果的变化不大:COMMIT 命令不会对 DBWN 进程产生影响,并且不会前移检查点位置。

(6) 如下所示,手动执行检查点进程。

```
SQL > alter system checkpoint;
系统已更改。
```

因为 DBWN 进程需要将所有变化的数据块都写至磁盘,所以这个操作将在数秒钟后结束。

(7) 重新运行步骤(2)中的查询。可以看到,RECOVERY_ESTIMATED_IOS 和 ACTUAL_REDO_BLKS 列都被彻底清除(可能全部为零),ESTIMATED_MTTR 列中的值可能不会变小,这是因为该列的内容不会被实时更新。

(8) 最后,删除所创建的表:

```
SQL > drop table t1;
表已删除。
```

11.1.8 MTTR 顾问程序

Database Control 具有一个针对 FAST_START_MTTR_TARGET 参数和 V$INSTANCE_RECOVERY 视图的接口。在数据库主页中先单击 Advisor Central 链接,然后再单击 MTTR Advisor 链接,就可以打开一个显示当前估计恢复时间以及给出 FAST_START_MTTR_TARGET 参数重置选项的窗口。

11.1.9 配置数据库的可恢复性

为了保证数据库具有最大程度的可恢复性,必须复用控制文件与联机重做日志,必须在 archivelog 模式中运行数据库,同时也必须复用归档日志文件,此外还必须定期备份数据库。

11.1.10 保护控制文件

控制文件虽然很小,但是却非常重要。控制文件用于加载数据库,并且在数据库打开时被频繁地读写。控制文件丢失时仍然可能被恢复,不过这并不是件容易的事情。同时,这种情况也不应当出现,其原因在于控制文件通常至少具有两个副本,这些副本位于不同的物理设备上。控制文件最多具有 8 个复用副本。

在理想情况下,不仅控制文件的每个副本都应位于不同的磁盘之上,而且每个磁盘在硬件允许的情况下都应当位于不同的通道和控制器上。然而,即使数据库在只有一个磁盘的计算机上(例如一台小型 PC)运行,也仍然应当在不同的目录内复用控制文件。虽然不存在两个副本过少、8 个副本过多的通用规则,但是却存在根据业务需求来设置容错的规则。

机构一般都有自己的标准,例如"每个产品数据库都必须具有位于三个不同磁盘上的三个控制文件"。如果机构没有提出这样的标准,那么就必须约定和协商标准。在必要的时候,DBA 应当提出这样的标准。

假如复用了控制文件,那么恢复由于介质损害而丢失的一个控制文件就会变得十分容易。因为 Oracle 确保控制文件的副本完全相同,所以此时只需要复制一个未被损坏或丢失的控制文件即可。不过,控制文件的损坏会导致停机。一旦 Oracle 检测到某个控制文件被损坏或丢失,实例就会由于实例失败而立即终止。

如果数据库是使用 DBCA 创建的,那么在默认情况下它将具有三个控制文件(这种情况或许不错),但是这三个控制文件会位于相同的目录中(这种情况十分糟糕)。为了移动或添加一个控制文件,首先需要关闭数据库,因为在数据库打开时,不能进行任何控制文件操作。接着,使用某个操作系统命令移动或复制控制文件。随后,编辑指向新位置的 CONTROLFILES 参数。如果使用的是静态的 initSID. ora 参数文件,那么只需要使用任何文本编辑器对其进行编辑即可。如果使用的是动态的 spfileSID. ora 参数文件,那么就需要在 NOMOUNT 模式中启动数据库,最后,还需要正常地打开数据库。

除了名称必须在操作系统中合法之外,控制文件副本的命名没有任何限制。不过,在命名时应当始终坚持某些标准。机构完全可能已经制定了相应的标准。

11.1.11 保护联机重做日志文件

前面曾经介绍过,Oracle 数据库运行时至少需要两个联机重做日志文件组,从而能够在两个组之间进行切换。考虑到性能因素,我们可能需要添加更多的联机重做日志文件组,不过必需的组数是两组。每个联机重做日志文件组都由一个或多个成员组成,这些成员是物理文件。运行 Oracle 数据库只要求每个联机重做日志文件组具有一个成员,但是为了安全起见,每个联机重做日志文件组至少都应当具有两个成员。

DBA 不允许出现的一件事情是丢失当前联机日志文件组的所有备份。如果出现这种情况,那么就会丢失数据。在丢失当前联机日志文件组的所有成员时不丢失数据的唯一方式是配置一个无数据损失的 Data Guard 环境,不过这比较复杂。实例崩溃之后,SMON 进程会使用当前联机日志文件组的内容进行前滚恢复,从而修复数据库中的任何错误。如果当前联机日志文件组由于未被复用以及一个成员因介质受损被破坏而变得不可用,那么 SMON 进程就无法进行前滚恢复。如果 SMON 进程无法通过前滚修正数据库的错误,那么就不能打开数据库。

与用的控制文件副本一样,一个日志文件组中的多个成员在理想情况下应当位于不同的磁盘和控制器上。不过在考虑磁盘策略时,还应当考虑性能与容错。在第 9 章讨论提交处理过程时,读者已经了解到:执行 COMMIT 命令时,在 LGWR 进程将日志缓冲区的内容写至磁盘之前,指定会话将被挂起。只有在向用户进程返回"commit complete(提交结束)"消息后,指定会话才会继续进行。这意味着对联机重做日志文件的写操作最终将成为 Oracle 环境中的一个瓶颈:执行 DML 语句的速度不能快于 LGWR 进程将变化写至磁盘的速度。因此在高通量的系统中,需要确认重做日志文件位于最快速控制器所服务的最快速磁盘上。与此相关的是,尽量不要将任何数据文件放置在与重做日志文件相同的设备中。如果一个 LGWR 进程不得不与 DBWN 进程以及许多服务器进程竞争磁盘 I/O 资源,那么数据库的性能就有可能退化。

如果重做日志文件组的一个成员被损坏或丢失,那么数据库在存在幸存成员的情况下仍然会保持打开状态。这与控制文件不同,控制文件任何副本的损坏都会使数据库立即崩溃。同样地,只要存在至少两个重做日志文件组并且每个组至少具有一个有效的成员,那么在数据库打开时就可以添加或删除重做日志文件组以及组中的成员。

如果数据库是使用 DBCA 创建的,那么在默认情况下它将具有三个联机重做日志文件组,不过每个组都只具有一个成员。我们既可以通过 Database Control 也可以在 SQL * Plus 命令行中添加更多的成员(甚至整个重做日志文件组)。下列两个视图能够说明重做日志的状态,每个重做日志文件组都具有一条记录的 V＄LOG 视图,每个日志文件成员都具有一条记录的 V＄LOGFILE 视图。

与控制文件一样,Oracle 并不会实施任何针对日志文件的命名约定,不过许多机构都具有自己的日志文件命名标准。

执行"alter system logfile"命令可以实施一次日志切换。如果在当前组已满时仍然存在正在执行的 DML 语句,那么就会自动发生日志切换。无论是手动的还是自动的,日志切换都会使 LGWR 进程开始在下一个联机日志文件组中写入撤销数据。

每个重做日志文件组的成员都会受到控制文件中若干设置的限制,并且这些限制是在数据库创建阶段确定的。第 3 章曾经介绍过 CreateDB. sql 脚本调用的 CREATE DATABASE 命令。在这个脚本中,MAXLOGFILES 指令限制了数据库可以具有的重做日志文件组数,MAXL0GMEMBERS 指令限制了每个组可以具有的最大成员数。DBCA 默认这两个数值分别为 16 和 3,这些值适用于大多数数据库。如果这些值被证明为是不适用的,那么可以使用其他值来重新创建控制文件。然而,与所有的控制文件操作一样,完成上述操作也需要关闭数据库。

11.1.12 archivelog 模式与归档器进程

通过使用联机重做日志文件来修复由实例失败导致的所有错误,Oracle 能够保证数据库绝对不会出现任何错误。这种操作是自动且不可避免的。但是,为了保证在介质失败后不丢失任何数据,必须具有一条针对从数据库最近一次备份开始便应用于数据库的所有变化的记录,在默认情况下,这个功能并未被激活。在切换日志时,会重写联机重做日志文件。将数据库移至 archivelog 模式能够确保如果联机重做日志文件没有首先被复制为归档日志,那么就不能被重写。这样将产生一系列归档日志文件,这些文件阐述了应用于数据库的所有变化的完整历史。在数据库被移至 archivelog 模式时,如果从最近一次数据库备份开始的所有归档日志文件都可用,那么就不可能丢失数据。

一旦数据库被转换至 archivelog 模式,就会自动启动一个新的后台进程——归档器进程 ARCN。在默认情况下,Oracle 会启动两个这样的进程,不过在实际应用中最多可以启动 10 个归档器进程。在旧版本的 Oracle 数据库中,需要通过使用 SQL * Plus 命令或设置初始化参数 LOG_ARCHIVE_START 来启动这种进程。在 10g 版本中,如果数据库位于 archivelog 模式中,那么实例会自动启动归档器进程。

在 archivelog 模式中,恢复操作可以不丢失直至最近一次提交的数据。许多产品数据库都在 archivelog 模式中运行。

归档器进程会在每次日志切换后将联机重做日志文件复制到一个归档日志文件,从而生成一串连续的且能用于恢复一个备份的日志文件。这些日志文件的名称和位置由若干初始化参数控制。为了安全起见,归档日志文件可以像联机日志文件一样复用,不过最终应当被迁移至脱机存储设备(例如一个磁带库)。

数据库只有在关闭后位于加载模式中时才能被转换至 archivelog 模式,并且必须由建立了 SYSDBA 连接的用户完成。此外,还必须设置若干控制所生成的归档日志名称和位置的初始化参数。

为了确保从一个还原的备份中进行恢复,需要最小化归档,也就是设置一个归档目的地。不过为了安全起见,通常需要通过指定两个或多个目的地来复用归档日志文件。在理想情况下,这些归档日志文件应当位于不同控制器所服务的不同磁盘上。

11.1.13　复用重做日志

该操作首先通过 Database Control 在每个重做日志文件组中都添加一个成员,随后在 SQL＊Plus 中确认上述添加操作。假定数据库具有三个重做日志文件组,并且当前每个组中都只具有一个成员。如果实际的配置有所不同,则需要相应调整各种指令。

（1）使用 Database Control,以用户 SYS 身份登录数据库。

（2）首先在数据库主页中单击 Server 标签,然后再单击 Storage 部分的 Redo Log Groups 链接。

（3）选中界面中的第一个重做日志文件组,然后单击 Edit 按钮。

（4）在 Redo Log Members 部分单击 Add 按钮,从而打开 Add Redo Log Member 页面。

（5）输入文件名"RED001b.LOG",这个文件将成为组 1 的新成员。

（6）单击 Continue 按钮。

（7）单击 Show SQL 按钮,查看将要执行的命令,然后单击 Return 按钮。

（8）单击 Apply 按钮执行刚才查看到的命令(如果返回至 Add Redo Log Member 页面,那么就单击 Revert 按钮)。

（9）单击 Redo Log Groups 窗口顶部的 Redo Log Groups 链接,然后针对其他两个重做日志文件组重复执行步骤(3)~(8)中的操作。

（10）使用 SQL＊Plus,以用户 SYSTEM 身份进行连接,然后执行如下所示的查询,从而确认新成员已被创建。

```
SQL> Select group#,sequence#,members,status from V$log;

    GROUP#   SEQUENCE#    MEMBERS   STATUS
 ---------  ---------  ---------  ----------------
         1          7          1   INACTIVE
         2          8          1   INACTIVE
         3          9          1   CURRENT


SQL> Select group#,status,member from V$logfile;
     GROUP#  STATUS
 ---------  -------
MEMBER
 ----------------------------------------------------------------
```

```
            3
E:\APP\ADMINISTRATOR\ORADATA\ORCL\REDO03.LOG

            2
E:\APP\ADMINISTRATOR\ORADATA\ORCL\REDO02.LOG

            1
E:\APP\ADMINISTRATOR\ORADATA\ORCL\REDO01.LOG
```

查询结果显示新成员的状态都为 INVALID。这并不是一个问题,其原因在于这些新成员尚未被使用。

(11) 执行下面的命令三次,从而完成三个日志文件组的一次循环:

```
alter system switch logfile;
```

(12) 重新执行步骤(10)中的第二个查询,从而确认所有日志文件组成员的状态此时都为空。

11.1.14 将数据库转换至 archivelog 模式

该操作会将数据库转换至 archivelog 模式,并且通过设置某些参数来启用两个归档目的地。

在下面的步骤(3)中设置这些参数时,我们假定使用了动态的参数文件。如果在实际应用中使用的是静态的参数文件,则需要对命令进行相应的修改。

(1) 使用相应的操作系统命令创建两个目录。

```
mkdir/home/oracle/archive1
mkdir/home/oracle/archive2
```

(2) 使用 SQL * Plus,作为具有 SYSDBA 权限的 SYS 用户进行连接。

```
SQL > connect / as sysdba;
已连接。
```

(3) 设置某些参数,从而指定步骤(1)中创建的目录为两个归档目的地和控制归档日志文件名。

(4) 关闭数据库。

```
SQL > Shutdown immediate;
数据库已经关闭。
已经卸载数据库。
Oracle 例程已经关闭。
```

(5) 在加载模式中启动数据库。

(6) 将数据库转换至 archivelog 模式。

```
    SQL > alter database archivelog;
数据库已更改。
```

（7）打开数据库。

```
SQL > alter database open;
数据库已更改。
```

（8）执行下面两个查询，确定数据库位于 archivelog 模式中且归档器进程正在运行。

```
SQL > select log_mode from v $ database;
LOG_MODE
- - - - - - - - - - - -
NOARCHIVELOG
SQL > select archiver from v $ instance;
ARCHIVE
- - - - - - -
STOPPED
```

（9）执行一次日志切换。

```
    SQL > alter system switch logfile;
系统已更改。
```

（10）这次日志切换会将归档日志写至两个目的地。如果希望对此进行确认，则需要先在 Oracle 环境中执行如下所示的查询。

```
SQL > Select name from v $ archived_log;
    NAME
- - - - - - - - - - - - - - - - - - - - - - - - - - - - - - - - - - - - - - - - - - - - - - - - -
 -
 -
 -
 -
 -
 -
 -
 -
/u01/app/oracle/arch/1_9_833035798.dbf
/u01/app/oracle/arch/1_10_833035798.dbf
/u01/app/oracle/arch/1_11_833035798.dbf
NAME
- - - - - - - - - - - - - - - - - - - - - - - - - - - - - - - - - - - - - - - - - - - - - - - - -
/u01/app/oracle/arch/1_12_833035798.dbf

18 rows selected.
```

然后在操作系统提示符下确认确实已创建了这个查询所列出的文件。

11.2 备份 Oracle 数据库

11.2.1 备份工具

直接使用操作系统实用程序（例如 Windows 系统中的 copy 或 WinZIP 以及 UNIX 系

统中的 cp、tar 或 cpio)就可以进行备份操作。但是,Oracle 强烈建议使用 RMAN(Recovery Manager,恢复管理器)。用户接口是 RMAN 一直存在的问题,不过公正地说,11g 版本已经解决了所有 UI 问题。

RMAN 的一个特别功能是集成第三方磁带库。大型计算机设备可以具有一个或多个磁带机械装置。这些昂贵的装置适用于许多具有成千上万个磁带盒的磁带设备与存储介质。

磁带机械装置由能够根据备份与还原操作需要自动分配和定位磁带的软件来控制。在理想情况下,使用磁带库的任何人都绝对不会看到磁盘驱动器的物理实体、磁带盒位置、文件名等。RMAN 能够备份数据文件、控制文件、归档日志以及服务器参数文件(spfile)。备份可以被写入磁盘或磁带。在 RMAN 中,除了一个公开的 API 之外,还存在一个功能全面且独立于平台的脚本语言。

综上所述,Oracle 通过使用标准的操作系统命令或 RMAN 来提供备份与恢复功能,不过 RMAN 是 Oracle 建议使用的工具,并且也是本书与 OCP 考试的一个重点。可以将 RMAN 当作一个与第三方磁带库控制系统的透明接口来使用,从而允许完全自动化备份与恢复过程。RMAN 具有命令行接口和图形接口两种接口。

11.2.2 概念与术语

备份与恢复策略可以使用许多选项,其中某些选项只在 RMAN 备份中可用,而其他一些选项则在使用操作命令时可用。此外,某些选项只在数据库位于 archivelog 模式中时可用。不过,接下来会首先概述 Oracle 环境中描述不同类型备份的各种概念与术语。

11.2.3 全部备份与部分备份

确定备份与恢复策略时,首先需要选择应当备份整个数据库还是仅备份部分数据库。全部备份(whole backup)是所有数据文件、控制文件以及服务器参数文件(如果使用了该文件)的备份。前面介绍过,控制文件的所有复用副本都是完全相同的,因此只需要备份其中一个副本。需要注意的是,我们并不需要备份联机重做日志。联机重做日志文件通过复用与可选的归档受到保护。此外还需要注意的是,只有用于永久表空间的数据文件才会被备份。RMAN 不能备份用于临时表空间的临时文件,这些临时文件也不能被置入用于操作系统备份的备份模式。

部分备份(partial backup)包括一个或多个数据文件以及(或者)控制文件。部分备份与数据库的剩余部分肯定不会同步。部分备份只是特定时刻数据库某部分的副本。如果有必要从部分备份中还原一个文件,那么这个文件在能够使用之前必须与数据库的其余部分同步,这意味着需要通过应用归档和联机重做日志文件中的变化来使恢复的文件是最新的。只有在数据库位于 archivelog 模式中时,部分备份才有效。

在打开或关闭数据库时,使用 RMAN 或操作系统命令可以生成全部备份或部分备份。

不过,无论使用哪种工具,为了使部分备份有效,数据库都必须在 archivelog 模式中运行。

11.2.4 完整备份与增量备份

完整备份(full backup)是一个或多个数据文件的一个完整副本,这个副本可以是全部备份,也可以是部分备份。增量备份(incremental backup)只是数据文件的某些数据块的一个备份,这个备份只包含从最近一次完整备份完成以来被修改或添加的数据块。这是RMAN优于操作系统实用程序的一个示例。RMAN是一个Oracle产品,因此能够标识数据文件内的变化。某个数据块只要被更新,相应变化的SCN就会被嵌入到这个数据块的头部,这意味着RMAN能够确定最近一次完整备份完成以来发生变化的所有数据块。就操作系统而言,只要某个文件发生了变化(可能仅仅是数百万个数据块中的一个数据块发生了变化),这个文件就会被更新,并且全部内容都必须进行备份。增量备份通常远小于完整备份,并且其备份速度要显著快于完整备份。上述任何一个因素都会极大地减轻磁带I/O系统的压力。许多系统管理员都会努力避免增量备份,这是因为他们在还原操作事件中必须确保先定位正确的完整备份,然后再应用适当的增量备份。

完整备份与增量备份的磁带操作和备份应用的传统方式需用户干预,而RMAN则会使这个过程完全自动化。我们不需要跟踪包含完整备份或增量备份的磁带(RMAN能够确定这些磁带)。如果与磁带库进行连接,那么RMAN会载入适当的磁带,并且能够在不需要用户干涉的情况下抽取和应用适当的备份。

无论数据库是位于archivelog模式还是noarchivelog模式中,增量备份都可以在数据库打开或关闭时进行。不过,只有RMAN才能进行增量备份。

11.2.5 脱机备份与联机备份

脱机备份(offline backup)是在数据库关闭时生成的备份。脱机备份也称为"关闭"备份、"冷"备份或"一致"备份(术语"关闭"自身已经给出了说明,"冷"只是一个通俗的说法,而术语"一致"则要求读者理解Oracle的体系结构)。为了使某个数据文件是一致的,这个数据文件中的所有数据块必须都已执行过检查点进程并被关闭。在正常的运行中,数据库是不一致的,许多已更新的数据块被复制至数据库高速缓存区,但是尚未写回磁盘。因此,磁盘上的数据文件与数据库的实时状态并不一致,其中的某些部分会过期。为了使一个数据文件是一致的,所有变化的数据块都必须写回磁盘,同时关闭这个数据文件。通常,只有使用IMMEDIATE、TRANSACTIONAL或NORMAL关闭选项干净地关闭数据库,才能保证数据文件的一致性。

联机备份(online backup)是在数据库正被使用时生成的备份。联机备份也称为"开启"备份、"热"备份或"非一致"备份。联机备份的一个数据文件不仅不会与任何特定的SCN同步,而且也不会与其他数据文件或控制文件同步。这个数据文件在被使用时进行备份,服务器进程对文件执行读操作,DBWN进程则对文件执行写操作。

联机备份可以是全部备份,也可以是部分备份,并且能够通过使用RMAN或操作系统命令来完成。不过,联机备份只有在数据库位于archivelog模式中才能进行。备份完全没有理由降低数据库的性能。假如在archivelog模式中运行数据库,那么只需要完成联机备份即可。在联机备份期间,因为存在额外的磁盘活动,所以数据库的性能可能退化,但是除此之外,用户不会感觉到任何问题。

使用操作系统命令可以进行联机备份,不过RMAN是一种更优的工具。读者可以思考这样一个场景:当一个文件正被使用时,我们借助某个操作系统实用程序来复制这个文件。在这个示例中,操作系统数据块的大小为512B(许多UNIX和Windows系统的默认值),但是 Oracle 数据块的大小是由 DB_BLOCK_SIZE 参数决定的 8KB,也就是说,每个 Oracle 数据块由 16 个操作系统数据块组成。

如果使用操作系统实用程序执行联机备份,那么为了避免这个问题,我们可以使用 ALTER TABLESPACE…BEGIN BACKUP 命令,从而能够在复制期间将包含指定数据文件的表空间置入备份模式。此时,如果服务器进程更新了数据库高速缓存区的一个数据块,那么就会将这个完整的数据块映像写至日志缓冲区(而不是只将变化写至日志缓冲区)。这种做法的不利之处在于:在数据库位于备份模式中时,重做的生成速度可能会显著地增加(每个变化都会对应一个大小可能为 16KB 的完整数据块,而不是只对应若干字节)。将表空间置入备份模式时,会发现每小时会进行三次日志切换(而不是每天进行三次日志切换),而且数据库的性能也会随之退化。

联机备份可以是完整备份,也可以是增量备份,并且能够通过使用 RMAN 或操作系统命令来完成(不过 RMAN 毫无疑问是更优秀的工具)。此外,只有当数据库位于 archivelog 模式中时才能进行联机备份。不管选择哪一种工具,联机备份的一个数据文件都不仅不会与任何特定的 SCN 同步,而且也不会与其他数据文件或控制文件同步。被还原的联机备份总是需要通过使用联机和归档日志文件才能与数据库的其余部分同步。

11.2.6 映像副本与备份集

在阐述备份技术之前,最后需要介绍的术语是映像副本与备份集。映像副本(image copy)是某个文件的备份,并且每个字节都与源文件相同。显然,映像副本不可能是增量备份,也不可能在磁带设备上生成。在上述两种情况下,输出文件与输入文件并不相同。使用操作系统实用程序执行备份时,如果没有压缩数据或将数据直接流入磁带,那么输出文件就是映像副本。在数据库打开或关闭时可以由数据文件、控制文件以及归档日志生成映像副本,不过仍然不能备份联机日志。

备份集(backup set)是由 RMAN 生成的一种专有结构。这是一种由一个或多个被称为片(piece)的物理文件所组成的逻辑结构。备份片中包含一个或多个数据库文件,这些数据库文件可以是数据文件、控制文件或归档日志文件。上述三种文件类型可以被任意组合在一个备份集内。只有 RMAN 才能译解备份集格式。如果基于某种原因希望使用操作系统命令而不是 RMAN 来还原这些文件,那么可以通过使用操作系统命令来生成映像副本。

无论是否使用 RMAN 生成映像副本,RMAN 备份集总是具有比映像副本更多的优点。与映像副本不同的是,备份集可以拥有增量备份。但是,对于完整备份来说,组成备份集的备份片通常会显著小于映像副本,这是因为备份集不会包含空的数据块。在通过数据文件时,RMAN 会简单地跳过未曾使用的数据块。与此相关的优点是,我们可以根据自己的意愿在备份集中启用数据压缩。与操作系统或磁带库提供的任何压缩方式相比,因为 RMAN 提供的压缩算法最优化了 Oracle 数据格式,所以这种压缩更为有效。映像副本只能在磁盘上生成,备份集则可以在磁盘或磁带上生成。

数据文件、控制文件与归档日志的映像副本和备份集都可以是联机备份或脱机备份、全部备份或部分备份以及完整备份或增量备份,并且在 archivelog 模式和 noarchivelog 模式中都可以进行。不过,备份集只能通过 RMAN 生成或还原。

11.2.7 RMAN 的设置

Database Control 包含一个用于 RMAN 的图形接口,可以通过这个接口配置应用于所有备份的通用设置以及每种备份的专用设置。此外,Database Control 还包含一个用于 Oracle 调度机制的接口,Oracle 调度机制可以建立一系列定时的备份(例如每周一次的完全备份以及每天对归档日志文件进行一次的增量备份)。RMAN 可以在不进行任何配置的情况下运行,不过我们通常会根据需求来调整一些设置。例如,默认的备份目的地是一个磁盘目录,这对于某些场合来说并不合适。要进入 RMAN 接口,需要在 Database Control 数据库主页中先单击 Maintenance 标签,然后再单击 Backup/Recovery 部分的 Configure Backup Settings 链接进入 Configure Backup settings 窗口。这个窗口具有下列三个标签: Device、Backup Set 以及 Policy。

11.2.8 设备的设置

用于磁盘备份的选项包括并行度、目标目录、是生成备份集还是生成映像副本。并行度默认为 1,这意味着 RMAN 进程(通常类似于用户进程)只会产生一个称为通道(channel)的服务器进程来实际创建备份。选择并行度时,需要考虑 CPU 数与磁盘子系统的性质。

磁盘备份位置可以是任意目录。如果没有进行设置,那么磁盘备份位置默认为 DB _ RECOVERY_FILE_DEST 参数的值,而该参数本身默认为 ORACLE_HOME 主目录中的 flash_recovery_area 目录。下一个选项为生成备份集还是生成映像副本,如果选择生成备份集,那么还需要确定是否压缩数据。用于磁带备份的选项指定了磁带设备的数量、磁带库专用的选项以及是否压缩备份集。磁带机械装置由能够根据备份与还原操作需要自动分配和定位磁带的软件来控制。磁带是设备中非常昂贵的部分,因此不能只使用 Oracle 备份。

确定执行磁带备份或磁盘备份时,必须在 Host Credentials 部分指定登入驻留数据库的机器的操作系统。这是因为 RMAN 通道需要采用一个操作系统身份,从而能够读写备份目的地(一个目录或一个磁带库)。操作系统身份必须由对设备拥有适当权限的系统管理员进行配置。

设置主机凭证之后,通过单击 Test Disk Backup 或 Test Tape Backup 按钮可以测试设备的配置。单击上述两个按钮能够查看设备是否确实存在以及 RMAN 通过所提供的主机凭证是否能够读写指定的设备。

11.2.9 备份集的设置

Backup Set Settings 标签中的第一个选项是 Maximum Backup Piece Size。在默认情况下,对备份片的大小没有限制,整个备份集被物理存储在一个片或文件中。因为 RMAN 并不备份未用的数据块,所以在知道实际备份之前无法知道备份集的大小。使用压缩与增量备份会使备份集的大小更加难以预测。如果备份许多数据文件与归档日志,那么生成的单个备份文件可能会过大。对于磁盘备份来说,操作系统可能限制了文件大小的最大值;对于磁带备份来说,当然也会存在对磁带盒大小的限制。通过与系统管理员协商、沟通,备份片大小的最大值需要被设置为易于管理的值。

还可以通过指定多个副本来复用备份集。此时,RMAN 会为每个备份集创建多个副本。如果没有通过 RAID0(针对磁盘备份的情况)或磁带镜像(针对磁带备份的情况)来保护备份目的地,那么就会带来额外的安全级别。

11.2.10　策略的设置

Policy Settings 标签中的第一个选项是确定在生成备份(不包括控制文件和服务器参数文件)时是否备份控制文件和服务器参数文件。备份上述两种文件通常被认为是一种优秀的策略。这些文件都是小文件,并且不会有过多的副本。通过启用这种自动备份功能,可以确信始终具有上述两种重要文件的最新副本。默认的副本目的地由 DB_RECOVERY_FILE_DEST 参数决定。

此外还存在是否为加快增量备份而启用数据块变化跟踪的选项,并且能够显著地影响增量备份所需的时间。在先前的版本中,增量备份远小于完整备份,但是不一定更为快速,其原因在于:为了确定发生变化的数据块,RMAN 仍然必须读取整个数据文件。如果选中这个选项,那么就会启动变化跟踪写入器(Change Tracking Writer,CTWR)后台进程。CTWR 进程会在一个块变化跟踪文件中写下被更新的数据块的地址。由于可以直接读取这些发生变化的数据块(不必扫描整个文件),因此显著减少了磁盘 I/O 工作负荷。在 SQL * Plus 命令行中,执行 ALTER DATABASE 命令也可以启用这种功能。

Table spaces Excluded From Whole Database Backup 部分允许指定完整备份操作期间不需要备份的一个或多个表空间,可能包括只读表空间或者只需要通过还原就能够重新创建其内容的表空间。最后一个部分是 Retention Policy。根据备份保留策略,RMAN 可以删除被认为是不需要的备份。默认的备份保留策略是 RMAN 会保证所有数据文件与每个归档日志只具有一个副本。通过使用各种 RMAN 命令(后面的章节将进行详细介绍),可以列出 RMAN 认为需要备份的对象(默认为从未备份过的对象),或者指示 RMAN 删除被认为是多余的所有备份(默认为至少有一个以上最新备份的情况)。更复杂的保留策略选项是恢复窗口策略,此时 RMAN 需要保证具有足够的完整备份、增量备份以及归档日志备份,从而能够还原数据库并将其恢复至先前的任意时刻(默认为 31 天以前)。

11.2.11　调度自动的备份

在数据库主页中先单击 Maintenance 标签,然后再单击 Backup/Recovery 部分的 Schedule Backup 链接就可以进入 Schedule Backup:Strategy 窗口。Database Control 可以使用全部默认设置(这称为 Oracle 建议的备份策略)来建立一个备份调度计划。这个计划包括在默认磁盘目的地生成的完整联机备份(假定数据库位于 archivelog 模式中否则数据库不得不被关闭),以及同样在磁盘上生成的、从完整备份之后开始的增量备份。这些备份被调度在夜间进行。此外,还可以选择创建一个自定义的备份策略,这个策略可以指定备份的类型、生成备份的位置以及进行备份的时间与频率。

11.2.12　使用 SQL * Plus 备份

控制文件以便进行跟踪,该操作使用 SQL * Plus 备份控制文件以便进行跟踪,同时查看所生成的文件。

(1) 使用 SQL * Plus,作为用户 SYSTEM 连接数据库。

（2）执行如下命令。

```
SQL > alter database backup controlfile to trace;
数据库已更改。
```

（3）定位用户转储目的地。

```
SQL > Show parameters user_dump_dest;
```

```
NAME                    TYPE        VALUE
--------------          --------    -----------------------------------
user_dump_dest          string      e:\app\administrator\diag\rdbms\orcl\orcl\trace
```

（4）在操作系统提示符下，修改用户转储目的地目录。

（5）确定指定目录中的最新文件。例如，在 Windows 系统中使用下面的命令。

```
dir/od
```

在 UNIX 系统中则使用如下所示的命令。

```
ls – ltr
```

最后列出的文件就是新创建的跟踪文件。

（6）可使用任意编辑器打开新创建的跟踪文件并查看其内容。其中，最重要的部分是 CREATE CONTROLFILE 命令。

11.2.13　管理 RMAN 备份

RMAN 知道备份的内容及其位置。DBA 通过下列操作也可以得到同样的信息：首先在数据库主页上单击 Maintenance 标签，然后再单击 Backup/Recovery 部分的 Manage Current Backups 链接。打开的新页面中描述了 4 个备份集的信息，这 4 个备份集的 Key 分别为 3、5、6、7。备份集 5 和 6 一同构成了数据文件、控制文件以及服务器参数文件的完整备份。这个示例说明了 Database Control 接口如何通过在命令行中使用 RMAN 来得到不同的结果，Database Control 不会在一个备份集中混合各种文件类型，但是从命令行中则可以实现这样的操作。较早生成的备份集 3 包含一个或多个数据文件。需要注意的是，列 Obsolete 将备份集 3 标记为已弃用的，这是因为默认的保留策略要求每个对象只具有一个副本，所以完整备份放弃了先前多余的部分备份。列 Pieces（因为滚动条的原因没有显示在页面中，向右滚动就可以看到这个列）给出了组成每个备份集的物理文件的详细信息。

通过 Manage Current Backups 窗口顶部的按钮可以执行 RMAN 的维护命令。单击 Catalog Additional Files 按钮会将使用操作系统实用程序生成的备份告知 RMAN。因此，可以采用一种混合操作系统备份与 RMAN 备份的备份策略。单击 Crosscheck All 按钮会指示 RMAN 查看所创建的备份集与映像副本实际上是否仍然可用。例如，磁带库可能自动删除存在时间达到指定值的文件。如果发生了自动删除操作，那么 RMAN 需要知道这种情况。在交叉检查期间，RMAN 将读取所有磁带与磁盘目录，以便确认被置入这些位置的备份片确实仍旧存在，此时 RMAN 不会读取文件并查看文件的有效性。与此相关的按钮是 Delete All Expired，单击该按钮能够删除对交叉检查发现丢失的备份的所有引用。单击 Delete All Obsolete 按钮可以删除遵循保留策略但不再需要的所有备份。

11.2.14　默认的备份目的地

闪回恢复区基于磁盘的存储结构。在 Oracle 11g 中,闪回恢复区用作存储与恢复相关数据的默认位置。这些数据包括下列内容:控制文件和联机重做日志文件的复用副本,归档日志目的地,RMAN 备份集与映像副本,闪回日志。闪回恢复区受 DB_RECOVERY_FILE_DEST 和 DB_RECOVERY_FILE_DEST_SIZE 参数的控制。这两个参数都不具有默认值,可是在使用 DBCA 创建数据库时,DBCA 会将 DB_RECOVERY_FILE_DEST 参数设置为 ORACLE_HOME 主目录中的 flash_recovery_area 目录,同时还会将 DB_RECOVERY_FILE_DEST_SIZE 参数设置为 2MB。这两个参数也都是静态的,我们不仅可以随时将闪回恢复区修改为另一个目录,而且还可以修改允许增长的最大值。

一旦写至闪回恢复区的大量数据到达所指定的大小,就可能会出现问题。例如,如果闪回恢复区已满并且日志切换要求对闪回恢复区进行归档,那么归档操作会失败。最终,这将导致整个数据库被挂起。前面曾经介绍过,在 archivelog 模式中,Oracle 不允许重写尚未被归档的联机日志文件。因此,对闪回恢复区的监视十分重要。可以使用 Database Control 来实现上述功能。

如下所示,查询 V＄RECOVERY_FILE_DEST 视图可以得到相同的信息。

```
SQL> select * from v$recovery_file_dest;
NAME              SPACE_LIMIT           SPACE_USED
- - - - - - - -   - - - - - - - - - -   - - - - - - - - - - - - - - - -

SPACE_RECLAIMABLE   NUMBER_OF_FILES
- - - - - - - - -   - - - - - - - -   - - - - - - - - - - - - - - - -

C:\oracle\product\11.1.0\flash_recovery_area2147483648 836124672 4268032   5
```

这个查询说明了闪回恢复区的位置及其大小的最大值为 2GB,其中大约使用了 800MB。闪回恢复区中仅存在 5 个文件,然而有些文件是多余的。这些多余的文件占用了大约 400MB 的空间,上述空间在必要的时候能够被重写。如果闪回恢复区中的文件变为多余的,那么它们在需要空间时会被替换为更新的文件。RMAN 与归档器进程都能够智能地发现闪回恢复区中的某个文件何时不再需要以及何时被重写。

11.3　恢复 Oracle 数据库

11.3.1　恢复结构与进程

在介质失败后,根据受损文件的类型,存在不同的恢复方法。数据库由下列三种文件类型组成:控制文件、联机重做日志文件以及数据文件。如果复用了控制文件或联机重做日志文件,那么恢复受损的这些文件十分容易。

对于受损的控制文件,既可以将其替换为某个复用副本,也可以使用 CREATE CONTROLFILE 命令重新创建。在极端的情况下,可以从备份中还原控制文件。但是,如果遵循了合适的复用策略,那么在介质失败后就不必执行这样的操作。

受损的联机重做日志文件可以重新生成。Oracle 提供了一个"ALTER DATABASE

CLEAR LOGFILE GROUP♯(其中"♯"是受损成员的日志文件组号)"命令,使用这个命令可以删除或重建某个日志文件组的成员。上述命令的一个变化形式是"ALTER DATABASE CLEAR UNARCHIVED LOGFILE GROUP♯",执行这个命令可以删除或重建一个即使已被成功归档的日志文件,但是执行该命令之后必须对整个数据库进行备份。在导致某个数据文件受损的介质失败之后,会存在下列两种恢复选项:完全恢复,不会丢失任何数据;不完全恢复,通过在完成之前停止恢复进程来故意丢失一些数据。完全恢复是一个两阶段的过程:首先,必须从备份中还原受损文件;随后,必须使用归档日志文件中的信息来将数据库提前至被还原文件与数据库其余部分同步的时刻,从而恢复这个文件。

在 Oracle 环境中,"还原"意味着使用备份替换受损或丢失的文件,"恢复"意味着通过使用归档日志来同步受损文件与数据库的剩余部分。

为了打开数据库,所有控制文件副本、每个联机日志文件组的至少一个成员以及所有联机数据文件都必须存在且同步。如果 SMON 进程在启动期间发现情况并非如此,那么启动就不会完成。在这个阶段,SMON 进程会查看所有联机数据文件的头部。只要有任何联机数据文件的头部受损或丢失,相应的错误消息就都会被写入告警日志,并且数据库停留在加载模式中。如果所有联机文件都存在并且未受损,但是某个或多个联机文件却没有同步,那么 SMON 进程会尝试通过联机重做日志来同步这些文件。这是能够自动发生的实例恢复过程。如果所需的联机日志不可用,那么就无法打开数据库。如果有一个或多个数据文件是通过备份还原的,那么这些文件几乎肯定已过期较长时间,联机重做日志将无法返回至恢复上述文件的时间。此时,必须使用归档日志文件来进行恢复,这是一个必须手动启动的过程。如果使用操作系统命令进行备份,那么就需要在 SQL＊Plus 中启动这个过程;如果使用 RMAN 进行备份(Oracle 强烈建议使用这种做法),那么就需要使用 RMAN 启动这个过程。

如果在数据库打开时出现介质损坏,那么其结果取决于受影响的文件。任何控制文件副本受损都会导致实例立即终止。作为 SYSTEM 表空间或活动的撤销表空间一部分的数据文件受损也会造成同样的结果。但是,在联机日志受损时,只要日志文件组中存在幸存的成员,就不会造成实例的终止。事实上,实例会继续运行,终端用户甚至无法察觉联机日志受损的情况。不过,相应的错误消息会被写入告警日志,这种状况应当被立即修正,修正能够而且应当在用户可以继续工作的联机状态下完成。作为除了 SYSTEM 表空间或活动的撤销表空间之外的表空间一部分的数据文件受损则不会导致实例失败,不过因为数据库的某一部分丢失,所以终端用户很可能会遇到问题。应用程序对这种情况的反应是不可预期的,这完全取决于应用程序的构造方式。最后,终端用户可能不会注意到对组成临时表空间的临时文件的损坏。Oracle 在不需要临时文件时并不会去验证临时文件的存在,而且调整良好的数据库可能永远不需要临时文件。这意味着在出现显著的影响之前临时文件可能已丢失一段时间了,同时也意味着在没有使用受损的临时文件的情况下能够随时删除和重建该文件。

11.3.2 介质失败后的恢复

在 OCP 考试中,读者仍然有必要通过某些简单的问题来了解恢复的入门知识。这些简单的问题包括丢失复用控制文件的一个副本,丢失复用联机重做日志文件的一个副本,丢失重要数据文件或非重要数据文件之后的完全恢复。

11.3.3　恢复受损的复用控制文件

只要存在幸存的复用控制文件的副本,恢复丢失的控制文件就十分简单:只需要将其替换为幸存的控制文件副本即可。在这种情况下,因为控制文件的所有副本都必须完全相同,所以从备份中还原受损或丢失的控制文件副本是没有用的。显而易见,还原的副本无法与幸存的副本同步,同样也无法与数据库的其余部分同步。

事实上,控制文件受损时,实例会立即终止。此时,DBA 的第一反应仍然是尝试启动崩溃的实例。启动将在 NOMOUNT 模式中失败,同时会给出相应的错误消息。告警日志声明所丢失的控制文件副本,并且在列出的非默认初始化参数部分中给出实际存在的控制文件数及其位置。此时,我们将面临三个选择。第一个选择是:可以编辑参数文件,从而删除对受损或丢失控制文件的引用。采用这个选择能够解决所出现的问题,但是此时数据库会在缺少一个复用控制文件副本的情况下运行,这很可能违背了指定的安全性原则。因为,更好的选择是使用幸存的控制文件副本替换受损的文件,或者修改 CONTROL_FILES 初始化参数,从而将对受损文件的引用替换为对某个新文件的引用,并且将这个新文件复制为幸存的控制文件副本。恢复受损的控制文件时必须使数据库停机,这个操作无法在联机状态下完成。

11.3.4　恢复受损的复用联机重做日志文件

假如复用了联机重做日志文件,那么丢失日志文件组中的一个成员并不会导致数据库停机,不过告警日志中会写下告知出现问题的消息。如果能够忍受停机,那么可以关闭数据库并将受损或丢失的成员复制为组中的幸存成员。不过,当数据库保持打开状态时,这种操作显然是不适合的。

如果希望在数据库打开时恢复受损的复用联机重做日志文件,那么就需要使用 ALTER DATABASE CLEAR LOGFILE 命令删除已有的日志文件(至少是仍然存在的日志文件)并创建新的文件。上述操作只有在这些日志文件不活动时进行。如果试图清空当前的日志文件组,或者前一个日志文件组仍然是活动的,那么就会收到出错消息。此外,如果数据库位于 archivelog 模式中,那么日志文件组必须已归档。

在数据库打开时可以恢复复用的联机重做日志文件,因此不会造成数据库的停机。

11.3.5　恢复受损的控制文件

该操作模仿了丢失某个复用控制文件并将其替换为一个幸存副本的情况。

(1) 使用 SQL＊Plus 连接数据库,并且使用如下所示的查询确认复用了控制文件:

```
select * from v$controlfile;
```

(2) 通过重命名某个控制文件以及使数据库崩溃来模仿一个控制文件受损的情况。需要注意的是,在 Windows 系统中,必须在 Windows 允许重命名文件之前关闭相应的 Windows 服务,然后在重命名操作之后再次启动该服务。

(3) 执行一个启动命令。启动操作会停止在 NOMOUNT 模式中,同时还会给出错误消息"ORA — 00205：error in identifying control file，check alert log for more information（ORA — 00205：标识控制文件时出错，要了解更多信息，请查看告警日志）"。

（4）将幸存的控制文件复制至重命名的文件及其位置。

（5）执行另一个启动命令，这个启动操作将会成功。

因为可以非常容易地将幸存的控制文件复制为受损的控制文件，所以许多 DBA 并不喜欢这样做。更安全的操作方法是将幸存的控制文件复制至一个新的文件，然后编辑 control_files 参数，从而将对受损文件的引用修改为对这个新文件的引用。

11.3.6　恢复受损的数据文件

如果介质失败导致一个或多个数据文件受到损坏，那么就需要使用还原与恢复。必须先还原数据文件的一个备份，然后再应用归档日志以同步数据文件与数据库的其余部分。根据数据库是否位于 archivelog 模式中，受损文件是运行 Oracle 所需的重要文件还是"只"包含用户数据的非重要文件，恢复数据文件时存在多种可用的选项。

11.3.7　noarchivelog 模式中数据文件的恢复

因为不存在恢复所需的归档日志文件，所以在 noarchivelog 模式中无法执行恢复操作。因此，此时只能完成还原操作。但是，如果没有通过应用归档重做日志文件来同步一个被还原的数据文件与数据库的其余部分，那么数据库就不能被打开。因此，noarchivelog 模式中的唯一选项是还原整个数据库（包括所有数据文件以及控制文件）。假如从一个完整的脱机备份中还原了所有文件，那么在还原之后得到的数据库中，这些文件是同步的，这样便能够打开数据库了。不过，将会丢失这次备份之后的所有工作。

因为 RMAN 不会备份联机重做日志文件，所以在执行完整的还原操作之后，数据库仍然会丢失这些文件。基于这个原因，还原之后的启动操作会失败，数据库将停止在加载模式中。因为位于加载模式中，所以可以通过执行"ALTER DATABASE CLEAR LOGFILEGROUP < group number >"命令重建所有日志文件组。随后，数据库会被打开。如果通过 RMAN 接口的 Database Control 来执行还原操作，那么这个过程就是完全自动的。

在 noarchivelog 模式中，就算只是丢失了数百个数据文件中的一个文件，也只能通过完全还原最近一次备份来解决问题。整个数据库必须被还原至过去的某一时刻，这会丢失用户的某些工作。此外，最近一次备份必须是完整的脱机备份，而这种备份又会导致数据库停机。显然，不应当轻易地决定在 noarchivelog 模式中操作数据库。

11.3.8　archivelog 模式中非重要文件的恢复

在 Oracle 数据库中，组成 SYSTEM 表空间以及当前活动的撤销表空间（由 UNDO_TABLESPACE 参数决定）的数据文件被视为"重要文件"。任何重要数据文件的受损都会导致实例立即终止。此外，在通过还原与恢复修复受损文件之前，数据库无法被再次打开。对于用于组成用户数据的表空间的数据文件来说，文件受损通常不会导致实例的崩溃。Oracle 会将这些受损的数据文件脱机并使其内容不可被访问，但是数据库的其余部分应当保持为打开状态。应用软件对这种情况的反应取决于该软件的构造与编写方式。

如果数据库的某一部分不可用，那么能够安全地运行基于数据库的应用程序吗？这个问题不仅是开发人员与业务分析人员应当讨论的问题,也是决定如何在表空间之间分布段时应当考虑的重要问题。

如果备份是使用 RMAN 生成的,那么受损数据文件的还原与恢复操作就是完全自动的。RMAN 会首先智能地使用完整备份和增量备份,然后再应用必需的归档日志,从而尽可能地以最有效的方式完成还原操作。如果 RMAN 链接了某个磁带库,那么就会通过自动加载磁带来抽取所需的文件。

只有在最近一次备份之后生成的所有归档日志文件都可用的情况下,才可以成功地完成数据文件的还原与完全恢复操作。为了在恢复操作期间进行还原,归档日志文件要么必须位于磁盘上的归档日志目的地目录中,要么已被迁移至磁带。RMAN 能够自动地从备份集中抽取归档日志文件并将其还原至磁盘。如果归档日志文件出于某种原因丢失或错误,那么恢复操作就会失败。如果出现了恢复操作失败的情况,唯一的选择就是通过完全还原以及不完全恢复来得到丢失的归档日志文件,这意味着会丢失最近一次备份之后所进行的所有工作。

11.3.9　恢复受损的重要数据文件

Oracle 将组成 SYSTEM 表空间以及当前活动的撤销表空间的数据文件视为重要文件,也就是说,如果这些文件受到损坏,那么就无法使数据库保持打开状态。如果 SYSTEM 表空间的任何部分不可用,那么数据字典的某些部分就会丢失。在没有完整的数据字典的情况下,Oracle 将无法正常地运作。如果当前活动的撤销表空间的任何部分不可用,那么维护事务完整性与隔离性的撤销数据就有可能不可用,同时 Oracle 也可能无法正常地运作。因此,重要数据文件受损会导致实例立即终止。

重要数据文件应当位于具有硬件冗余的磁盘系统中(例如 RMAN 使用的磁盘镜像),从而在出现介质失败时能够保证这些文件幸存以及数据库保持打开状态。

即便数据库由于重要数据文件受损而导致崩溃,我们的第一反应也仍然是尝试启动数据库。此时,数据库会停留在加载模式中,同时会在告警日志中写下说明受损范围的出错消息。按照与恢复非重要数据文件相同的步骤执行恢复操作,然后再打开数据库。重要数据文件与非重要数据文件的还原和恢复完全相同,不过重要数据文件应当在加载模式中完成还原和恢复。重要数据文件受损并不意味着会丢失数据,而是意味着会损失时间。

11.3.10　恢复受损的非重要数据文件

首先,该操作会创建一个表空间以及该表空间内的一个段,并且进行备份。接着,模仿数据文件受损的情况。最后,诊断并解决这个问题。在整个练习中,数据库始终保持能够被使用的打开状态。如果没有保存前面的练习,那么读者会被要求通过各种选项来提供主机操作系统凭证(给出适当的 Windows 或 UNIX 系统登录凭证,例如 Oracle 拥有者)。

小　　结

本章主要介绍了数据库备份、恢复配置,包括数据库的备份与恢复、数据库的失败类型、实例恢复、可恢复性的设置等。

习　题

1. 用户进程可能由于哪些原因而失败？
2. 数据库移至 archivelog 模式有什么意义？
3. 遇到介质失败时，DBA 应如何处理？
4. 什么是增量备份？
5. 请说明脱机备份与联机备份的区别。
6. 使用磁带备份时，需要指定哪些选项？
7. 如何恢复受损的复用控制文件？
8. 完全恢复包含哪两个阶段？
9. 在数据库打开时恢复受损的复用联机重做日志文件需要执行哪些步骤？

第 12 章　闪回技术

学习目标：

在本章中，将学习闪回技术，并了解闪回技术的作用及分类。掌握闪回数据库，闪回表，闪回查询的使用。

12.1　闪回技术概述

为了使 Oracle 数据库能从任何逻辑错误操作中迅速恢复出来，Oracle 推出了闪回（Flash back）技术。该技术首先以闪回查询（Flashback Query）出现在 Oracle 9i 版本中，Oracle 10g 版本对该技术进行了全面扩展，提供了闪回数据库、闪回删除、闪回表、闪回事务及闪回版本查询等功能，Oracle 11g 继续对该技术进行了改进和加强，增加了闪回数据归档功能。

在 Oracle 11g 中，闪回技术包括以下几个方面。

（1）闪回数据库（Flashback Database）：允许用户将数据库迅速地回滚到以前的某个时间点或者某个 SCN（系统更改号）上，而不需要进行时间点的恢复操作。

（2）闪回表（Flashback Table）：通过该功能，可以确保数据库表能够被恢复到之前的某一个时间点上。

（3）闪回删除（Flashback Drop）：类似于 Windows 操作系统的回收站还原功能，可以从中恢复被删除的表或索引。

（4）闪回版本查询（Flashback Version Query）：通过该功能，可以看到特定的表在某个时间段内所进行的任何修改操作，如同视频回放一样，表在该时间段内发生的变化一览无余。

（5）闪回事务查询（Flashback Transaction）：通过该功能，可以在事务级别上检查数据库的任何改变，这大大方便了对数据库的性能优化、事务审计及错误诊断等操作。

（6）闪回数据归档（Flashback Data Archive）：这个功能可以查询满足保护策略的指定对象在任何地点时的数据。在有审计需要的环境中，或者是在安全性特别重要的高可用数据库中，这是一个非常好的特性。该功能是对对象的保护，是闪回数据库一个强有力的补充。

12.2　闪回恢复区

12.2.1　闪回恢复区功能

要使用闪回技术，必须要由闪回恢复区来存储恢复相关文件的存储空间。

闪回恢复区可以放在以下几种存储形式上。

（1）目录；

（2）文件系统；

（3）自动储存管理（ASM）磁盘组。

以下几种文件可以放到闪回恢复区中。

（1）控制文件；

（2）归档日志文件；

（3）闪回日志；

（4）控制文件和 SPFILE 自动备份；

（5）通过 RMAN 的 BACKUP 命令产生的备份集；

（6）通过 RMAN 的 COPY 或者 BACKUP AS COPY 命令产生的图像副本。

闪回恢复区为数据恢复提供了一个集中化的储存区域，这在很大程度上减少了管理开销。另外，随着硬盘的储存容量越来越大，读写的速度越来越快，使得自动的、基于硬盘的备份与恢复技术实现成为可能，而闪回恢复区正是基于磁盘备份与恢复的基础。

12.2.2　闪回恢复区设置

除非在使用 DBCA 创建数据库时指定了闪回恢复区位置和大小，并启用了闪回恢复区，默认是不启用闪回恢复区的。

可以通过修改以下两个初始化参数来设置闪回恢复区：

```
DB_RECOVERY_FILE_DEST
DB_RECOVERY_FILE_DEST_SIZE
```

这两个参数分别用来指定闪回恢复区的位置和大小。注意在进行设置的时候，先设置大小，后设置位置。

【例 12-1】　设置闪回恢复区大小为 3GB，位于 C:\app\Administrator\flash_recovery_area 目录，注意以下命令的顺序。

```
SQL> shutdown immediate
数据库已经关闭。
已经卸载数据库。
Oracle  例程已经关闭。
SQL> startup mount
Oracle 例程已经启动。
Total System Global Area        855982080 bytes
Fixed Size                        2180544 bytes
Variable Size                   637536832 bytes
Database Buffers                209715200 bytes
Redo Buffers                      6549504 bytes
数据库装载完毕。
SQL> alter database archivelog;
数据库已更改。
SQL> alter database flashback on;
数据库已更改。
SQL> alter system set DB_RECOVERY_FILE_DEST_SIZE = 3G;
```

```
SQL>alter system set DB_RECOVERY_FILE = 'C:/app/Administrator/flash_recovery_area';
系统已更改。
SQL>alter database open;
数据库已更改。
```

闪回恢复区设置完毕后，可以通过如下命令来进行查看。

```
SQL>show parameter db_recovery_file_dest;
  NAME                         TYPE       VALUE
  ---------------------        ------     -----------------------------------
  db_recovery_file_dest        string     C:\app\Administrator\flash_recovery_area
  db_recovery_file_dest_size big integer3G
```

也可以通过 Datebase Control 来进行查看，当然也可以在 Database Control 对闪回恢复区进行设置。

经过以上对闪回恢复区的设置后，Oracle 11g 的闪回功能就可以自动收集数据了，只要确保数据库是归档运行即可。

闪回表技术用于恢复表中的数据，可以在线进行闪回表操作。闪回表实质上是将表中的数据恢复到指定的时间点（TIMESTAMP）或系统的改变号（SCN）上，并将自动恢复索引、触发器和约束等属性，同时数据库保持联机，从而增加整体的可用性。闪回表需要用到数据库的撤销表空间，可以通过 SHOW PARAMETER undo 语句查看与撤销表空间相关的信息。

【例 12-2】 查看当前数据库中与撤销表空间相关的设置，如下。

```
SQL>SHOW PARAMETER undo
NAME                   TYPE      VALUE
-----------------      -------   -------
undo_management        string    AUTO
undo_retention         integer   900
undo_tablespace        string    UNDOTBS1
```

其中，undo_management 表示系统的撤销数据管理方式，其值为 AUTO 则表示系统使用自动撤销管理方式，也就是使用撤销表空间记录撤销数据，其值为 MANUAL 则表示系统私有回退段撤销管理方式；undo_retention 表示撤销数据在撤销表空间中的保留时间；undo_tablespace 表示所使用的撤销表空间的名称。

12.3　闪回数据库

如果需要对数据库中的大量改动进行恢复，就需要使用闪回数据库技术。闪回数据库，实际上就是将数据库回退到过去的一个时间点或者 SCN 上，从而实现对整个数据库的恢复，这种恢复不需要通过备份，所以应用起来更方便、更快捷。

Oracle 11g 要对整个数据库进行恢复，就要用到 FLASHBACK DATABASE 命令，语法格式如下。

```
FLASHBACK [STANDBY]DATABASE <database>
```

{TO[SCN | TIMESTAMP]< exp > | TO BEEFORE[SCN | TIMESTAM]< exp >}

其中各项参数说明如下。

(1) TO SCN <exp>：指定一个系统改变号 SCN。

(2) TO TIMESTATMP：需要恢复的时间表达式。

(3) TO BEEORE SCN <exp>：恢复到之前的 SCN。

(4) TO BEEORE TIMESTAMP：恢复数据库到之前的时间表达式。

当用户发出 FLASHBACK DATABASE 语句之后，数据库会首先检查所有的归档文件与联机重建日志文件的可用性。如果可用，可将数据库恢复到指定的 SCN 或时间点上。在数据库中闪回数据库的总数和大小由 DB-FLASHBACK-RETENTION-TARGET 初始化参数控制。可通过查询 V$FLASHBACK-DATABASE-LOG 视图来确定能恢复到过去多远。

【例 12-3】　在 2017 年 2 月 18 日 16：43 左右，DBA 删除了模式 HR 下的几个表，过了几分钟发现了这个错误，通过下面的闪回数据库操作来进行恢复。

为了显示上的方便，先设置当前会话的系统日期显示格式。

```
SQL> alter session set nls - date - format = 'yyyy - mm - dd hh24:mi:ss';
会话已更改。
先关闭数据库。
SQL> shutdown immediate
数据库已经关闭。
已经卸载数据库。
Oracle 例程已经关闭。
SQL> startup mount
Oracle 例程已经启动。
Total System Global Area   855982080 bytes
Fixed Size                   2180544 bytes
Variable Size              637536832 bytes
Database Buffers           209715200 bytes
Redo Buffers                 6549504 bytes
数据库装载完毕。
```

闪回数据库到比删除表的时间稍早一点儿的时间。

```
SQL> flashback database to timestamp(to - date'2017 - 02 - 18 16:42:00', 'yyyy - mm -
ddhh24:mi:ss'));
闪回完成。
以 resetlogs 方式打开数据库。
SqL> after database open resetlogs;
数据库已更改。
```

查看 HR 模式下的表，发现都已经恢复了。

12.4　闪　回　表

闪回数据库可以将整个数据库恢复到某个指定的时间点。如果有时仅对一个表进行了误操作，可以用 Flashback Table 命令来进行闪回表，语法格式如下。

```
FLASHBACK TABLE[schema.]<table_name>
TO {[BEFORE DROP[RENAME TO table]]
[SCN|TIMESTAMP]expr[ENABLE|DISABLE]TRIGGERS}
```

其中的各项参数说明如下。

（1）Schema：模式名，一般为用户名。

（2）TO TIMESTAMP：系统邮戳，包含年、月、日、时、分、秒。

（3）TO SCN：系统更改号，可从 flashback_transaction_query 数据字典中查到。

（4）ENABLE TRIGGERS：表示触发器恢复以后为 enable 状态，而默认为 disable 状态。

（5）TO BEFORE DROP：表示恢复到删除之前。

（6）RENAME TO table：表示更换表名。

如果要闪回一个表，则需要保证如下几个方面：具备 flashback any table 的系统权限或者是该表的 flashback 对象权限；具有该表的 SELECT、INSERT、DELETE 和 ALTER 权限；必须保证该表的行移动（ROW MOVEMENT）已经启用。

12.4.1　闪回到时间戳

【例 12-4】　建立一个例子表 scott.employee，表结构与表中数据和 scott.emp 相同，然后删除其中的部分记录，用时间戳闪回表恢复被删除的记录。

首先用如下语句建立例子表 scott.employee。

```
SQL>create table employee as select * from emp;
表已创建。
```

使用 set time on，在提示符前面显示当前系统时间，便于确定恢复时间戳。

```
SQL>set time on
删除表 scott.employee 中 empno 大于 7900 的记录，并提交修改。
11:07:02 SQL>delete from employee where empno>7900;
已删除 3 行。
11:08:12 SQL>commit;
提交完成。
```

接着试着进行闪回表操作，将时间戳设为删除操作前一点儿的时间。

```
11:09:23 SQL>flashback table scott.employee to timestamp(to_date('2017-03-7  11:14:17',
'yyyy-mm-dd hh24:mi:ss'));
第 1 行出现错误：
ORA-08189: 因为未启用行移动功能，不能闪回表
```

闪回表的操作失败了，原因是在默认情况下表的行移动没启用。可以用如下语句启用表 scott.employee 的行移动。

```
11:10:32 SQL>alter table scott.employee enable row movement;
表已更改。
现在重新尝试闪回表。
11:11:42 SQL>flashback table scott.employee to timestamp(to_date('2017-03-7  11:14:17',
'yyyy-mm-dd hh24:mi:ss'));
```

闪回完成。

查询一下被删除的数据。

```
11:12:17  SQL > select count( * ) from scott. employee where empno > 7900;
COUNT( * )
----------
3
```

被删除的数据都已经恢复了,表闪回成功。

12. 4. 2　闪回到 SCN

在 12.4.1 节的 FLASHBACK TABLE 语句中,我们采用 TO TIMESTAMP 来指定恢复时间戳。在 FLASHBACK TABLE 语句中也可以采用系统更改号(SCN),但是在实际操作中,时间比较容易把握,而不容易知道误操作时的 SCN。好在 Oracle 可以用 TIMESTAMP_TO_SCN 函数将时间戳转换成 SCN(SCN_TO_TIMESTAMP)函数则将 SCN 转换成时间戳。值得注意的是,在每个系统中,返回的 SCN 是不一样的。

【例 12-5】　以 scott 用户下的 dept 表为例,向表中插入一条记录,查询 SCN 号,然后用 SCN 闪回表,将 salgrade 表恢复到插入记录之前的状态。

首先用 dept 用户连接到数据库实例。

```
SQL > connect scott/tiger;
已连接。
```

为了便于确定时间,使用 set time on,在提示符前面显示当前系统时间。

```
SQL > set time on
```

查看 salgrade 表中总的记录数量。

```
11:21:47 SQL > select   count( * ) from dept;
COUNT( * )
----------
4
```

目前共有 4 条记录在 dept 表中,向表中插入一条记录,并提交。

```
11:37:43 SQL > insert into dept values (50,'purchase','Detroit');
已创建 1 行。
11:38:56 SQL > commit;
提交完成。
```

通过函数 timestamp_to_scn 查询插入 salgrade 表的 SCN。

```
11:39:09 SQL > select timestamp_to_scn(to_date( '2017 - 03 - 07 11:37:43', 'yyyy - mm - dd hh24:
mi:ss'))
     from dept where deptno = 50;
     TIMESTAMP_TO_SCN(TO_DATE( '2017 - 03 - 0711:37:43', 'YYYY - MM - DDHH24:MI:SS'))
     ------------------------------------------------------------
                                                                  3822741
11:42:27 SQL > flashback table dept to scn 3822741;
```

```
flashback table dept to scn 3822741
    *
第 1 行出现错误:
ORA－08189: 因为未启用行移动功能，不能闪回表
```

闪回表的操作失败了，原因是在默认情况下表的行移动没启用。可以用如下语句启用 salgrade 表的行移动。

```
11:44:37 SQL > alter table dept enable row movement;
表已更改。
11:45:22 SQL > flashback table salgrade to scn 2115133;
闪回完成。
```

查询插入的那条记录:

```
11:45:48 SQL > select * from dept where deptno = 50;
未选定行
没有找到，说明闪回成功。
```

12.5　闪　回　删　除

在 DBA 的日常工作中，意外删除一个表是很容易发生的事情，不仅因为输入错误而删错了表，也有可能是正确的表名字，但是连接到了错误的模式或者登录到了错误的实例。闪回删除技术用于恢复已经被用户删除（Drop）的数据库对象，这需要使用到 Oracle 数据库中的回收站机制。

12.5.1　回收站

Windows 系统中有个回收站，在删除某个文件时，该文件可以被先保存到回收站中，在需要时可以从回收站中还原该文件，也可以从回收站彻底清除该文件，当然在删除文件时也可以选择直接彻底删除。

与之类似，在 Oracle 数据库系统中，同样也存在一个回收站机制，它用于保存用户删除的数据对象，方便用户需要时进行还原操作，而当用户删除一个表时，该表的所有对象，也将被保存到回收站中，比如说表上的索引、约束和触发器等。

在操作过程中有可能是正确的表名字，但是连接到错误的模式或者登录到错误的实例。可以通过设置 set sqlprompt "_user'@'_connect_identifier >"来改变 SQL. PLUS 提示符以减少误操作。

```
SQL > set sqlprompt "_user'@'_connect_identifier >"
```

12.5.2　使用 ORIGINAL_NAME 闪回删除

可以通过修改初始化参数 RECYCLEBIN 来设置回收站可用还是禁用，默认值是 ON，也就是说可用的。用 show parameter 命令查看回收站是否可用:

```
SCOTT@orcl > show parameter RECYCLEBIN;
```

```
NAME        TYPE      VALUE
--------------  ----
Recyclebin string   on
```

普通用户可以从视图 user_recyclebin 或者 recyclebin 中查看属于自己的被删除对象。SYS 用户可以从视图 dba_recyclebin 中查看整个数据库内所有被删除的对象。

【例 12-6】 删除 HR 模式下的 emp(不存在可以创建一个),删除 SCOTT 的 employee 表,使用闪回删除对被删除的表进行恢复。

首先在 HR 模式和 SCOTT 模式下删除相应的表。

```
SYS@orcl > connect hr/hr
已连接。
HR@orcl > drop table emp;
表已删除。
HR@orcl > connect scott/tiger
已连接。
SCOTT@orcl > drop table employee;
表已删除。
用 sys 用户以 sysdba 身份连接到数据:
SCOTT@orcl > connect sys/ as sysdba
输入口令: [ ****** ]
已连接。
```

查询系统视图 dba_recyclebin,查看刚才被删除的对象。

```
SYS@orcl > select owner,original_name,type,can_undrop,droptime from dba_recyclebin;
OWNER   ORIGINAL_NAME  TYPE    CAN DROP  TIME
----    ----------    ----    ------    --------------------
HR      EMP           TABLE   YES       2017 - 03 - 07:15:48:55
SCOTT   STUDENT       TABLE   YES       2016 - 03 - 14:09:42:39
SCOTT   EMPLOYEE      TABLE   YES       2017 - 03 - 07:11:13:56
```

可以看到被删除的两个表,HR 模式下 emp 表和 SCOTT 模式下的 employee。关键的列是 CAN_UNDROP,如果值为 YES,则可以进行闪回删除,如果为 NO,则不能进行闪回删除。

```
使用 flashback table 恢复 hr.emp 表:
SYS@orcl > flashback table hr.emp to before drop;
    闪回完成。
验证一下恢复的 hr.emp 表:
SYS@orcl > select count( * ) from hr.emp;
COUNT( * )
---------
107
```

至此,hr.emp 表成功恢复。同样也可以闪回 scott.employee。

12.5.3 使用 OBJECT_NAME 闪回删除

再次查询系统视图 dba_recyclebin,查看可以进行闪回删除的对象。

```
SYS@orcl > select owner,object_name,original_name,can_undrop from dba_recyclebin;
```

OWNER	OBJECT_NAME		ORIGINAL_NAME	CAN_UNDO
----	-------		----------	------
SCOTT	BIN $ XxGnKKdRT9GBPpPEm7zY0w == $ 0		STUDENT	YES
SCOTT	BIN $ 2Bb65hTcSXalcNqFisNmMQ == $ 0		EMPLOYEE	YES

用 scott 用户连接到数据库,使用 OBJECT_NAME 来闪回删除的对象,并将表重命名为 rade_copy。

```
SYS@orcl > connect scott/tiger;
已连接。
SCOTT@orcl > flashback table "BIN $ 2Bb65hTcSXalcNqFisNmMQ == $ 0" to before drop rename to emp
_copy;
闪回完成。
验证一下恢复的 salgrade_copy 表:
SCOTT@orcl > select count( * ) from emp_copy;
COUNT( * )
----------
12
```

至此,emp_copy 表恢复、重命名成功。

12.5.4 清除回收站中的对象

清除回收站中的对象的命令语法形式如下:

```
PURGE {[TABLESPACE tablespace_name [USER user_name]]
|[TABLE table_name | INDEX index_name]
|[RECYCLEBIN | DBA_RECYCLEBIN]
};
```

其中的各项参数说明如下。

(1) TABLESPACE:指定需要清除的表空间。

(2) USER:指定需要清除的用户。

(3) TABLE:指定需要清除的表。

(4) INDEX:指定需要清除的索引。

(5) RECYCLEBIN:普通用户所使用的回收站。使用此选项,可以清除当前用户下的回收站中的所有对象。

(6) DBA_RECYCLEBIN:拥有 SYSDBA 权限的用户才可以使用此选项,用于清除回收站中的所有对象。

【例 12-7】 使用 SCOTT 用户清除回收站中的 student 表对象。

```
SCOTT@orcl > PURGE TABLE student;
表已清除。
SCOTT@orcl > select owner,object_name,original_name,can_undrop from dba_recyclebin;
未选定行
```

清除表时也可以使用对象在回收站中的 OBJECT_NAME,比如删除 student 表对象还可以使用如下语句。

```
SCOTT@orcl > PURGE TABLE "BIN $ XxGnKKdRT9GBPpPEm7zY0w == $ 0";
```

12.6 闪 回 查 询

自 Oracle 9i 提出闪回查询以来,可以查询指定的过去某个时间的表中的数据。使用闪回查询可以看到表中数据在发生错误操作前的情况,为恢复表中的数据提供可靠的依据。

要实现闪回查询,必须将初始化参数 UNDO_MANAGEMENT 设置为 AUTO,默认值就是 AUTO。另外一个初始化参数 UNDO_RETENTION 设置了能往过去闪回查询的最大时间,默认值是 900 秒。值越大,往过去闪回查询的时间越长,但占用的空间就越大。

使用 show parameter 命令查看初始化参数 UNDO _ MANAGEMENT、UNDO _ RETENTION:

```
SYS@orcl > show parameter undo_management
NAME TYPE VALUE
--------------------- ----------- ------------
undo_management string AUTO
SYS@orcl > show parameter undo_retention
NAME TYPE VALUE
--------------------- ----------- ------------
undo_retention integer 900
```

使用如下命令将闪回查询的时间设置为 10 小时(36 000 秒)。

```
SYS@orcl > alter system set undo_retention = 36000;
系统已更改。
```

【例 12-8】 以 HR 用户连接到数据库,建立例子表 job_history_copy1,表结构与表中的记录和 job_history 相同。删除 job_history_copy1 表中部门编号为 80 的记录,并提交。使用闪回查询部门编号为 80 的记录。

以 HR 用户连接到数据库:

```
SYS@orcl > connect hr/hr
    已连接。
```

建立与 job_history 完全相同的例子表 job_history_copy1。

```
HR@orcl > create table job_history_copy1 as select * from job_history;
表已创建。
```

在提示符前打开时间提示:

```
HR@orcl > set time on
```

删除部门编号为 80 的记录,并提交:

```
16:41:20 HR@orcl > delete from job_history_copy1 where department_id = 80;
已删除 2 行。
16:41:33 HR@orcl > commit;
提交完成。
```

用标准的查询语句验证记录已被删除：

```
16:43:13 HR@orcl > select * from job_history_copy1 where department_id = 80;
未选定行
```

使用闪回查询，也就是在标准查询语句 SELECT 中使用 as of timestamp 子句，时间戳使用删除开始前的时间，查询被删除的部门编号为 80 的记录。

```
23:48:00 HR@orcl > select * from job_history_copy1 as of timestamp to_ timestamp ('2017 - 03 -
07 16:41:19', 'yyyy - mm - dd hh24:mi:ss') where department_id = 80;
EMPLOYEE_ID START_DATE    END_DATE      JOB_ID    DEPARTMENT_ID
-----       -------       ------        -----     -----
176         24 - 3 月 - 06  31 - 12 月 - 06  SA_REP    80
176         01 - 1 月 - 07  31 - 12 月 - 07  SA_MAN    80
```

12.7　闪回版本查询

　　一个表中的数据会随着时间的变化而不断变化，使用闪回版本查询可以查询表在不同时间点上不同版本的数据，如同视频回放一样，表在该时间段内发生的变化一览无余。使用闪回版本查询，也就是在标准查询语句 SELECT 中使用 versions between 子句。

　　闪回版本查询中常用的伪列有 versions_starttime、versions_operations，前一个伪列表示创建此版本的时间戳，后一个伪列表示当前版本所进行的 DML 操作，可以是 INSERT、DELETE 或者 UPDATE。在 versions between 子句中，常使用 minvalue 和 maxvalue 来表示 SCN，minvalue 表示最早的 SCN 值，maxvalue 表示当前的 SCN 值。

　　【例 12-9】 以 HR 用户连接到数据库，建立一个简单表，对表进行 INSERT、DELETE 和 UPDATE 操作并提交。使用闪回版本查询其不同时间的不同版本数据。

　　以 HR 用户连接到数据库：

```
SYS@orcl > connect hr/hr
已连接。
```

建立只有一个字段 mytab 的表 c1：

```
HR@orcl > create table mytab(c1 varchar2(2));
表已创建。
```

向表 mytab 插入一条记录"V"，并提交。

```
HR@orcl > insert into mytab values ('V');
已创建 1 行。
HR@orcl > commit;
提交完成。
```

将表 mytab 中的内容从"V"修改为"X"，并提交。

```
HR@orcl > update mytab set c1 = 'X' where c1 = 'V';
已更新 1 行。
HR@orcl > commit;
```

提交完成。

删除表 mytab 中 c1 字段为"X"的记录，并提交。

```
HR@orcl > delete from mytab where c1 = 'X';
已删除 1 行。
HR@orcl > commit;
提交完成。
```

闪回版本查询表 mytab：

```
HR@orcl > select c1, versions_starttime, versions_operation from mytab versions between scn
minvalue and maxvalue;
C1 VERSIONS_STARTTIME          V
-- --------------              ---
X  07-3 月 -17 04.58.11 下午   D
X  07-3 月 -17 04.57.10 下午   U
V  07-3 月 -17 04.55.55 下午   I
```

I 是 INSERT 的缩写，表 mytab 在时间点 07-3 月-17 04.55.55 插入了一条记录，内容是 V；U 是 UPDATE 的缩写，表 mytab 在时间点 07-3 月-17 04.57.10 修改了一条记录，内容为 X；D 是 DELETE 的缩写，表 mytab 在时间点 07-3 月-17 04.58.11 删除了一条记录，内容为 X。

12.8 闪回数据归档

在上面的诸多闪回技术当中，除了 Flashback Database（依赖于闪回日志）之外，其他的闪回技术都依赖于 undo 撤销数据，都与数据库初始化参数 UNDO_RETENTION 密切相关（该参数决定了撤销数据在数据库中的保存时间）。它们是通过从撤销数据中读取信息来构造旧数据的。这样就有一个限制，就是 undo 中的信息不能被覆盖。而 undo 段是循环使用的，只要事务被提交，之前的 undo 信息就可能被覆盖。虽然可以通过 undo_retention 等参数来延长 undo 的存活期，但这个参数会影响所有的事务，设置过大则会导致 undo_tablespace 快速膨胀。

Oracle 11g 则为 Flashback 家族又带来了一个新的成员——Flashback Data Archive。该技术与上面所说的诸多闪回技术的实现机制不同，它通过将变化数据另外存储到创建的闪回归档区（Flashback Archive）中，以和 undo 区别开来，这样就可以为闪回归档区单独设置存储策略，从而可以闪回到指定时间之前的旧数据而不影响 undo 策略，并且可以根据需要指定哪些数据库对象需要保存历史变化数据，而不是将数据库中所有对象的变化数据都保存下来，这样可以极大地降低空间需求。闪回数据库归档并不针对所有的数据改变，它只记录 UPDATE 和 DELETE 语句，而不记录 INSERT 语句。

注意，Flashback Data Archive 并不是记录数据库的所有变化，而是只记录了指定表的数据变化。所以，Flashback Data Archive 是针对对象的保护，是 Flashback Database 的有力补充。

12.8.1　创建闪回数据归档

闪回数据归档区是闪回数据归档的历史数据存储区域,一个系统中只可以有一个默认的闪回数据归档区。

每个闪回数据归档区都可以有一个唯一的名称。同时,每一个闪回数据归档区都对应一定的数据保留策略。例如,可以配置归档区 FLASHBACK_DATA_ARCHIVE_1 中的数据保留期为一年,而配置归档区 FLASHBACK_DATA_ARCHIVE_2 的数据保留期为两天或更短。以后如果要将表放到对应的闪回数据归档区,则应按照该归档区的保留策略来保存历史数据。

闪回数据归档区可以基于多个表空间,但是在创建时只能为其指定一个表空间,如果需要指定多个,可以在创建之后使用 ALTER 语句进行添加。创建与修改闪回数据归档区需要用户具有 CREATE ARCHIVE ADMINISTER 系统权限。

创建闪回数据归档区的语句格式如下:

```
CREATE   FLASHBACK ARCHIVE  [DEFAULT] archive_name
TABLESPACE tablespace_name [QUOTA size K|M]
RETENTION retention_time;
```

其中的各项参数说明如下。

(1) DEFAULT:指定创建默认的闪回数据归档区。要求用户具有 SYSDBA 权限。

(2) archive_name:闪回数据归档区的名称。

(3) TABLESPACE:为闪回数据归档区指定表空间。

(4) QUOTA:为闪回数据归档区分配最大的磁盘限额。

(5) RETENTION:为数据指定保留期限。单位为 day、month 和 year。

【**例 12-10**】　以 system 用户创建非默认闪回数据归档区 archive01,脚本如下。

```
SYS@orcl > connect system/123456
已连接。
SYSTEM@orcl > CREATE FLASHBACK ARCHIVE archive01
       2 TABLESPACE myspace RETENTION 10 day;
闪回档案已创建。
```

【**例 12-11**】　以 sys 用户创建默认闪回数据归档区 archive_default,脚本如下。

```
SYSTEM@orcl > conn sys/sys as sysdba;
已连接。
SYS@orcl > CREATE FLASHBACK ARCHIVE DEFAULT archive_default
       2   TABLESPACEmyspace RETENTION 1 month;
闪回档案已创建。
```

12.8.2　管理闪回数据归档区

对已创建的闪回数据归档区,可以进行如下形式的管理——添加表空间、删除表空间、修改数据保留期限、修改磁盘限额大小、清除闪回数据归档区中的数据和删除闪回数据归档区。

【例 12-12】 为闪回数据归档区 archive01 添加表空间 bakspace,脚本如下。

```
SYSTEM@orcl > ALTER FLASHBACK ARCHIVE archive01
      2   ADD TABLESPACE bakspace QUOTA 10M;
闪回档案已变更。
```

【例 12-13】 删除闪回数据归档区 archive01 中的表空间 bakspace,脚本如下。

```
SYSTEM@orcl > ALTER FLASHBACK ARCHIVE archive01
      2   REMOVE TABLESPACE bakspace;
闪回档案已变更。
```

【例 12-14】 修改闪回数据归档区 archive01 中的数据保留期限为 20 天,脚本如下。

```
SYSTEM@orcl > ALTER FLASHBACK ARCHIVE archive01
      2   MODIFY RETENTION 20 day;
闪回档案已变更。
```

【例 12-15】 修改闪回数据归档区 archive01 在表空间 myspace 中的磁盘限额,脚本如下。

```
SYSTEM@orcl > ALTER FLASHBACK ARCHIVE archive01
      2   MODIFY TABLESPACE myspace QUOTA 20M;
闪回档案已变更。
```

闪回数据区中数据清除的语法形式:

```
ALTER FLASHBACK ARCHIVE archive_name
PURGE {  ALL  |  BEFORE { TIMESTAMP | SCN } expr} ;
```

其中,BEFORE TIMESTAMP 和 BEFORE SCN 用于删除指定时间点或者 SCN 之前的数据,而 ALL 则用于删除所有数据。

【例 12-16】 删除闪回数据归档区 archive01 中在 2017-03-10 17:12:36 之前的数据,脚本如下。

```
SYSTEM@orcl > ALTER FLASHBACK ARCHIVE archive01
      2   PURGE BEFORE TIMESTAMP
      3   TO_TIMESTAMP('2017 - 03 - 10 17:12:36', 'YYYY - MM - DD HH24:MI:SS')
闪回档案已变更。
```

【例 12-17】 删除闪回数据归档区 archive0。

```
SYSTEM@orcl > DROP FLASHBACK ARCHIVE archive01;
闪回档案已删除。
```

12.8.3 为表指定闪回数据归档区

为表指定闪回数据归档区,实际上就是对表进行跟踪。为表指定闪回数据归档区有两种形式,一种是在创建表时指定,一种是创建表之后指定。这需要用户具有 FLASHBACK ARCHIVE 对象权限。在不需要时也可以使用 ALTER TABLE 语句取消表的闪回数据归档区。

1. 创建表时为表指定闪回数据归档区

在创建表时为表指定闪回数据归档区,需要 FLASHBACK ARCHIVE 子句。

【例 12-18】 在 SYSTEM 用户下创建表 info01,并为其指定闪回数据归档区 archive01。

```
SYSTEM@orcl > CREATE TABLE info01(id number, bak varchar2(40))
      2 FLASHBACK ARCHIVE archive01;
    表已创建。
```

2. 为已存在的表指定闪回数据归档区

为已经存在的表指定闪回数据归档区,需要使用 FLASHBACK ARCHIVE 子句的 ALTER TABLE 语句。

【例 12-19】 在 SYSTEM 用户下创建表 info02,并为其指定闪回数据归档区 archive01。

```
SYSTEM@orcl > CREATE TABLE info02(id number, bak varchar2(40));
    表已创建。
SYSTEM@orcl > ALTER TABLE info02 FLASHBACK ARCHIVE archive01;
    表已更改。
```

注意:在使用子句为表指定闪回数据归档区时,如果不明确指定闪回数据归档区的名称,则表示使用默认闪回数据归档区,而如果数据库没有默认闪回数据归档区,则 Oracle 返回错误。

3. 取消表的闪回数据归档区

为表指定闪回数据归档区后,对表的操作将受到限制,例如不允许删除表等。使用 ALTER TABLE 语句可以取消表的闪回数据归档区,其语法格式如下:

```
ALTER TABLE table_name NO FLASHBACK ARCHIVE ;
```

【例 12-20】 由于表 info02 指定闪回数据归档区 archive01,如果删除该表,则 Oracle 将返回错误,脚本如下。

```
SYSTEM@orcl > DROP TABLE info02;
DROP TABLE info02;
           *
第一行出现错误:
ORA - 55610: 针对历史记录跟踪表的 DDL 语句无效
```

使用 ALTER TABLE 语句取消 info02 表的闪回数据归档区,语句如下。

```
SYSTEM@orcl > ALTER TABLE info02 NO FLASHBACK ARCHIVE ;
    表已更改。
```

12.8.4 使用闪回数据归档

为表指定闪回数据归档之后,就可以借助于闪回数据归档区中的数据检索表中的历史信息。事实上,借助撤销表空间中的数据同样可以查询表中的历史信息,用户并不知道所检索的历史数据是谁提供的,也就是说 Oracle 对包含 AS OF 子句的查询使用撤销表空间还是闪回数据归档,对用户来说是完全透明的。

【例 12-21】 使用闪回数据归档查询 info02 表中的历史信息,示例脚本如下。

```
SYSTEM@orcl > SELECT * FROM info02 AS OF
TIMESTAMP(SYSTIMESTAMP - INTERVAL '20' DAY);
```

上述脚本查询的是 info02 表 20 天前的历史数据。

小　　结

本章介绍了七类闪回技术,通过学习了解该技术的作用。着重了解闪回查询及闪回表以及闪回数据库的使用,使得数据库能从任何逻辑错误操作中迅速恢复出来。

习　　题

一、填空题

1. 清除回收站的对象需要使用_____命令。

2. 闪回版本查询主要针对表的 INSERT、_____和_____操作。

3. Oracle 系统默认情况下没有启动闪回数据库功能,系统管理员可以使用_____语句启动该功能。

二、选择题

1. 下面关于闪回表操作叙述正确的是( )。

    A. 使用闪回表技术,可以还原被删除的列

    B. 使用闪回表技术,可以恢复指定的记录行

    C. 使用闪回表技术,可以将表的数据恢复到指的时间或 SCN 上

    D. 使用闪回表技术,可以闪回被删除的列

2. 如果对表的结构进行了修改,则应该使用哪种闪回技术还原该表?( )

    A. 闪回数据库   B. 闪回删除

    C. 闪回表   D. 闪回恢复区

3. 启用闪回数据库功能的语句是( )。

    A. ALTER SYSTEM FLASHBACK ON;

    B. ALTER SYS FLASHBACK ON;

    C. ALTER DATABASE FLASHBACK ON;

    D. ALTER DATABASE FLASHBACK ARCHIVE ON;

4. 如果已删除的表 myinfo 执行闪回删除操作,应该注意下列哪些事项?( )

    A. 确保当前数据库的回收站功能处于启用状态

    B. 如果回收站中有多个 myinfo 表则需要知道希望恢复的 myinfo 表在回收站中的命名

    C. 如果该表所在用户下已经存在 myinfo 表,则还原该表时应该为该表重新命名

    D. 需要知道删除该表的时间

三、简答题

1. 简述闪回技术的作用,并分别介绍 Oracle 11g 的各种闪回技术的作用。

2. 简述使用闪回删除还原被删除的表时,需要注意哪些问题。

3. 简述使用闪回数据库还原数据库的步骤,及注意事项。

4. 谈谈你对数据备份与恢复、数据导入与导出、闪回技术的理解。

参 考 文 献

[1] 姚世军.Oracle 数据库原理与应用[M].北京：中国铁路出版社，2010.

[2] 杨永健，刘尚毅.Oracle 数据库管理、开发与实践[M].北京：人民邮电出版社，2012.

[3] 杨少敏，杨红敏.Oracle 11g 数据库应用简明教程[M].北京：清华大学出版社，2010.

[4] 孙风栋，王澜.Oracle 达人修炼秘籍：Oracle 11g 数据库管理与开发指南[M].北京：机械工业出版社，2013.

[5] 刘宪军.Oracle 11g 数据库管理员指南[M].北京：机械工业出版社，2010.

[6] 许勇，郭磊，景丽.Oracle 11g 中文版数据库管理、应用与开发标准教程[M].北京：清华大学出版社，2009.

[7] 王海亮，于三禄，王海凤，等.精通 Oracle 10g 系统管理[M].北京：中国水利水电出版社，2009.

[8] 刘晓霞.Oracle Database 11g 基础教程[M].北京：人民邮电出版社，2010.

图书资源支持

感谢您一直以来对清华版图书的支持和爱护。为了配合本书的使用,本书提供配套的资源,有需求的读者请扫描下方的"书圈"微信公众号二维码,在图书专区下载,也可以拨打电话或发送电子邮件咨询。

如果您在使用本书的过程中遇到了什么问题,或者有相关图书出版计划,也请您发邮件告诉我们,以便我们更好地为您服务。

我们的联系方式:

地　　址:北京海淀区双清路学研大厦 A 座 707

邮　　编:100084

电　　话:010－62770175－4604

资源下载:http://www.tup.com.cn

电子邮件:weijj@tup.tsinghua.edu.cn

QQ:883604(请写明您的单位和姓名)

用微信扫一扫右边的二维码,即可关注清华大学出版社公众号"书圈"。

资源下载、样书申请

书圈